特种建（构）筑物建造安全控制技术丛书

既有工业构筑物结构安全分析与控制

孟 海 刘怡君 李文龙 李慧民 著

北 京
冶 金 工 业 出 版 社
2025

内 容 提 要

本书系统阐述了既有工业构筑物结构安全分析技术与控制方法。全书分为2篇，共7章。第1篇为既有工业构筑物结构安全分析与控制理论基础，对既有工业构筑物结构安全基础知识、检测鉴定技术、数值模拟方法、加固修复技术进行了详细论述；第2篇为既有工业构筑物结构安全分析与控制案例，对点状、线状、面状工业构筑物结构安全性分析与控制进行了探讨。

本书可供既有工业构筑物再生利用工程从业人员阅读，也可作为高等院校土木工程与安全工程等专业的教学用书。

图书在版编目(CIP)数据

既有工业构筑物结构安全分析与控制 / 孟海等著.
北京：冶金工业出版社，2025. 6. --（特种建（构）筑物建造安全控制技术丛书）. -- ISBN 978-7-5240-0195
-9

Ⅰ. TU746. 3

中国国家版本馆 CIP 数据核字第 20257QL368 号

既有工业构筑物结构安全分析与控制

出版发行	冶金工业出版社	**电　　话**	(010)64027926
地　　址	北京市东城区嵩祝院北巷39号	**邮　　编**	100009
网　　址	www. mip1953. com	**电子信箱**	service@ mip1953. com

责任编辑　杨　敏　美术编辑　彭子赫　版式设计　郑小利
责任校对　石　静　责任印制　禹　蕊

三河市双峰印刷装订有限公司印刷

2025年6月第1版，2025年6月第1次印刷

710mm×1000mm　1/16；16. 25印张；313千字；245页

定价 89. 00 元

投稿电话　(010)64027932　投稿信箱　tougao@cnmip. com. cn
营销中心电话　(010)64044283
冶金工业出版社天猫旗舰店　yjgycbs. tmall. com
（本书如有印装质量问题，本社营销中心负责退换）

《既有工业构筑物结构安全分析与控制》编写（调研）组

组　长：孟　海

副组长：刘怡君　李文龙　李慧民

成　员：盛金喜　李　强　李　勤　崔净雅　陈宗浩
侯东辰　张紫薇　刘　旭　李艳伟　李秋予
杨镇泽　武兴平　邵亚宇　刘　娇　刘文奥
李建磊　王　杰　郝健君　董　栋　黄广华
杨晓鑫　吴雪飞　郑婷婷　陈　兴　周杰莹
王　婷　王　嘉　贾丽欣　张　扬　田　卫
裴兴旺　王孙梦　华　珊　杨占军　陈雅斌
刘慧军　高明哲　王　莉　王　楠　万婷婷

前 言

本书对既有工业构筑物结构安全分析与控制进行了深入探讨和论述，旨在为既有工业构筑物的健康发展与可持续应用提供参考和借鉴。全书分为2篇，第1篇为既有工业构筑物结构安全分析与控制理论基础，其中第1章从工业构筑物、结构安全分析、结构安全控制等方面阐述了既有工业构筑物结构安全基础知识；第2章从结构检测鉴定内涵、现场调查与检测、结构分析与鉴定等方面论述了既有工业构筑物结构检测鉴定技术；第3章从结构数值模拟方法、结构数值模拟步骤、结构数值模拟软件等方面剖析了既有工业构筑物结构数值模拟技术；第4章从混凝土结构、砌体结构、钢结构三方面研究了既有工业构筑物结构加固修复技术。第2篇为既有工业构筑物结构安全分析与控制案例，分别以点状、线状、面状既有工业构筑物为例，论证了既有工业构筑物结构安全性分析与控制。全书内容丰富，逻辑性强，由浅入深，便于操作，具有较强的实用性。

本书内容涉及的有关研究得到了北京市高等教育学会2022年课题“促进首都功能核心区高质量发展的城市更新课题教研协同发展优化研究”（批准号：MS2022276）、北京市教育科学“十三五”规划课题“共生理念在历史街区保护规划设计课程中的实践研究”（批准号：CDDB19167）、中国建设教育协会课题“文脉传承在‘老城街区保护规划课程’中的实践研究”（批准号：2019061）以及北京建筑大学科研培育项目“旧工业构筑物再生利用施工安全风险控制体系研究”（批准号：X24003）的支持。

此外，本书的撰写得到了西安建筑科技大学、中冶建筑研究总院有限公司、北京建筑大学、西安建筑科大工程技术有限公司、鄂尔多斯市东胜区住房和城乡建设局、32377 部队工程质量监督站、建研院检测中心有限公司、百盛联合集团有限公司、住房和城乡建设部执业资格注册中心、中咨智达工程咨询有限公司、西安建筑科技大学华清学院、温州理工学院百盛联合学院的大力支持与帮助。同时在撰写过程中，参考了有关专家和学者的研究成果及文献资料，在此一并表示衷心的感谢！

由于作者水平有限，书中不足之处，敬请广大读者批评指正。

作　者

2024 年 11 月

目　录

第1篇　既有工业构筑物结构安全分析与控制理论基础

第1篇

既有工业构筑物结构安全分析与控制理论基础

1 既有工业构筑物结构安全基础

1.1 工业构筑物内涵

1.1.1 基本概念

工业构筑物是指具有特殊用途，并与主体建筑配套使用的各种构筑物，包括烟囱、排水沟、栈桥、塔架、冷却塔等。除一般有明确定义的工业建筑、民用建筑等之外的，一般来说工业构筑物主要指那些对主体建筑有辅助作用的配套设施并具有一定功能性的建筑结构的统称。工业构筑物的形态更加多样化，其空间以及构造也更为复杂。

1.1.2 分类形式

工业构筑物可以按照功能用途、结构类型、构造材料等方式分类，本书为了便于阐述，将工业构筑物以点状、路径线性、区域面状三种形态进行分类。“点状”是指建筑物由局部点状元素组成的空间结构，如烟囱、水塔、冷却塔、筒仓等。“线状”是指建筑物由线性元素构成的空间结构，如栈桥、玻璃栈道等。“面状”是指建筑物由上至下投影形状为面状的空间结构，如网架、沉淀池等。

1.1.2.1 “点状”形式

（1）烟囱。烟囱是工业构筑物中最常见的一种高耸结构，用于排放工业与民用的炉窑高温烟气，能改善燃烧条件，减轻烟气对环境的污染。烟囱由基础、筒壁、内衬、隔热层以及附属设施组成。常见的烟囱一般有砖烟囱、钢筋混凝土烟囱和钢烟囱三类，见表1.1。

表1.1 常见烟囱种类

分类	内容
砖烟囱	砖烟囱的高度一般不超过60 m，多数呈截顶圆锥形，筒壁厚度为240~740 mm，用普通黏土砖和水泥石灰砂浆砌筑。为防止外表面产生温度裂缝，筒身每隔1.5 m左右设一道预应力扁钢环箍或在水平砖缝中配置环向钢筋。砖烟囱的优点主要为可以就地取材，节省钢材、水泥和模板；砖的耐热性能比普通钢筋混凝土好；由于砖烟囱体积较大，重心较其他材料建造的烟囱低，稳定性较好。其缺点主要为自重大，材料数量多；整体性和抗震性较差；在温度应力作用下易开裂；施工较复杂，手工操作多，需要技术熟练的工人

续表 1.1

分类	内容
钢筋混凝土烟囱	钢筋混凝土烟囱多为高度超过 50 m 的烟囱，一般采用滑模施工。钢筋混凝土烟囱的外形为圆锥形，筒壁厚度为 140~800 mm。钢筋混凝土烟囱的优点主要为自重较小，造型美观，整体性、抗风性、抗震性好，施工简便，维修量小。烟囱越高，造价越高。在我国，钢筋混凝土烟囱的造价大大低于钢烟囱。目前，钢筋混凝土烟囱的应用越来越广泛
钢烟囱	钢烟囱具有自重小、有韧性、抗震性好的优点，适用于地基差的场地，但耐腐蚀性差，需经常维护。钢烟囱按其结构可分为拉线式、自立式和塔架式

(2) 水塔。水塔用于建筑物给水、调剂用水，维持必要水压，并起到沉淀和保证用水安全的作用。水塔由水箱、塔身、基础和附属设施等组成。

(3) 冷却塔。冷却塔是用水作为循环冷却剂，从系统中吸收热量排放至大气中，以降低水温的装置。冷却塔的分类有三种，按照通风方式分为自然通风冷却塔、机械通风冷却塔、混合通风冷却塔；按照热水和空气接触方式可分为干式冷却塔、湿式冷却塔和干湿式冷却塔；按照使用用途可分为空调用冷却塔、工业用冷却塔和高温型冷却塔。

(4) 高炉。高炉用钢板作炉壳，壳内砌耐火砖内衬。高炉炼铁工艺系统是由原料系统、上料系统、炉顶系统、炉体系统、粗煤气及煤气清洗系统、风口平台及出铁场系统、渣处理系统、热风炉系统、煤粉制备及喷吹系统、辅助系统等组成。出铁场的形式可以分为两种：一种为矩形出铁场；另一种为环形出铁场。环形出铁场适用于出铁口较多、炉体体量较大的高炉。矩形出铁场适应几乎所有高炉，我国绝大多数高炉均采用矩形出铁场。高炉本体为封闭的空间，不能作为再利用空间，但可以结合垂直方向的作业平台进行展示利用。出铁场空间的可塑性较强，可以根据具体的大小做垂直和水平方向的划分，为再利用提供多种可能性。

(5) 筒仓。筒仓一般指储存松散的粒状或小块状原材料或燃料（如谷物、水泥、沙子、矿石、煤及化工原料等）的储藏结构，既可作为生产企业调节、运转和储存物料的设施，也可作为储存散料的仓库。筒仓的平面形状有正方形、矩形、多边形和圆形等。圆形筒仓的仓壁受力合理，用料经济，所以应用最广。当储存的物料品种单一或储量较小时，用独立仓或单列布置；当储存的物料品种较多或储量大时，布置成群仓，筒仓之间的空间称为星仓，也可以利用。筒仓结构按照使用功能，可分为农业筒仓和工业筒仓；按照构造材料，可以分为砖砌筒仓、钢筋混凝土筒仓和钢板筒仓；按照筒仓高度和平面尺寸的关系，可划分为浅仓和深仓；按照承重形式不同，可以分为高架式筒仓和落地式筒仓；按照筒体层数，可分为单层仓和双层仓；按照平面组合形式，可分为单体筒仓和群体筒仓；按照筒仓设计的结构形式不同，可以分为钢筋混凝土结构、钢结构、砌体结构三类。

1.1.2.2　“线状”形式

（1）栈桥。栈桥是指建筑和建筑之间的连接构筑物。栈桥设置出于建筑功能上的要求，它可以方便两个塔楼之间的联系；同时连体具有良好的采光效果和广阔的视野。工业栈桥一般是在工业厂房之间，在不影响生产的前提下，为了方便输送物料、堆放货物等的架空桥，设计成敞开式的，方便人员出入。

（2）玻璃栈道。玻璃栈道是以钢化玻璃作为面层凌空高架在悬崖峭壁上形成供人们通行的悬空栈道。

（3）龙门架。龙门架是根据中、小工厂（公司）日常生产需要搬运设备、仓库进出货、起吊维修重型设备及材料运输的需要，开发出来的新型小型起重龙门架。它适用于制造模具，汽修工厂、矿山、土建施工工地及需要起重的场合。常见的龙门架在建筑施工中兼作材料运输和施工人员的上下使用，实现起重机械化。可减少人力，降低生产运营成本，提高工作效率。

1.1.2.3　“面状”形式

（1）贮液池。给水排水工程中的贮液池从用途上可以分为两大类：一类是水处理用池，如沉淀池、滤池、曝气池等；另一类是贮水池，如清水池、高位水池、调节池。前一类贮液池的容量、形式和空间尺寸主要由工艺设计决定；后一类贮液池的容量、标高和水深由工艺设计确定，而池型及尺寸则主要由结构的经济性和场地、施工条件等因素来确定。贮液池常用的平面形状为圆形或矩形，池体结构一般由池壁、顶盖和底板三部分组成。按照工艺上需不需要封闭，又可以分为有顶盖（封闭水池）和无顶盖（开敞水池）两类。给水工程中的贮水池多数是有顶盖的，而其他池子则多不设顶盖。

（2）调节池。工业废水在排放过程中，随着生产状况的变化而变化，存在水质的不均匀和水量的不稳定情况。特别当生产上出现事故或雨水特别多时，废水的水质和水量变化更大，这种变化会造成废水处理过程失常，降低处理效果，而且不能充分发挥处理设备的设计负荷。为了使处理工艺正常工作，不受废水高峰流量或高峰浓度变化的影响，要求废水在进行处理前有一个较为稳定的水量和均匀的水质，必须进行水质和水量的调节。广义调节池是指用以调节进、出水流量的构筑物。狭义调节池是指为了使管渠和构筑物正常工作，不受废水高峰流量或浓度变化的影响，需在废水处理设施之前设置调节池。

（3）网架。网架是由多根杆件按照一定的网格形式通过节点连结而成的空间结构。构成网架的基本单元有三角锥、三棱体、正方体、截头四角锥等，这些基本单元可以组合成平面形状的三边形、四边形、六边形、圆形或其他任何形体。网架具有空间受力小、重量轻、刚度大、抗震性能好等优点，可用作体育馆、影剧院、展览厅、候车厅、体育场看台雨篷、飞机库、双向大柱距车间等建筑的屋盖。

(4) 沉淀池。沉淀池是应用沉淀作用去除水中悬浮物的一种构筑物，是净化水质的设备。其是利用水的自然沉淀或混凝沉淀的作用来除去水中的悬浮物。沉淀池按水流方向分为水平沉淀池和垂直沉淀池。沉淀效果决定于沉淀池中水的流速和水在池中的停留时间。为了提高沉淀效果，减少用地面积，多采用蜂窝斜管异向流沉淀池、加速澄清池、脉冲澄清池等。

1.1.3 价值解析

(1) 国家标准支持。1989年3月1日，由中华人民共和国冶金工业部主编，经中华人民共和国建设部批准的《工业构筑物抗震鉴定标准》(GBJ 117) 正式施行，为保障既有工业构筑物在地震作用下的安全使用情况制定了标准和措施。随着社会的快速发展以及对于建筑使用性能要求的不断提高，2014年，住房和城乡建设部及国家质量监督检验检疫总局联合发布了《构筑物抗震鉴定标准》(GB 50117)，完善和修订了各类构筑物的抗震验算和抗震构造措施。2012年，住房和城乡建设部发布了《构筑物抗震设计规范》(GB 50191)，对构筑物的抗震设计提供了更加明确的技术指导。国家标准和地方政策的支持为工业构筑物的建造和后续使用提供了充足的参考依据。

(2) 建筑价值延续。工业构筑物出现在机器化大工业时期，曾是城市经济发达程度的标志，并有着许多无法取代的价值，如文化价值、使用价值和景观价值。工业构筑物已成为中国近代工业文明的重要标志之一，标识了人类社会特定的工业发展历史，记载着工业社会和后工业社会的发展轨迹，也体现着人类社会文明的基本价值取向，是人们了解工业时代发展无法替代的重要标志。工业构筑物构造简洁、空间高敞、结构承载力强，具有很强的功能适应性和互易性。工业构筑物中独特的建筑风格与建筑细部，常能使其形成城市地域内的景观性建筑物，也因此形成了城市的独特风光。

(3) 工业文化传递。工业文化是伴随着工业发展而形成的文化形态，蕴藏于工业构筑物之中，见证城市历史的发展过程，记录了人类工业化进程中的历史经验和教训，涵盖了工业企业的历史、传统、科技、艺术、社会关系等多方面，也反映了人类对工业生产的认知和思考，是人类文明的重要组成部分，为人们提供了独特的审美体验和文化认同。

(4) 社会发展助力。工业构筑物承担物质生产辅助工作，在人类社会中具有重要意义。工业构筑物建造之初，它便是应用新技术、新设备、新材料的代表，因而工业构筑物能在很大程度上反映一个国家和地区的文明发展程度和社会经济水平。在先进制造业得到大力发展的背景下，作为产业载体的工业构筑物也需要与时俱进、呈现新的风貌。

1.2 结构安全分析

1.2.1 影响因素

1.2.1.1 环境因素

(1) 自然灾害。我国部分地区经常会发生自然灾害如沙尘暴、风灾、洪灾、地震等。这些自然灾害通常会引起既有工业构筑物结构的损伤。不及时对构筑物进行检测有可能危及作业人员生命和财产的安全，使国民经济也受到了极大的损失。对于已有病害或损坏的建筑结构，检测非常重要，应该查明事故原因，进行结构和构件安全性的评价，然后有针对性地采取加固措施进行挽救，使构筑物的使用安全性获得保证。同时研究既有工业构筑物结构的抗震性能对地震区的构筑物加固设计是十分必要的，可以有效防御地震破坏，减轻地震灾害的危险，但是目前在这方面的工作还很少，需要对加固后的构筑物进行抗震分析。

(2) 自然环境。结构中的材料长期经过大自然的风吹雨打、雪冻和暴晒，会逐渐丧失原有的质量、性能和功效，即人们常说的风化和老化；恶劣的使用环境也会引起结构缺陷和损坏。在长期的劣化环境条件下，外部介质时刻都在侵蚀结构的材料，随着组成材料的劣化，结构的功能将逐渐被削弱，甚至丧失。这是一个不可逆的自然规律，也可以说是结构一种正常的耗损和折旧。按照劣化作用的性质来分，外部环境因素对结构的侵蚀作用一般可分为三类，见表 1.2。

表 1.2 外部环境因素对结构的侵蚀作用

侵蚀作用	具体内容
物理作用	如高温、高湿、温湿交替变化、冻融、粉尘及辐射等因素对结构材料的劣化
化学作用	如含有酸、碱或盐等的化学介质的气体或液体、一些有害的有机材料、烟气等侵入结构材料的内部，会产生化学作用引起材料组成成分的不利变化
生物作用	如一些微生物、真菌、水藻、蠕虫和多细胞作物等对材料的破坏等

1.2.1.2 人为因素

人为因素是导致既有工业构筑物“先天不足、后天失调”或“先天缺陷、后天损坏”的主要原因，而先天不足方面的缺陷主要源于设计和施工阶段。

(1) 设计方面。设计方面的影响因素如下：

1) 设计原因与地质勘察原因。设计原因包括地质勘察设计和结构设计。勘察设计单位提供的地质资料和数据有误，地质勘察时钻孔的间距过大、过稀疏，钻孔不够深，导致地质报告过于笼统，不够详细，无法准确反映地基的真实情况。结构设计原因主要在于建筑实际工作环境与设计预想环境不一致，考虑荷载时，设计安全储备太小导致没有足够的冗余度造成荷载不足。设计的计算方法和理论、假设条件选择错误和结构缝设置不当都是造成结构设计失误的因素。

2）设计方面既有政策导向、认识偏差、受技术水平所限，也有设计人员经验不足所犯的过失错误，致使结构留下缺陷和隐患。工业化初期，普遍强调节约原材料、降低一次性建设投资，致使建筑结构可靠性偏低，使用寿命较短；建筑设计虽然尽可能考虑了诸多的安全影响因素及处理措施，但由于当时的技术水平所限，实际结构与原先设计构思仍存在一定差异。少数缺乏经验的设计人员犯过失错误，有的漏算少算荷载，选用计算方法有误，因而少配钢筋，也有的构造措施不合理等，均可能在建筑结构中留有隐患。

3）既有工业构筑物原设计标准偏低或多或少存在安全隐患。由于历史原因，我国工业构筑物可靠性设置水准经历过多次变动，总体上仍处于一个较低的水平。此外，随着规范标准的不断完善，尤其是我国抗震设防等级的提高，致使相当多的既有工业构筑物不能满足现行抗震规范的要求，面临抗震鉴定和抗震加固的任务。

（2）施工方面。施工方面的影响因素如下：

1）构件制作和施工误差。构件制作与施工过程中，结构构件截面尺寸、焊缝长度和宽度、焊口形式、螺栓的数目和直径、钢筋除锈处理等工艺不满足设计要求，制作和安装过程中对于结构布置及受力有特殊要求的构件由于操作方法不当，造成与原设计不符。施工误差，尤其是大型钢构件的安装，对施工方案、安装顺序、焊接工艺、吊点位置等因素都有严格的要求，稍微出现失误就可能导致局部杆件发生破坏、构件受力状态发生改变或出现局部失稳。

2）施工质量难以保障。项目施工过程中，存在施工管理水平低下和施工人员素质参差不齐的现象，质量控制与质量保证制度不够健全，受当时政策、环境及技术等因素的影响，施工质量相对较差，因此建筑结构存在一定的安全隐患。

1.2.1.3 运维因素

（1）既有工业构筑物使用过程中，建筑使用单位或个人普遍存在只重视建设期而不重视后期运行维护的现象。有的设计单位没有设计资质、缺乏相关设计经验；施工单位施工技术和管理水平差，施工期间不重视维护、不重视全要素管理，每个过程都需要专业的单位来负责，任何一个单位的疏忽都可能导致建筑结构的损坏。

（2）既有工业构筑物使用过程中，结构随意加大使用荷载或者改变其使用功能；擅自在建筑外表面上开洞、切槽等随意破坏既有工业构筑物结构体系。有些单位在使用过程中盲目地在原有的构筑物里随意堆放荷载以致超过设计最大荷载；有些构筑物在长期使用过程中，没有及时清理积灰积雪会导致荷载增加；还有企业采用新的装卸贮料工艺时改变空间布局或拆除部分构件以方便生产，但是未对既有工业构筑物进行检测鉴定，随意改造空间布局或建筑结构可能会造成极大的安全隐患。

1.2.1.4 偶然因素

偶然因素是指既有工业构筑物遭受偶然作用袭击而导致结构损坏甚至破坏。偶然作用的特点在设计基准期内不一定出现，而一旦出现其量值很大且持续时间很短。例如，爆炸、地震、撞击以及自然灾害中的风灾、水灾、滑坡、泥石流和突发事故中的火灾等，都会在不同程度上对构筑物造成结构损坏或破坏。

1.2.1.5 市场因素

随着我国经济体制的变革，市场经济体制的建立和发展，既有工业构筑物已成为商品，产权者（业主）可自主更迭。新业主根据市场发展的需要、产业发展或生活的需要，往往要求改变既有工业构筑物的使用功能和标准。如筒仓改造成酒店、烟囱改造为书店等，由于技术改造、设备更新等要求，需要对既有工业构筑物进行相应的改造。这些使用功能的改变，往往使楼面活荷载增大或设备增重，都将导致原结构可靠度降低。

1.2.2 病害分析

1.2.2.1 地基基础的病害

(1) 湿陷性黄土地基被水浸湿下沉。黄土状土和黄土在我国特别常见，地层全、厚度大，这些土在天然含水量少时往往具有较高的强度和较小的压缩性，但遇水浸湿后，水分子侵入土颗粒之间，破坏联结薄膜，并逐渐溶解盐类，同时水膜变厚使土的抗剪强度迅速降低，在土自重压力或附加压力的作用下，土体结构逐渐破坏，土颗粒向大孔中滑动，土体骨架挤紧，从而发生湿陷现象。在湿陷性黄土地基上建造的工业构筑物，如果事先未对地基进行有效的处理，在施工中或建成后使用过程中因地基被水浸湿而导致建筑沉陷，会造成墙体裂缝，墙身倾斜或过量下沉。

(2) 膨胀土地基干湿变形。这种土吸水后体积膨胀、失水后体积收缩，因此作为既有工业构筑物的地基，就会造成基础位移，建筑和地坪开裂、变形，甚至遭到严重破坏。这是由于土体吸水膨胀时，裂隙闭合产生自由水的压力，与斜坡裂隙网中水头压力之和使基础降起；土体失水后十缩时，裂隙张开，自由水压力消失，基础因荷载沉降，裂隙土体持续干缩位移，基础也随之持续位移。建在三级阶地上的工业构筑物，随着地基干、湿变化会出现开裂和变形。建筑裂缝部位以外墙居多，门窗、外墙转角处更为集中。裂缝的形式为水平状，同时伴有墙体外倾，基础向外转动等。

(3) 季节性冻土的冻害。土颗粒冻结时，发生体积膨胀隆起成丘。冻胀主要是大气的负温度传入土中时，土中的自由水首先冻结成冰晶体，随着土温继续下降，结合水的最外层也开始冻结，使冰晶体逐渐扩大，结合水膜变薄，使得水膜中的离子浓度增加，产生渗附压力和分子引力。在这两种引力的作用下，未冻区水膜较厚处的结合水便被吸引到水膜较薄的冻结区，并参与冻结，使冰晶体不断扩大，在土层中形成冰夹层，土体随之发生隆胀，出现冻胀现象。位于冻胀区的基础，会受到冻胀力的作用。如果冻胀力大于基底上的荷载，基础就会被抬起。土层解冻时，土中的冰晶体融化，土中含水量大大增加，加之土颗粒排水能力差，土层处于饱和、软化状态，强度大大降低，使基础发生下陷。

当建筑两端冻胀力大，中间冻胀力小时，纵墙形成正弯曲变形，裂缝出现在主拉应力垂直的方向，会在门窗口刚度薄弱处产生裂缝，呈正“八”字形。当建筑中间冻胀力大两端冻胀力小时，会形成反向弯曲变形而产生倒“八”字形裂缝。当地基土质有差异时房屋也会产生局部冻胀，哪里冻胀抬高，裂缝就出现在哪里。当墙基为浅基础时，基底土质的冻胀力外边大，里边小，会产生向外弯曲的力矩，造成纵墙内大外小的水平裂缝。当基础埋置较深时，基底冻不着，但基础的外侧受冻，其冻胀力把基础向内推移，外墙出现外大内小的水平裂缝。当冻土融化时，往往南墙基础向阳吸热多，冻土融化早而且速度快，这时南墙地基土质水分多，土壤软化，承载力降低，会造成单侧基础沉陷，或向一侧滑动，或房体倾斜。

(4) 软土地基发生病害的主要原因及破坏症状。在软土地基上建造的既有工业构筑物，因土质不均匀、建筑体形复杂、上部结构荷载差异大，或建筑整体刚度差等原因，造成基础的不均匀沉降，在上部结构相应部位会发生开裂或其他破坏现象。

1）当工业构筑物整体刚度较差时，对于建筑平面为矩形，立面长高比大于3：1的砖混结构，由于其设有混凝土圈梁及构造柱，整体刚度较差。即使地层均匀，荷载分布也较均匀，一般情况下在建筑纵墙上也会产生弯曲变形，在薄弱部位处出现正“八”字形斜裂缝；如果遇到土质不均匀、荷载不均匀，可能会发生两端沉降大、中间沉降小的反向弯曲变形，在纵墙上会出现倒“八”字形的斜裂缝。

2）当工业构筑物整体刚度较好，立面长高比小于3：1时，即使建筑整体刚度较好，层层有混凝土圈梁、角角有混凝土构造柱，地层均匀，有时也会因软土地基承载力不够或上部荷载过大而造成建筑基础产生均匀的沉降，这往往在底层的地面上产生隆起。

(5) 杂填土层地基下沉。杂填土主要出现在一些古老的城市和工矿区，由于人们长期生活居住和生产活动，常常在地面低洼处任意堆积着一定厚度的杂填土，常见的杂填土有碎砖等建筑垃圾，生活中排出的炉灰及蔬菜根、叶等废物，现代工业生产排放的矿渣、炉渣等工业废料。这些杂填土层厚度变化较大，均匀性差，土层结构比较疏松，含有机质较多，承载力低，压缩性高，一般还具有浸水湿陷性。在未经处理或处理不当的杂填土上建造的工业构筑物，一般常见的病害有构筑物下沉等。

(6) 因设计、施工、使用的考虑不周和管理不善，使地基基础及上部结构发生病害。通常的损伤原因有淤泥质土层处理不当、地基下层有古墓、地基受水浸泡或失水、地基受有害介质侵入、基础材质不合格、使用管理不善、相邻基础的影响、设计考虑不周等。

1.2.2.2 混凝土结构的病害

(1) 钢筋锈蚀。为了保证混凝土结构的耐久性，受力钢筋在混凝土结构中规定了混凝土保护层最小厚度。混凝土保护层具有防止钢筋锈蚀的保护作用。这是因为混凝土中水泥水化产物的碱性很高，pH 值为 12~13，在这种高碱性的环境中，钢筋表面形成一层致密的氧化膜处于钝化状态，从而防止了混凝土中钢筋的锈蚀。但是，通常钢筋混凝土结构是带裂缝工作的，即使处在正常使用阶段，在受拉区的混凝土仍会出现裂缝，但裂缝的宽度受到限制。过去认为混凝土开裂后，裂缝处的钢筋会逐步锈蚀，但是混凝土结构规范的耐久性专题研究组经过大量调查发现，尽管混凝土的裂缝宽度达到 0.4 mm 以上，只要构件处于干燥的环境，裂缝处的钢筋几十年也没有出现锈蚀的现象。只有在潮湿的环境，在有水和氧气侵入的条件下，钢筋才会锈蚀。首先形成氢氧化铁，随着时间的推移，一部分氢氧化铁进一步氧化，生成疏松的、易剥落的沉积物——铁锈（$Fe_2O_3 \cdot Fe_3O_4 \cdot H_2O$）。铁锈的体积膨胀（一般增加 2~4 倍）可把混凝保护层胀开，而使钢筋外露。随着钢筋锈蚀的发生，混凝土开裂、剥落，钢筋和混凝土的黏结力就不断丧失，钢筋截面积就减小，承载能力下降，从而降低了结构的安全度，结构损坏事故就可能发生。钢筋锈蚀速度与环境条件有很大的关系，有的研究认为，相对湿度低于 40%时钢筋就不会锈蚀。室外钢筋的锈蚀速度普遍较室内快，这是因为室外构件经常受到雨水的冲淋。

(2) 混凝土的中性化。混凝土工作的环境中或介质中的二氧化碳、二氧化硫等气体进入混凝土表面，与水泥中的碱性物质发生反应从而使 pH 值降低的过程称为混凝土的中性化。混凝土在空气中的碳化是中性化最常见的一种物理化学过程。由于混凝土碳化的结果，混凝土的凝胶孔隙和部分毛细管可能被碳化产物碳酸钙（$CaCO_3$）等堵塞，混凝的密实性和强度会因此有所提高。但是，由于碳化降低了混凝土孔隙液体的 pH 值，当碳化逐步深入达到钢筋表面时，钢筋就会因其表面的钝化膜遭到破坏而产生锈蚀。

(3) 混凝土碱集料反应。混凝土的碱集料反应是指混凝土中水泥、外加剂、掺合料和拌合水中的可溶性碱溶于混凝土孔隙液中，与集料中能与碱反应的活性成分在混凝土硬化后逐渐发生的一种化学反应，反应生成物（胶凝物）吸水膨胀，在混凝土内部产生应力，从而导致混凝土开裂和强度降低，甚至可以导致混凝土结构完全破坏。

（4）混凝土的冻融破坏。混凝土在饱水状态下因冻融循环产生的破坏作用称为冻融破坏，混凝土的抗冻耐久性是指饱水混凝土抵抗冻融循环作用的性能。混凝土的抗冻性是混凝土耐久性的重要指标之一。混凝土处于饱水状态和冻融循环交替作用是发生混凝土冻融破坏的必要条件，因此，混凝土的冻融破坏一般发生于寒冷地区经常与水接触的混凝土结构物，如水工混凝土结构、冷却塔等。在我国的东北、华北和西北地区存在着较为严重的混凝土冻融破坏，并且在长江以北黄河以南的气候比较温暖的中部地区，混凝土结构物的冻融破坏现象也广泛存在。由此可见，混凝土的冻融破坏是我国混凝土结构老化病害的主要现象之一。混凝土的冻融破坏作用主要表现有表面剥蚀和冻胀开裂。水在混凝土毛细孔中结冰造成的冻胀开裂使混凝土的弹性模量、抗压强度、抗拉强度等力学性能严重下降，甚至危害结构物的安全性。一般混凝土的冻融破坏，在其表面都可看到混凝土的剥落和裂缝。当使用除冰盐时，混凝土表面出现鳞片状剥落。

（5）混凝土结构的裂缝。1）钢筋锈蚀引起的裂缝。钢筋锈蚀后会产生红锈和黑锈，红锈体积可增大到原来体积的4倍，黑锈体积可增大到原来体积的2倍，这种裂缝通常是“先锈后裂”——“顺筋裂缝”，即铁锈体积膨胀，对周边混凝土产生压力，从而使混凝土沿钢筋方向（顺筋）开裂。钢筋锈蚀所产生的裂缝对混凝土结构的耐久性影响较大。2）碱集料反应引起的裂缝。混凝土中碱集料反应是指混凝土集料中某些活性矿物与混凝土微孔中的碱溶液产生的化学反应。碱主要来源于水泥熟料、外加剂，集料中活性材料主要是二氧化硫和硅酸盐、碳酸盐等。混凝土发生碱集料反应破坏的特征是：外观上主要是表面裂缝、变形和渗出物（碱硅凝胶）；内部特征主要有内部凝胶、内部裂缝等。混凝土结构一旦发生碱集料反应出现裂缝后，会加速混凝土的其他破坏，空气、水、二氧化碳等侵入，会使混凝土碳化和钢筋锈蚀速度加快，而钢筋的锈蚀又会使裂缝扩大。若在寒冷地区，混凝土出现裂缝后又会使冻融破坏加速，这样就造成了混凝土工程的综合性破坏。3）大体积混凝土水化热引起的裂缝。在大体积混凝土凝结硬化时，混凝土中的水泥会与水产生化学反应，同时释放出大量的热量。如果外部环境的温度与混凝土结构内部的温度相差较大，便会在混凝土的内部产生温度应力或温度变形，当这种温度应力或温度变形超过混凝土的抗拉强度或极限拉伸值时，混凝土就会产生裂缝。为了防止这种裂缝的出现，在选取混凝土的材料时，应采用低热水泥，或掺入掺合料，也可以对集料和拌合水进行预冷：浇筑混凝土时可埋入冷却管，并对大体积混凝土进行合理的分层、分块、分缝；混凝土成型时要加强养护。4）塑性收缩裂缝。塑性收缩是指混凝土未凝结硬化前，还处于塑性状态时发生的收缩。塑性收缩产生的原因主要是失水，即由于混凝土表面的水分蒸发损失，内部水分补充不上，导致的混凝土体积收缩。塑性收缩导致的裂缝就称作塑性收缩裂缝，这种裂缝主要发生在混凝土所暴露的表面，裂缝深度一般不深，很少超过 5 cm。防止塑性收缩裂缝的方法就是降低混凝土的水化热，控制水灰比，采用合适的搅拌时间和浇筑措施，并对混凝土进行养护，最好保持混凝土表面潮湿。5）混凝土干缩引起的裂缝。在混凝土凝结硬化的过程中，混凝土干缩会引起体积的变化，这种变化受到约束时，就可能产生裂缝。这种干缩裂缝宽度可以很大，甚至可能贯穿整个混凝土结构。防止混凝土干缩裂缝的主要措施是改善水泥性能，合理减少水泥用量，降低水灰比，混凝土成型时要加强养护。6）混凝土塑性塌落引起的裂缝。在大体积混凝土中，混凝土浇筑后产生的塑性塌落受到模板或顶部钢筋的抑制，使混凝土发生不均匀的塌落，导致产生裂缝。防止混凝土塑性塌落引起的裂缝的主要措施是采用合理的混凝土配合比，尤其要控制水灰比，防止混凝土模板的沉陷，在浇筑混凝土时要进行充分的振捣，混凝土成型时要进行必要的养护。7）外界温度变化引起的裂缝。当混凝土结构周边的温度突然大幅度下降时，如寒潮降温，会产生较大的内外温差，在混凝土结构中引起较大的温度应力，从而使混凝土开裂。对于承受高温的结构，如混凝土烟囱等，也会因内外部的温差引起裂缝。防止外界温度变化引起的裂缝的主要措施是如遇到突然降温，要做好混凝土结构的防寒措施；对于承受高温的结构要采取相应的隔热措施。8）结构基础不均匀沉陷引起的裂缝。当混凝土结构的基础出现沉陷不均匀时，结构构件受到强迫变形的影响，而使混凝土构件开裂，随着基础不均匀沉陷的不断发展，这种裂缝会进一步加大。防止结构基础不均匀沉陷引起的裂缝的主要措施是根据地基条件和结构的自身形式，合理地采用构造措施，如设置沉陷缝等。9）荷载作用引起的裂缝。混凝土结构在不同荷载的长期作用下会产生不同类型的裂缝。通常情况下，因荷载作用引起的裂缝的方向大致与主拉应力方向正交。防止荷载作用引起的裂缝的主要措施是在进行混凝土结构设计时严格遵循相应的计算方法和裂缝控制标准。

1.2.2.3 钢结构的病害

（1）钢结构的缺陷类型主要有：制造缺陷、安装缺陷、使用缺陷。1）制造缺陷。在制造中产生的缺陷主要有几何尺寸偏差、结构焊接和铆接质量低劣、底漆和涂料质量不好等。2）安装缺陷。主要有结构位置的偏差、运输和安装时由于机械作用而引起构件的扭曲和局部变形、连接节点处构件的装配不精确、安装连接质量差、漏装或少装某些扣件或缀板、焊缝尺寸偏差。3）使用缺陷。在使用过程中，由于材料的腐蚀和由腐蚀引起的横断面面积的减少，在交变荷载作用下金属内部结构强度发生变化和疲劳现象以及引起的连接破坏等。

（2）钢结构的损坏类型主要有：1）整体性的破坏：裂缝、断裂、构件切口；2）几何形状变形、弯曲和局部扭曲；3）连接破损：焊缝、螺栓和铆钉产生裂缝、松动与破坏；4）结构变位：挠度过大、偏斜等；5）腐蚀破损；6）疲劳破坏。

3）钢结构损坏原因包括力的作用引起的破坏、温度作用引起的破坏和化学作用产生的损坏。

1）力作用引起的损坏，如断裂、裂缝、失稳、弯曲和局部挠曲、连接破坏等，损坏原因可能是：设计状况与结构实际的工作状况不符。如确定荷载和内力不正确而导致选择构件和节点断面错误；结构构件、节点的实际作用与计算简图过于简化或理论化而造成的应力状态差异；母材和熔融金属中有导致应力集中并加速疲劳破坏的缺陷和隐患；安装和使用过程中没有考虑附加荷载和动力作用，如过大的超载、憬条变位、吊车轨道接头偏心和落差过大等。修理时没有进行相应的计算和必要的加固，特别是因为过大的变形变位将引起较大的内力。

2）温度作用引起的破坏，如高温下构件的翘曲和损坏、低温下的脆性破坏、受热时防护涂层的破坏等。温度达 200～250 ℃时，钢结构由于受热膨胀而导致表面油漆涂层破坏；当温度升至 300～400 ℃时，钢结构由于受热将继续膨胀，但受到约束的作用从而在钢结构中产生热应力，而应力分布不均匀，造成结构构件扭曲；温度超过 400 ℃时，钢材内部晶格发生变化使钢材强度急剧下降。在热车间，由于温度变化会使钢结构产生相当大的位移，使之与设计位置产生偏差。当有阻碍自由变位的支撑或其他约束时，则结构构件将产生周期性附加应力，在一定条件下将导致构件扭曲或开裂。在低温条件下，特别是有严重应力集中的结构构件，负温可导致冷脆裂缝。

3）化学作用产生的损坏，如涂层的剥落、钢材的锈蚀等。钢材防腐涂层剥落后由于化学和电化学作用，钢材受到腐蚀，使钢结构有效截面受到损坏，结构的耐久性下降。既有工业构筑物中的钢结构，以大气腐蚀（电化学腐蚀）为主，当有侵蚀性介质时还会出现综合腐蚀。

1.2.2.4 砌体结构的病害

（1）荷载作用。砌体结构中的墙体在大偏心受压时，出现水平方向的裂缝。这种裂缝一般发生在墙体下部的 1/3 处。其形状是中间宽、两端窄，宽度一般为 0.1～0.3 mm；当墙体在轴心受压或小偏心受压时，多数出现垂直方向的裂缝。砖砌体结构在荷载作用产生裂缝的原因比较复杂，在地震荷载作用下，也可引起墙体的开裂。砌体结构荷载裂缝产生的主要原因有：砌体结构断面设计偏小，砖及砂浆标号低，结构构造不良，整体稳定性不足等。

（2）施工质量不佳。施工质量不佳也是引起砌体结构裂缝的主要原因之一。如果砖墙组砌不合理，容易出现重缝、通缝等施工质量问题，其可以导致在墙体中出现无规则且较宽的裂缝。在砌体墙上留脚手眼的位置不当、砖砌筑前未充分浇水、砖砌筑时灰缝的砂浆不饱满、为节约材料大量使用断砖等也会引起裂缝的产生。

(3) 建筑构造不良。由于砌体结构为砌块砌筑而成，构造措施对保证结构的整体性有重要的作用。一旦砌体结构中的圈梁不闭合，构造柱数量不足，变形缝设置不当时，砖墙就可能出现局部裂缝。在砌体结构的扩建工程中，如果新旧砖墙之间没有设置适当的构造措施而是直接砌筑成整体，那么在新旧墙结合处常常会有裂缝出现。

(4) 温度变化。砌体结构由于温度的变化导致墙体开裂的情况比较常见，一般是位于构筑物顶层墙上的“八”字形裂缝。裂缝的其他形式还有屋顶女儿墙根部的水平裂缝、沿窗边的垂直裂缝、墙面局部的竖向裂缝等。此外，混凝土空心砌块也容易产生干缩和温度裂缝。砌体结构产生温度裂缝的机理是：在砌体结构中存在圈梁、构造柱、楼板和楼盖等钢筋混凝土构件，而钢筋混凝土和砌体的膨胀系数及收缩率不同，当结构周围的温度升高时，混凝土的变形大于砖砌块，砖墙阻碍钢筋混凝土构件的变形，便会在钢筋混凝土构件中产生压应力，从而在砖墙体中产生拉应力和剪应力。当墙体中主拉应力超过砌体的抗拉能力时，墙中就产生裂缝。

(5) 地基不均匀沉降。地基不均匀沉降能够引起砌体结构裂缝的产生，其主要的影响因素有：场地的工程地质条件、基础结构、上部结构的体型、材料质量及施工质量等。结构由地基不均匀沉降所引起的裂缝多出现在构筑物建成不久，而且裂缝的宽度和深度会随着时间的发展而不断扩大。1) 斜裂缝。墙体上的斜裂缝是最常见的由地基不均匀沉降所引起的裂缝之一，如果构筑物中间部分沉降大，两端的沉降小，墙体上就会出现“八”字形裂缝，反之则出现倒“八”字形裂缝。这种裂缝多数通过墙上窗的对角，在紧靠窗口处裂缝的宽度较大。通常情况下，构筑物两端的斜裂缝多于中间部分。墙体斜裂缝产生的机理是：由于地基的不均匀沉降，使墙身受到较大的前切应力，当前切应力大于墙体自身的抗剪强度时，墙体上便会出现斜裂缝。2) 竖向裂缝。竖向裂缝多出现在纵墙顶部或底层窗台墙上，其形状都是上宽下窄。墙顶的裂缝形成机理是由于地基不均匀沉降，建筑物发生反向挠曲，墙顶受拉开裂，底层窗台上裂缝出现的原因多数是由于窗口尺寸过大，窗台墙受到反向挠曲而引起的。3) 窗间墙和底层墙上的水平裂缝。窗间墙上的水平裂缝一般成对地出现在窗间墙的上下对角处，墙体沉降大的一边裂缝在下，沉降小的一边裂缝在上，裂缝的宽度在靠窗口处较大。此种裂缝产生的原因是地基不均匀沉降使得窗间墙受到较大的水平剪力作用。

1.2.3 主要原因

(1) 设计有误。设计人员对结构概念理解不透彻和计算错误是结构设计中常见的两类错误。例如，设计者在桁架结构设计中，对桁架的受力特点概念不清，荷载没有作用在节点上而是作用在节间，从而引起设计错误。再如，计算时漏掉了结构所必须承受的主要荷载，采用适用条件与实际情况不相符合的计算公式，或者计算参数的选用有误等。

（2）施工质量差。施工质量对于确保结构满足预期功能十分重要，不合格的施工会加速结构的功能退化。例如，悬挑梁、板的负筋位置不对或施工过程中被踩下，会显著降低其承载能力；使用不合格的建筑材料（如过期的水泥、劣质钢筋等），混凝土配合比有误，或混凝土养护不当，钢筋的保护层厚度过小等均会显著降低结构的安全性、适用性和耐久性等性能。

（3）使用不当。改变结构的使用用途或构筑物的使用维护不及时导致使用荷载增大，是结构使用不当的典型。例如，工业构筑物的屋面积灰没有及时清理导致荷载增大等，均会引起结构提前损伤破坏。

（4）长期在恶劣环境下使用，材料的性能恶化。在长期的外部环境及使用环境条件下，结构材料每时每刻都受到外部介质的侵蚀，导致材料性能恶化。外部环境对工程结构材料的侵蚀主要有：1）化学作用侵蚀，如化工车间的酸、碱气体或液体对钢结构、混凝土结构的侵蚀；2）物理作用侵蚀，例如，高温、高湿、冻融循环、昼夜温差变化等，使混凝土结构、砌体结构产生裂缝等；3）生物作用侵蚀，如微生物、细菌使木材逐渐腐朽等。

（5）结构使用要求的变化。随着科学技术的不断发展，我国工业生产正在进行大规模的结构调整和技术改造，新的生产工艺不断涌现。为了满足这些新的变化要求，部分既有工业构筑物需要适当增加高度或改造以提高建筑结构的整体功能。例如，吊车的更新变换，生产设备的更换，相应的吊车梁、设备的基础以及结构整体均应进行必要的增强加固。结构的功能退化是客观存在的，只要能科学分析原因，减缓结构的退化速度，通过科学的检测、鉴定和加固，就可以延长工业构筑物使用年限。

1.3 结构安全控制

1.3.1 控制原则

（1）结构体系总体效应原则。尽管加固只需针对危险构件进行，但同时要考虑加固后对整体结构体系的影响。例如，对工业构筑物的某一层柱子或墙体的加固，有时会改变整个结构的动力特性，从而产生薄弱层，对抗震带来很不利的影响。再如，对楼面或屋面进行改造或维修，会使墙体、柱及地基基础等相关结构承受的荷载增加。因此，在制订加固方案时，应对构筑物总体考虑，不能简单采用“头痛医头，脚痛医脚”的办法。

（2）先鉴定后加固的原则。结构加固方案确定前，必须对已有结构进行检查和鉴定，全面了解已有结构的材料性能、结构构造和结构体系，以及结构缺陷和损伤等结构信息，分析结构的受力现状和持力水平，为加固方案的确定奠定基础。

(3) 材料的选用和取值原则。加固设计时，如原结构材料种类和性能与原设计一致，按原设计（或规范）值取用；当原结构无材料强度资料时，可通过实测评定材料强度等级。加固用钢材一般选用强度等级较高的钢材。加固用水泥宜选取普通硅酸盐水泥，标号不应低于 32.5 MPa。加固用混凝土的强度等级，应比原结构的混凝土强度等级提高一级，且加固上部结构构件的混凝土不应低于 C20 级；加固混凝土中不宜掺入粉煤灰、火山灰和高炉矿渣等混合材料。黏结材料及化学灌浆材料的黏结强度，应高于被黏结结构混凝土的抗拉强度和抗剪强度。

(4) 加固方案的优化原则。结构加固方案的选择应充分考虑已有结构实际现状和加固后结构的受力特点，对结构整体进行分析，保证加固后结构体系传力线路明确，结构可靠。应采取措施保证新旧结构或材料的可靠连接。另外，应尽量考虑综合经济指标，考虑加固施工的具体特点和加固施工的技术水平，在加固方法的设计和施工组织上采取有效措施，减少对使用环境和相邻建筑结构的影响，缩短施工周期。

(5) 尽量利用的原则。被加固的原结构，通常仍具有一定的承载能力，在加固时应减少对原结构的损伤，尽量利用既有结构的承载能力；在确定加固方案时，应尽量减少对原有结构或构件的拆除和损伤。对既有结构或构件，在经结构检测和可靠性鉴定分析后，对其结构组成和承载能力等有全面了解的基础上，应尽量保留并利用。大量拆除原有结构构件，对保留的原有结构部分可能会带来较严重的损伤，新旧构件的连接难度较大，这样既不经济，还有可能对加固后的结构留下隐患。

1.3.2 控制意义

(1) 提高结构可靠性，结构加固最突出的作用就是提高结构的可靠性，保障人们的生命和财产安全。随着人类文明的进步，人们对建筑结构可靠性的要求不断提高，而随着时间的推移，建筑结构可靠性只能下降。为了满足人们对建筑结构可靠性的时代要求，对结构的加固就是一条必然的途径。

(2) 延长结构的寿命，材料在任何环境中均会受到腐蚀，在有些环境中材料腐蚀速度会很快，比如砌体结构在室外地坪高度处的材料相对容易被腐蚀，使结构局部受损。地基变形引起结构产生开裂或倾斜。结构遭受自然灾害，比如地震、火灾、风灾、水灾等，所有这些均使结构寿命缩短。只有通过结构加固，才能延长结构的寿命。

(3) 扩展结构的用途，随着时代的发展，有些结构在使用途中会发生一些变化，比如工业建筑改为食堂等。建筑用途发生变化是表象，其实质内容是结构的荷载发生了变化，若荷载由小变大，则在功能改变之前必须先进行结构加固。

(4) 保护和节约社会资源，服役期已满的工业构筑物，若仍需继续使用或已经成为历史文物而需要保护，则最佳的办法就是将原有结构进行加固。

1.3.3 控制内容

既有工业构筑物结构安全控制内容包括结构检测鉴定技术、结构数值模拟技术、结构加固修复技术。

(1) 结构检测鉴定的目的是根据检测结果，对结构进行验算、分析，找出薄弱环节，评价其安全性和耐久性，为结构改造或加固维修提供依据。既有工业构筑物在使用过程中，不仅需要经常性的管理与维护，而且随着时间的推移，还需要及时修缮，才能全面完成设计所赋予的功能。与此同时，还有为数不少的工业构筑物或因设计、施工、使用不当，或因用途变更需要改造，或因使用环境发生变化，或因各类事故及灾害结构产生损伤，或需要延长结构使用寿命等，都需要对结构进行处理。要做好这些工作，就必须对工业构筑物在安全性、适用性和耐久性方面存在的问题有全面的了解，才能做出安全、合理、经济、可行的方案，而构筑物可靠性鉴定就是对这些问题的正确评价。

(2) 结构数值模拟技术是通过计算机系统模拟既有工业构筑物结构的力学行为。借助数值模拟技术，可以精确地描述建筑的受力情况，并预测建筑结构在各种情况下的行为。例如，可以通过数值模拟技术计算既有工业构筑物的动力反应，以此确定构筑物是否会发生共振；也可以通过数值模拟技术分析既有工业构筑物受压情况，以此确定构筑物的稳定性等。

(3) 结构加固修复的目的在于恢复或提高构筑物结构在使用过程中由于设计或者施工问题以及用途的改变等导致建筑结构丧失或降低原有的可靠性。既有工业构筑物都有规定的使用年限，一旦超过正常使用年限，构筑物满足不了安全居住的要求，这时通常需要采取相应的加固措施，保证构筑物能正常使用。同时，随着抗震要求、设防标准的提高和改变，许多地区既有工业构筑物不能满足新设防的抗震要求，从而需要抗震加固。对既有工业构筑物进行加固，不仅可以实现构筑物的可持续发展，也有利于减少建筑垃圾的产生和环境污染，并且对既有工业构筑物进行加固相比拆除重建更具有耗时短、利用率大、改造成本低和社会效益大等优点。

2　既有工业构筑物结构检测鉴定

2.1　结构检测鉴定内涵

2.1.1　结构检测鉴定概念

检测鉴定是指运用先进的技术设备、工具或仪器，采用指定的方法和技术，对结构实体现状情况的各方面信息进行采集和分析，参照一定的标准对某一个或某一些特定事物进行估计分析，并就其优劣状态给予定性或定量描述的决策行为。

结构检测鉴定是根据现场调查与检测情况，在对地基基础和结构体系整体性、构件承载力、构造措施及缺陷、变形、损伤等状况进行结构分析与校核的基础上，对结构性能状况进行评判的过程。结构检测鉴定对象可以是整个工业构筑物，或结构和生产线中相对独立的部分，或功能上相对独立的部分。

2.1.2　结构检测鉴定流程

结构检测鉴定应遵循“安全检测、科学鉴定、数据准确、结果可靠”的原则，按照一定的流程进行，如图 2.1 所示。

（1）初步调查。初步调查主要包括下列工作：1）核查委托方提供的建设资料完整性，建设资料应包括图纸以及勘察、设计、施工与竣工资料等；2）核查委托方提供的维修记录，维修记录应包括历次修缮、改造、使用条件改变以及受灾情况等；3）现场踏勘时，应核实委托方提供的资料与实际状况的符合程度，了解实际使用状况，初步观察缺陷及损伤状况。

（2）检测鉴定方案。检测鉴定方案应根据初步调查情况制定，方案主要包括下列内容：1）工程概况，包括原设计、施工及监理单位，以及建设年代等基本情况；2）检测鉴定目的或委托方要求；3）检测鉴定依据及有关技术资料等；4）检测鉴定范围、对象和方法；5）现场调查与检测方式、内容和数量等；6）人员和仪器设备情况；7）工作进度计划；8）配合工作，包括水电、人员配合要求等；9）安全与环保措施等。

（3）检测鉴定过程。检测鉴定过程主要包括下列工作：1）现场调查与检测；2）结构分析与鉴定。

（4）检测鉴定报告。检测鉴定报告主要包括下列内容：1）委托单位名称，

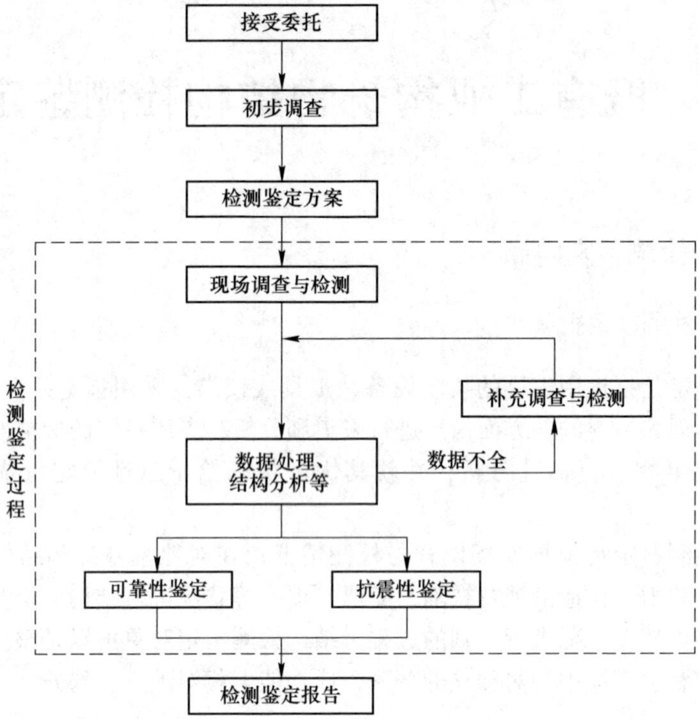

图 2.1 结构检测鉴定流程

原设计、施工等单位名称；2）工程概况，包括工程名称、类型、规模、建设年代及现状等；3）检测鉴定原因、目的等；4）检测鉴定依据的标准及有关技术资料；5）检测鉴定对象、方法及仪器；6）现场调查与检测方式、内容和数量等；7）检测鉴定结果；8）结论及处理建议；9）检测鉴定单位及参与人员名单；10）报告完成日期。

2.1.3 结构检测鉴定依据

（1）检测依据标准。结构检测工作包括的内容比较多，一般有结构材料的力学性能检测、结构的构造措施检测、结构构件尺寸检测、钢筋位置及直径检测、结构及构件的开裂和变形情况检测和结构性能实荷检测等。结构检测依据的规范、标准见表 2.1。

（2）鉴定依据标准。目前我国已颁布的结构鉴定标准有很多，例如《工业建筑可靠性鉴定标准》(GB 50144)、《危险房屋鉴定标准》(JGJ 125)、《建筑抗震鉴定标准》(GB 50023)、《地震灾后建筑鉴定与加固技术指南》(建标［2008］132 号)、《火灾后建筑结构鉴定标准》(ECS 252) 等。

表 2.1 结构检测依据的规范、标准

标准范围	标准名称
通用规范	《木材物理力学试验方法总则》(GB/T 1928—2009); 《木材抗弯强度试验方法》(GB/T 1936.1—2009); 《木结构试验方法标准》(GB/T 50329—2012); 《建筑结构检测技术标准》(GB/T 50344—2019); 《砌体工程现场检测技术标准》(GB/T 50315—2011); 《超声法检测混凝土缺陷技术规程》(CECS 21:2007); 《回弹法检测混凝土强度技术规程》(JGJ/T 23—2011); 《钻芯法检测混凝土强度技术规程》(CECS 03:2007); 《钢结构现场检测技术标准》(GB/T 50621—2010); 《砌体基本力学性能试验方法标准》(GB/T 50129—2011); 《混凝土强度检测评定标准》(GB/T 50107—2019); 《超声回弹综合法检测混凝土强度技术规程》(CECS 02:2020); 《剪压法检测混凝土抗压强度技术规范》(CECS 278:2010); 《贯入法检测砌筑砂浆抗压强度技术规程》(JGJ/T 136—2017); 《混凝土中钢筋检测技术规程》(JGJ/T 152—2019); 《建筑抗震试验方法规程》(JGJ/T 101—2015); 《混凝土结构试验方法标准》(GB/T 50152—2012)等
地基基础检测规范	《建筑地基处理技术规范》(JGJ 79—2012); 《建筑地基基础设计规范》(GB 50007—2011); 《湿陷性黄土地区建筑规范》(GB 50025—2018); 《建筑基桩检测技术规范》(JGJ 106—2014); 《岩土工程勘察规范》(GB 50021—2009)等
施工验收检测规范	《钢结构工程施工质量验收规范》(GB 50205—2020); 《建筑工程施工质量验收统一标准》(GB 50300—2013); 《建筑工程饰面砖黏结强度检验标准》(JGJ 110—2017); 《砌体工程施工质量验收规范》(GB 50203—2024)等
测量规范	《工程测量规范》(GB 50026—2020); 《建筑变形测量规范》(JGJ 8—2016); 《建筑基坑工程监测技术规程》(GB 50497—2019)等

2.2 现场调查与检测

2.2.1 使用条件调查与检测

使用条件调查与检测应包括结构荷载、生产使用环境、维修和改造状况、原设计使用年限内条件变化等的调查与检测。

(1) 结构荷载调查。结构荷载调查可根据既有工业构筑物的具体情况及检测鉴定的相关要求开展，其调查项目按表 2. 2 选择确定。结构荷载标准值应按下列规定取值：1）当符合现行国家标准《建筑结构荷载规范》（GB 50009）的有关规定时，应按有关规定取值；当发现超载或改变用途时，应按实际情况采用。2）当现行国家标准《建筑结构荷载规范》（GB 50009）未作规定或按实际情况难以确定时，应按现行国家标准《建筑结构可靠度设计统一标准》（GB 50068）执行。

表 2. 2　结构荷载调查

荷载类别	调　查　项　目
永久荷载	旧工业建筑结构构件、围护结构构件及装饰装修配件、固定设备的支架、桥架、管道及其运输的物料等永久荷载；预应力、土压力、水压力、地基变形等作用引起的永久荷载
可变荷载	楼面、地面、屋面活荷载，地面堆载，风、雪荷载等可变荷载；吊车荷载；由于温度作用引起的可变荷载
偶然荷载	由于地震作用或火灾、爆炸、撞击等引起的偶然荷载

（2）生产使用环境调查。生产使用环境调查应包括对既有工业构筑物结构性能造成影响或破坏的环境调查，主要包括地理环境、气象环境、灾害作用环境、生产工作环境等，其调查项目按表 2. 3 选择确定。

表 2. 3　生产使用环境调查

环境类别	调　查　项　目
地理环境	地形、地貌、工程地质、周围建（构）筑物影响等
气象环境	大气环境、降雨量、降雪量、霜冻期、风作用等；室内高湿环境、露天环境、干湿交替环境、冻融环境等
灾害作用环境	地震、冰雪、洪水、滑坡等自然灾害；结构本身及周围发生火灾、爆炸、撞击等
生产工作环境	生产中使用或产生的腐蚀性液体、气体分布、浓度等；高温、低温工作环境及振动等

（3）维修和改造状况调查。维修和改造状况调查应包括使用用途、使用年限、生产条件变化，历次改造、检测、维修、维护、加固、用途变更与改扩建等。

2.2.2　结构现状调查与检测

结构现状调查与检测主要包括地基基础、上部承重结构、围护结构三部分，并且应以无损检测为主，有损检测为辅。

（1）地基基础调查与检测。地基基础是工程实体中的重要组成部分，它直接承受上部结构传来的所有荷载。对既有工业构筑物来说，要求地基基础拥有足够的稳定性和承载力，调查与检测工作内容如下：

1）查阅原有岩土工程勘察报告、有关图纸资料及工程沉降观测资料，重点查看地基的沉降、差异沉降，调查地基基础的变形及上部结构的反应。

2）调查结构现状、实际使用荷载、场地稳定性及邻近建筑、地下工程和管线等情况。

3）当基础附近有废水排放地沟、集水坑、集水池或油罐池、沼气池等时，应重点检查废水、油料、沼气的渗漏对地基基础造成的腐蚀等不利影响。

4）当地基基础不存在明显沉陷，上部结构不存在疑似因地基基础变形导致的梁、柱和围护墙体产生明显裂缝，出现局部构件或整体倾斜超限等结构缺陷时，可评定为无静载缺陷，不再进行进一步的调查与检测。

5）当存在第4）条所述的结构缺陷时，应依据《建筑地基基础设计规范》（GB 50007—2011）和《建筑变形测量规范》（JGJ 8—2016）进行沉降观测。

6）当地基基础发生明显沉陷、上部结构发生严重变形，地基沉降、差异沉降严重超限时，应委托具有相应资质的单位进行地勘作业，探明地基土性状并验算地基承载力和地基变形，当怀疑地基存在严重缺陷时，宜进行地基承载力试验。

（2）上部承重结构调查与检测。上部承重结构调查与检测应调查结构体系的整体性、完整性、稳定性，具体包括原材料性能、材料强度、尺寸与偏差、构件外观质量与缺陷、变形与损伤、钢筋配置等内容，必要时，可进行结构构件性能的实荷检验或结构动力测试。

1）重点调查结构是否构成空间稳定的结构体系；重点检查结构有无错层、结构间的连接构造是否可靠等；重点检查混凝土结构梁、板、柱布置是否合理，砌体结构圈梁和构造柱的设置是否合理。

2）对于受到环境侵蚀或灾害破坏影响的构件，应选择对结构安全影响较大的部位或有代表性的损伤部位进行检测，在检测鉴定报告中应提供具体位置和必要的情况说明。

3）结构构件的尺寸与偏差检测应以设计图为依据，当施工误差可以忽略不计时，可以采用设计尺寸进行结构分析与校核。若设计图纸缺失，则必须现场实测，并绘制实测图，结构分析与校核应以现场实测复核数据为准。

4）结构构件缺陷与损伤、腐蚀检测项目按表2.4选择确定。结构构件裂缝检测应包括裂缝位置、长度、宽度、深度、形态和数量，应给出裂缝的性质并拍照记录，受力裂缝宜绘制裂缝展开图。

表2.4 结构构件缺陷与损伤、腐蚀检测项目

构件类别	检 测 项 目
混凝土结构构件	蜂窝、麻面、孔洞、夹渣、露筋、裂缝、疏松、腐蚀等
钢结构构件	夹层、裂纹、锈蚀、非金属夹杂和明显的偏析、锈蚀等
砌体结构构件	裂缝、墙面渗水、砌块风化、缺棱掉角、裂纹、弯曲、砂浆酥碱、粉化、腐蚀等

5）结构构件节点处的连接是结构检测的重点，对于难以到达的区域，宜采用升降机配合高清数码相机进行检测，发现严重缺陷时应细致察看并拍照记录。

6）结构构件位移与变形检测应包括受压构件柱、墙的顶点位移，受弯构件吊车梁、屋架梁的挠度，层间位移等，检测方法应符合现行国家标准《建筑变形测量规范》（JGJ 8—2016）的有关规定。

7）材料性能的测区或取样位置应布置在构件具有代表性的部位；当构件存在缺陷、损伤或性能劣化现象时，检测与评定报告应详细描述。

（3）围护结构调查与检测。围护结构调查与检测，除应查阅有关图纸资料外，并应符合下列规定：

1）现场核实围护结构的布置、使用功能、老化损伤和破坏等；调查围护结构的构造连接状况及对主体结构的不利影响。

2）对于难以目测的区域，检测方法宜采用高清数码相机进行，发现严重缺陷时应细致察看并拍照记录。

3）围护结构状况较差，委托方拟定拆除或有其他要求时，可减少或取消该部分围护结构的检测数量及内容，并在报告中记录说明。

2.3 结构分析与鉴定

2.3.1 结构可靠性鉴定

对于工业构筑物的可靠性鉴定，应该将构筑物整体作为鉴定单元。然后根据构筑物的结构布置、组成划分为若干结构系统，再进行可靠性等级评定。要注意的是，构筑物鉴定单元的可靠性等级要以主要结构系统的最低评定等级确定。如果非主要结构系统的最低评定等级低于主要结构系统的最低评定等级两级，鉴定单元的可靠性等级就要以主要结构系统的最低评定等级降低一级来确定该构筑物的等级。

结构可靠性鉴定可根据《工业建筑可靠性鉴定标准》（GB 50144—2019）、《旧工业建筑再生利用性能评定标准》（T/CMCA 4001—2020）的相关规定执行，按构件、结构系统和鉴定单元逐层分级进行鉴定评级。结构可靠性鉴定的层次、等级划分见表 2.5。

结构可靠性鉴定分级标准及处理要求按照表 2.6 确定。

表 2.5 结构可靠性鉴定的层次、等级划分

层次	一	二	三
鉴定对象	构件	结构系统	鉴定单元
等级	ar、br、cr、dr	Ar、Br、Cr、Dr	Ⅰr、Ⅱr、Ⅲr、Ⅳr

续表 2.5

<table>
<tr><th>层次</th><th>一</th><th colspan="2">二</th><th>三</th></tr>
<tr><td rowspan="3">地基基础</td><td rowspan="2">—</td><td>地基变形评级</td><td rowspan="3">地基基础评级</td><td rowspan="7">整体可靠性评级</td></tr>
<tr><td>边坡场地稳定性评级</td></tr>
<tr><td>按同类材料构件各检查项目评定单个基础等级</td><td>基础承载力评级</td></tr>
<tr><td rowspan="2">上部承重结构</td><td>按承载能力、构造与连接、变形与损伤等检查项目评定单个构件等级</td><td>每种构件集评级</td><td rowspan="2">上部承重结构评级</td></tr>
<tr><td>—</td><td>按结构布置、支撑、结构间连接构造等项目进行结构整体性评级</td></tr>
<tr><td rowspan="2">围护结构</td><td>按照承载能力等项目评定单个构件等级</td><td>每种构件集评级</td><td rowspan="2">围护结构评级</td></tr>
<tr><td>—</td><td>按照构造连接评定单个非承重围护结构构件等级</td></tr>
</table>

表 2.6 结构可靠性鉴定分级标准及处理要求

<table>
<tr><th>层次</th><th>鉴定对象</th><th>等级</th><th>评 级 标 准</th><th>处 理 要 求</th></tr>
<tr><td rowspan="4">一</td><td rowspan="4">构件</td><td>ar</td><td>符合国家现行标准的可靠性要求，构件安全可靠</td><td>不必采取措施</td></tr>
<tr><td>br</td><td>略低于国家现行标准的可靠性要求，尚不影响安全</td><td>可不采取措施</td></tr>
<tr><td>cr</td><td>不符合国家现行标准的可靠性要求，影响安全</td><td>应采取措施</td></tr>
<tr><td>dr</td><td>极不符合国家现行标准的可靠性要求，已严重影响安全</td><td>必须及时或立即采取措施（如已停用，不必立即，可采取临时措施）</td></tr>
<tr><td rowspan="2">二</td><td rowspan="2">结构系统</td><td>Ar</td><td>符合国家现行标准的可靠性要求，不影响整体安全</td><td>可能有个别一般构件应采取措施</td></tr>
<tr><td>Br</td><td>略低于国家现行标准的可靠性要求，仍能满足结构可靠性的下限水平要求，尚不明显影响整体安全</td><td>可能有个别构件应采取措施</td></tr>
</table>

续表 2.6

层次	鉴定对象	等级	评级标准	处理要求
二	结构系统	Cr	不符合国家现行标准的可靠性要求，影响整体安全	应采取措施，且可能有极少数构件应及时或必须立即采取措施（如已停用，不必立即，可采取临时措施）
		Dr	极不符合国家现行标准的可靠性要求，已严重影响整体安全	必须立即采取措施
三	鉴定单元	Ⅰr	符合国家现行标准的可靠性要求，不影响整体安全	可能有个别一般构件应采取措施
		Ⅱr	略低于国家现行标准的可靠性要求，仍能满足结构可靠性的下限水平要求，尚不明显影响整体安全	可能有个别构件应采取措施
		Ⅲr	不符合国家现行标准的可靠性要求，影响整体安全	应采取措施，且可能有极少数构件应及时或必须立即采取措施（如已停用，不必立即，可采取临时措施）
		Ⅳr	极不符合国家现行标准的可靠性要求，已严重影响整体安全	必须立即采取措施（如已停用，不必立即，可采取临时措施）

2.3.2 结构抗震性能鉴定

结构抗震性能鉴定可根据现行国家标准《建筑抗震鉴定标准》（GB 50023）、《工业构筑物抗震鉴定标准》（GBJ 117）的相关规定，按构件、结构系统和鉴定单元逐层分级进行鉴定评级。结构抗震性能鉴定的层次、等级划分见表 2.7。

表 2.7 结构抗震性能鉴定的层次、等级划分

层次	一	二	三
鉴定对象	构件	结构系统	鉴定单元
等级	as、bs、cs、ds	As、Bs、Cs、Ds	Ⅰs、Ⅱs、Ⅲs、Ⅳs

续表 2.7

<table>
<tr><th>层次</th><th>一</th><th colspan="2">二</th><th>三</th></tr>
<tr><td rowspan="3">地基基础</td><td rowspan="2">—</td><td>地基变形评级</td><td rowspan="3">地基基础抗震能力评级</td><td rowspan="6">整体抗震能力评级</td></tr>
<tr><td>场地评级</td></tr>
<tr><td>按同类材料构件各检查项目评定单个基础抗震承载力等级</td><td>基础构件集抗震承载力评级</td></tr>
<tr><td rowspan="3">上部结构</td><td>各类构件抗震承载力评级</td><td>考虑抗震构造措施的抗侧力构件和其他构件集抗震承载力评级</td><td rowspan="3">上部结构抗震能力评级</td></tr>
<tr><td>—</td><td>结构体系、结构布置等抗震宏观控制的抗震构造评级</td></tr>
<tr><td>—</td><td>按照构造连接评定单个非承重围护结构构件等级</td></tr>
</table>

结构抗震性能鉴定分级标准及处理要求，应按照表 2.8 确定。

表 2.8 结构抗震性能鉴定分级标准及处理要求

层次	鉴定对象	等级	评级标准	处理要求
一	构件	as	符合国家现行标准的抗震承载力要求	不必采取措施
		bs	略低于国家现行标准的抗震承载力要求，尚不影响抗震承载力	可不采取措施
		cs	不符合国家现行标准的抗震承载力要求，影响抗震承载力	应采取措施
		ds	极不符合国家现行标准的抗震承载力要求，已严重影响抗震承载力	必须采取措施
二	结构系统	As	符合国家现行标准的抗震能力要求，具有整体抗震性能	可不采取措施
		Bs	略低于国家现行标准的抗震能力要求，尚不显著影响整体抗震性能	可能有个别构件或局部构造应采取措施
		Cs	不符合国家现行标准的抗震能力要求，显著影响整体抗震性能	应采取措施，且可能少数构件或地基基础的抗震承载力或构造措施必须采取措施
		Ds	极不符合国家现行标准的抗震能力要求，严重影响整体抗震性能	必须采取整体加固或拆除重建的措施

续表 2.8

层次	鉴定对象	等级	评级标准	处理要求
三	鉴定单元	Ⅰs	符合国家现行标准的抗震能力要求，具有整体抗震性能	可不采取措施
		Ⅱs	略低于国家现行标准的抗震能力要求，尚不显著影响整体抗震性能	可能有个别构件或局部构造应采取措施
		Ⅲs	不符合国家现行标准的抗震能力要求，显著影响整体抗震性能	应采取措施，且可能少数构件或地基基础的抗震承载力或构造措施必须采取措施
		Ⅳs	极不符合国家现行标准的抗震能力要求，严重影响整体抗震性能	必须采取整体加固、拆除重建或改变使用功能等措施

3 既有工业构筑物结构数值模拟

3.1 结构数值模拟方法

数值模拟是以电子计算机为手段，通过数值计算和图像显示的方法，达到对工程问题和物理问题乃至自然界各类问题研究的目的。目前，常用的数值模拟方法包括有限差分法、有限体积法、边界元法、离散单元法、有限单元法等。其中有限单元法是应用最为广泛的一种模拟方法，其他的方法则常被用于特定问题或领域。

3.1.1 有限差分法

有限差分法是数值解法中的经典方法。它将求解区域划分为差分网格，用有限个网格节点代替连续的求解域，然后将偏微分方程（控制方程）的导数用差商代替，推导出含有离散点上有限个未知数的差分方程组。这种方法产生和发展得比较早，也比较成熟，较多用于求解双曲线和抛物线型问题。构造差分的方法有多种，目前主要采用的是泰勒级数展开法。其基本的差分表达式主要有四种形式：一阶向前差分、一阶向后差分、一阶中心差分和二阶中心差分，其中前两种形式为一阶计算精度，后两种形式为二阶计算精度。通过对时间和空间几种不同差分形式的组合，可以得到不同的差分计算格式。用它求解边界条件较为复杂，尤其是求解椭圆形问题时，不如有限单元法或有限体积法方便。

3.1.2 有限体积法

有限体积法，又称为控制体积法，它将计算区域划分为网格，并使每个网格点周围有一个互不重复的控制体积，将待解的微分方程对每个控制体积积分，从而得到一组离散方程。其中的未知数是网格节点上的因变量。子域法加离散化是有限体积法的基本思想。有限体积法的基本思路易于理解，并能得出直接的物理解释。

3.1.3 边界元法

边界元法是以定义在边界上的边界积分方程为控制方程，通过对边界分元插值离散，化为代数方程组求解。它与基于偏微分方程的区域解法相比，由于降低了问题的维数，因而显著降低了自由度数，边界的离散也比区域的离散方便得多，可用较简单的单元准确地模拟边界形状，最终得到阶数较低的线性代数方程组。又由于它利用微分算子解析的基本解作为边界积分方程的核函数，具有解析与数值相结合的特点，通常具有较高的精度。特别是对于边界变量变化梯度较大的问题，如应力集中问题或边界变量出现奇异性的裂纹问题，边界元法被公认为比有限单元法更加精确高效。

3.1.4 离散单元法

离散单元法与有限单元法和边界元法一样，将区域划分成单元。所不同的是，单元因受节理不连续面控制，在以后的运动的过程中，单元节点可以分离，即一个单元与其临近单元可以接触，也可以分离。单元之间可以看成是角-角接触、角-边接触或边-边接触，而且随着单元的平移和转动，允许调整各个单元之间的接触关系。单元可以假设是刚性的，也可以是可变形的。单元之间的相互作用力可以根据力和位移的关系求出，而个别单元的运动则完全根据该单元所受的不平衡力及其大小按照牛顿运动定律确定。离散单元法是一种显式求解的数值方法。该方法与在时域中进行的其他显式计算相似，不需要求解方程组。在用显式法时，假定在每一个叠代步内，每个块体单元仅对其相邻的块体单元产生力的影响。由于显式法不需要形成矩阵，因此可以考虑大位移和非线性的问题。

3.1.5 有限单元法

有限单元法是将一个连续的求解域任意分成适当形状的许多微小单元，并于各小单元分片构造插值函数，然后根据极值原理（变分或加权余量法）将问题的控制方程转化为所有单元上的有限元方程，把总体的极值作为各单元极值之和，即将局部单元总体合成，形成嵌入指定边界条件的代数方程组，求解该方程组就能得到各节点上待求的函数值。其基本思想是将工程结构离散化，把大问题化为若干个小问题，然后对这些小问题进行求解，最终得到大问题的解。离散化的过程一般采用三角网格化、四面体网格化或六面体网格化等方法。得到离散的工程结构之后，可以对不同的约束条件、荷载和材料参数进行模拟，从而得到该结构的受力状态和位移变形情况。

有限单元法理论推导严密，易于程序化实现，是目前施工力学数值求解的主要手段。因为结构施工阶段的受力与设计状态存在着很大的区别，所以对施工阶段进行准确验算时便不能用完整的计算模型，对于结构施工阶段结构性能的研究，要采取新的计算方法。目前为了分析时变结构施工前后的内力和变形，常用的有限元分析计算方法，主要包括生死单元法和状态变量叠加法两种。

3.1.5.1 生死单元法

单元生死技术是一种建立在有限单元法上的非线性分析理论：它通过改变单元的“生”和“死”实现求解域的时变，即通过在结构整体刚度矩阵中增加或消除相应构件的单元来模拟施工中结构或者构件的安装或者卸载。在模拟中可以一次性建立起完整的结构有限元分析模型，然后再将全部单元“杀死”，之后再根据实际的施工情况对不同的单元进行激活或杀死辅助单元，来模拟和分析整个施工过程中的力学性能的变化。生死单元技术是基于状态非线性有限单元法对结构施工全过程模拟分析的主要技术，是指通过控制结构单元的“生”和“死”来模拟实际施工阶段构件的状态变化，通常用“活单元”和“死单元”来表示。其中，“死单元”是指在当前阶段尚未安装或对主体结构受力无影响的构件，“活单元”是指已经在当前阶段安装完毕的构件。生死单元法可以理解为通过修改单元的刚度矩阵来模拟施工过程中构件的安拆。基本原理如下：

（1）“杀死单元”就是将单元的荷载、质量、阻尼和比热容等类似效果设置为0，且将其单元刚度矩阵乘以一个极小因子，单元的应变在“杀死”的同时也将被设置为0，使得被杀死的单元在计算中不起作用，实现单元“死”的状态。

（2）“激活单元”与“杀死单元”相反，“激活单元”是将单元的刚度、质量和荷载等恢复其原始数值的过程，且重新激活的单元没有应变记录。

因此，可以通过杀死单元的方式实现构件的拆除模拟，通过激活死单元的方式实现构件的安装模拟。

3.1.5.2 状态变量叠加法

状态变量叠加法考虑了施工过程中各个阶段的状态变量因素，改变了传统设计中不考虑施工过程状态变量叠加的状况，因此它可以真实地模拟施工过程，是一种优秀的理论计算方法。假设某大跨钢结构由 n 个施工阶段组成，则在结构施工过程中每一个施工阶段的内力计算方程和有限元基本计算方程为：

第一阶段：
$$\begin{cases} \boldsymbol{N}_1 = \boldsymbol{k}_1\boldsymbol{A}_1\boldsymbol{U}_1 \\ \boldsymbol{K}_1\boldsymbol{U}_1 = \boldsymbol{P}_1 \end{cases}$$

第二阶段：
$$\begin{cases} \boldsymbol{N}_2 = \boldsymbol{k}_2\boldsymbol{A}_2\boldsymbol{U}_2 \\ (\boldsymbol{K}_1 + \boldsymbol{K}_2)\boldsymbol{U}_2 = \boldsymbol{P}_2 \end{cases}$$

那么，施工第 n 阶段：
$$\begin{cases} \boldsymbol{N}_n = \boldsymbol{k}_n\boldsymbol{A}_n\boldsymbol{U}_n \\ (\boldsymbol{K}_1 + \boldsymbol{K}_2 + \cdots + \boldsymbol{K}_n)\boldsymbol{U}_n = \boldsymbol{P}_n \end{cases}$$

式中，$\boldsymbol{K}_i$ 为第 i 施工阶段时，结构的总刚度矩阵；$\boldsymbol{k}_i$ 为第 i 施工阶段时，结构的杆单元刚度矩阵；$\boldsymbol{U}_i$ 为第 i 施工阶段时结构的位移量；$\boldsymbol{P}_i$ 为第 i 施工阶段时，结构的节点力向量；$\boldsymbol{A}_i$ 为第 i 施工阶段时，结构的几何矩阵；$\boldsymbol{N}_i$ 为第 i 施工阶段时，结构杆件的内力向量。

施工阶段结构最终内力： $\boldsymbol{N} = \boldsymbol{N}_1 + \boldsymbol{N}_2 + \cdots + \boldsymbol{N}_n$

施工阶段结构最终位移： $\boldsymbol{U} = \boldsymbol{U}_1 + \boldsymbol{U}_2 + \cdots + \boldsymbol{U}_n$

3.2 结构数值模拟步骤

有限元是那些集合在一起能够表示实际连续域的离散单元。随着计算机技术的快速发展和普及，有限元方法迅速从结构工程强度分析计算扩展到几乎所有的科学技术领域，成为一种丰富多彩、应用广泛并且实用高效的数值分析方法。有限元分析可以分成三个阶段，前处理、分析和后处理。前处理是建立有限元模型，完成单元网格划分；后处理则是采集处理分析结果，使用户能简便提取信息，了解计算结果。

3.2.1 前处理

应用有限元理论，把现实生活中的结构工程问题转化为可供计算机分析的数学问题。这一转化过程的合理性、科学性将直接影响计算分析结果与工程实际之间的距离，这便是有限元分析的前处理过程，称为有限元建模。有限元建模主要包括三个方面的内容：一是要构造计算对象的几何模型（即确定所求问题的类型，建立分析对象的力学模型）；二是要划分有限元网格（包括单元类型的选择，网格的布局）；三是要生成有限元分析的输入数据（主要包括材料与约束条件数据）。

3.2.2 分析

有限元分析过程主要是建立各类问题的有限元方程，并求解这些方程。通过单元分析、整体分析、荷载移置、引入约束即可得到有限元方程，这是有限元分析的核心内容。对所建立的有限元方程，选择合适的方法求解，也是有限元理论中要讨论的内容。特别是在非线性问题中，同一个有限元模型，选择不同算法，甚至不同步长，可能会给出完全不同的结果。

3.2.3 后处理

后处理主要包括对计算结果的加工处理、编辑组织和图形表示三个方面。它可以把有限元分析得到的数据，进一步转换为设计人员直接需要的信息，如应力分布状况、结构变形状态等，并且绘成直观的图形，从而帮助设计人员迅速地评价和校核设计方案。

3.3 结构数值分析软件

随着有限元软件和数字计算机的迅猛发展，有限单元法的应用也逐步扩展到几乎所有的科学技术和工程领域。由弹性力学平面问题扩展到空间问题和板壳问题；由静力问题扩展到动力问题、稳定问题和波动问题；由弹性问题扩展到弹塑性、塑性、黏弹性、黏塑性问题；由普通材料扩展到超弹性材料、复合材料、岩土材料等；由应力强度问题扩展到疲劳与断裂问题；由固体力学扩展到流体力学、渗流与固结理论、热传导与热应力问题、电磁场问题，以及建筑声学与噪声问题；由结构分析问题扩展到结构优化问题；由工程力学扩展到力学的其他领域，如冰川力学、地质力学、生物力学和运动力学等。随着现代力学、计算数学和计算机科学技术的发展，有限单元法作为一种具有坚实理论基础和广泛应用前途的数值模拟工具，在科学与工程中发挥着更大的作用，大型数值模拟软件将功能更强大、使用更便捷。下面介绍常用的数值模拟分析软件。

3.3.1 ABAQUS 软件

ABAQUS 软件是一套先进的通用有限元分析系统，也是功能最强大的有限元软件之一，可以分析复杂的固体力学和结构力学问题。ABAQUS 有两个主要分析模块：ABAQUS/Standard 和 ABAQUS/Explicit，ABAQUS/Standard 提供通用的分析功能，如结构静力分析、热传导热交换分析等；ABAQUS/Explicit 对时间进行显式积分求解，为处理短暂、瞬态的动力问题和复杂的接触问题提供了有力的工具。ABAQUS 是一个很好的处理非线性问题的软件，ABAQUS 软件的开发一开始就是基于高度非线性问题，其理论性、专业性较强，要求用户背景知识的起点较高。其自带的 PYTHON 语言工具可以供用户进行二次开发，不足之处是可供参考的中文资料目前相对较少。

ABAQUS 软件的功能可以归纳为线性分析、非线性和瞬态分析及机构分析三大模块：模块一功能包括线性静力学、动力学、模态、热力学、声学和压电等分析；模块二是非线性和瞬态分析，可分析汽车碰撞、飞机坠毁、电子器件跌落、冲击和损毁、接触、塑性失效、断裂和磨损、橡胶超弹性等；模块三是多体动力学分析，可分析机械臂运动、起落架收放、汽车悬架、微机电系统（MEMS）、医疗器械等。

3.3.2 ANSYS 软件

ANSYS 软件是融结构、流体、温度场、电场、磁场、声场分析及结构优化于一体的大型通用软件。它能与多数 CAD 软件接口实现数据的共享和交换，如 Pro/Engineer、PATRAN、IDEAS、AutoCAD 等。ANSYS 软件比较适合于教学和科研，而且拥有最多的用户，可借鉴的参考资料也是最多的。其多场分析功能比较突出，而且可以做基础的结构优化设计和拓扑优化设计，其自带的 APDL 语言工具也可以方便用户进行二次开发。

ANSYS 软件的分析功能包括结构分析、非线性分析、热分析、电磁场分析、流体流动分析、耦合场分析等，见表 3.1。

表 3.1　ANSYS 软件的分析功能

功　能	具 体 内 容
结构分析	包括静力学分析、模态分析、谐波分析、瞬态动力分析、响应谱分析、随机振动分析、断裂分析、复合材料分析及疲劳分析
非线性分析	包括材料非线性、几何非线性和单元非线性分析
热分析	包括传导、对流和辐射，可进行稳态热分析、瞬态热分析和相变分析
电磁场分析	包括静态电磁场、低频时变电磁场和高频时变电磁场分析；电场分析包括电流传导、静电分析和电路分析
流体分析	包括层流、湍流和热流体及声学分析
耦合场分析	包括热力耦合、磁热耦合、流体结构耦合、热电耦合、电磁耦合及压电分析等

3.3.3　MSC.Nastran 软件

MSC. Nastran 软件最早是由美国航空航天局倡导开发的，是工业领域最著名的并行框架式有限元前后处理及分析系统，其开放式、多功能的体系结构可将工程设计、工程分析、结果评估和交互图形界面集于一体，构成一个完整的 CAE 环境，是常见工程问题分析求解的最佳软件之一。MSC. Nastran 软件能够有效地解决各类大型复杂结构强度、刚度、屈曲、模态、动力学、热力学非线性、声学、流体-结构耦合、气动弹性、超单元、惯性释放以及结构优化等问题。

3.3.4　MIDAS 软件

MIDAS 软件是韩国浦项制铁（POSCO）集团 1989 年成立专门机构研制开发的，是 MIDAS Information Technology Co.,Ltd.（简称 MIDAS IT）的最主要产品，是一种通用结构有限元分析与设计软件。MIDAS 软件适用于桥梁、地下结构、水池、大坝、隧道、各种楼房、陆地以及海上工业建筑、体育场馆、飞机库、发电厂、轮船、飞机、输电塔、起重机、压力容器等普通及特殊结构的分析与设计。MIDAS 软件除可以进行一般的静力和动力分析（线性静力分析、温度应力分析、线弹性时程分析）之外，还可以做施工阶段分析、支座沉降分析、屈曲分析、预应力结构分析、Pdclta 分析、反应谱分析、水化热分析、热传导分析、静力弹塑性分析（梁、柱支撑，剪力墙）、动力弹塑性分析、材料非线性分析、几何非线性分析、动力边界非线性分析（隔震和耗能减震分析）、大位移分析等。

3.3.5 SAP2000 软件

SAP2000 软件是由美国 Cmputer and Structures Inc. （CSI）公司开发研制的，是一种通用结构有限元分析与设计软件。SAP2000 适用于桥梁工业建筑、输电塔、设备基础、电力设施、索缆结构、运动设施、演出场所和其他一些特殊结构的分析与设计。SAP2000 三维图形中提供了多种建模、分析和设计选项，且完全在一个集成的图形界面内实现。先进的分析技术可以提供逐步变形分析、多重 P-Delta效应、特征向量和 Ritz 向量分析、索分析、单拉和单压分析、屈曲分析、爆炸分析、针对阻尼器或基础隔震等非线性连接构件进行快速非线性分析、非线性动力直接积分时程分析、用能量方法进行侧移控制和分段施工分析等。SAP2000 桥梁模板可以建立各种桥梁模型，自动进行桥梁活荷载布置，进行桥梁基础隔震和桥梁施工顺序分析，进行大变形悬索桥分析和静力非线性 Pushover 分析。

3.3.6 ADINA 软件

ADINA 软件是美国 ADINA R&D 公司的产品，拥有国际上先进的大型通用有限元计算分析仿真平台，能够广泛应用于各行各业和研究、教育机构。ADINA 软件致力于优秀的计算仿真能力，可用于固体分析、流体分析、热分析，以及流固耦合、热力耦合和多物理场耦合等分析中，并能够为用户提供复杂问题的解决方案。ADINA 软件的技术优势不仅在于其优秀的单物理场计算能力，更在于其强大的多物理场耦合计算能力。ADINA 软件考虑了耦合因素的影响，能够更深入地分析设计产品的性能，帮助用户更深刻地理解物理现象的产生和发展的规律，从而有助于生产出更经济、安全、实用有效的产品。

4 既有工业构筑物结构加固修复

4.1 混凝土结构加固修复技术

4.1.1 直接加固技术

4.1.1.1 增大截面加固法

增大截面加固法，又称为外包混凝土加固法，是通过在原混凝土构件外叠浇新的钢筋混凝土，增大构件的截面面积和配筋，达到提高构件的承载力和刚度、降低柱子长细比等目的。增大截面加固法适用于钢筋混凝土受弯和受压构件梁、板、柱等的加固，根据构件的受力特点、薄弱环节、几何尺寸及方便施工等，加固可以设计为单侧、双侧、三侧或四面增大截面。以增大截面为主的加固，为了保证补加混凝土的正常工作，需配置构造钢筋；以加配钢筋为主的加固，为了保证补加钢筋的正常工作，需按照钢筋保护层等要求，适当增大截面。按现场检测结果确定的原构件混凝土强度等级不应低于C10。混凝土构件增大截面加固法施工工艺流程如图4.1所示。

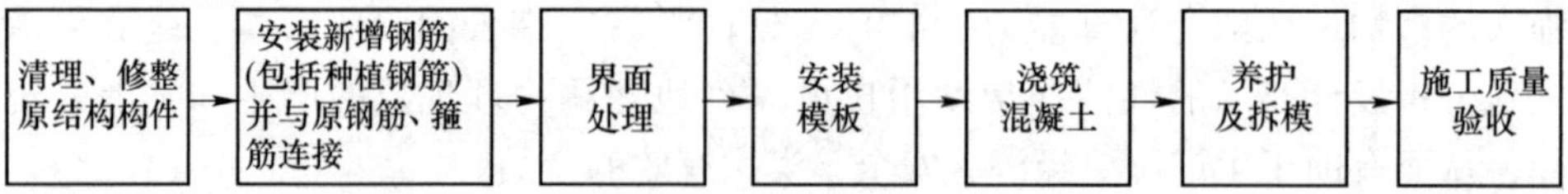

图4.1 混凝土构件增大截面施工工艺流程

A 界面处理

(1) 原构件混凝土界面（黏合面）经修整露出骨料新面后，还应采用花锤、砂轮机或高压水射流进行打毛，除去浮渣；有条件时在混凝土面刷界面剂；必要时，也可凿成沟槽。方法：1）花锤打毛：宜用1.5~2.5 kg的尖头錾石花锤，在混凝土黏合面上錾出麻点，形成点深约3 mm、点数为600~800点/m^2的均匀分布；也可以錾成点深4~5 mm、间距约30 mm的梅花形分布。2）砂轮机或高压水射流打毛：宜采用输出功率不小于300 W的粗砂轮机或压力符合规范要求的水射流，在混凝土黏合面上打出方向垂直于构件轴线、纹深为3~4 mm、间距为50 mm的横向纹路。3）人工凿沟槽：宜用尖锐、锋利凿子，在坚实混凝土黏合面上凿出方向垂直于构件轴线、槽深约6 mm、间距为100~150 mm的横向沟槽。

（2）当三面或四面新浇混凝土层外包梁、柱时，还应在打毛同时，凿除截面的棱角。

（3）完成上述加工后，应用钢丝刷等工具清除原构件混凝土表面松动的骨料、砂砾、浮渣和粉尘，并用清洁的压力水冲洗干净；若采用喷射混凝土加固，宜用压缩空气和水交替洗干净。

（4）涂刷结构界面胶（剂）前，应对原构件表面界面处理质量进行复查，剔除松动石子、浮砂以及漏补的裂缝和清除污垢等。

B 锚固销钉

对板类原构件，除涂刷界面胶（剂）外，还应锚入直径不小于 6 mm 的 Γ 形剪切销钉；锚钉的锚固深度应取板厚的 2/3，其间距应不大于 300 mm，边距应不小于 70 mm。

C 浇筑混凝土与养护

（1）新增混凝土的强度等级必须符合设计要求。一般采用强度等级为 C35 的碎石混凝土。取样与留置试块应符合下列规定：1）每拌制 50 盘（不足 50 盘，按 50 盘计）同一配合比的混凝土，取样不得少于一次。2）每次取样应至少留置一组标准养护试块；同条件养护试验的留置组数应根据混凝土工程量及其重要性确定，且不应少于一组。

（2）混凝土浇筑施工应自下而上进行，封顶混凝土浇筑应通过在上层混凝土楼面开洞解决，开洞时，避免切断楼面内钢筋，若必须切断时，在柱混凝土浇完之后，应恢复原钢筋焊接且焊接搭接长度应满足规范要求。

（3）混凝土浇筑完毕后，应按施工技术方案及时采取养护措施，并应符合下列规定：1）在浇筑完毕后应及时对混凝土加以覆盖并在 12 h 以内开始浇水养护。2）混凝土浇水养护的时间：对采用硅酸盐水泥、普通硅酸盐水泥或矿渣硅酸盐水泥拌制的混凝土，不得少于 7 d；对掺用缓凝剂或有抗渗要求的混凝土，不得少于 14 d。3）浇水次数应能保持混凝土处于湿润状态；混凝土养护用水的水质应与拌制用水相同。4）采用塑料布覆盖养护的混凝土，其敞露的全部表面应覆盖严密，并应保持塑料布内表面有凝结水。5）混凝土强度达到 1.2 MPa 前，不得在其上踩踏或安装模板及支架，且应注意：当日平均气温低于 5 ℃时，不得浇水；当采用其他品种水泥时，混凝土的养护时间应根据所采用水泥或混合料的技术性能确定；混凝土表面不便浇水或使用塑料布覆盖时，应涂刷养护剂。

4.1.1.2 外包型钢加固法

外包型钢加固法是以型钢（角钢、扁钢等）外包于混凝构件的四角或两侧的加固方法。其中，型钢之间用缀板连接形成钢构架，与原混凝土构架共同受力。外包型钢加固分湿式和干式两种情况。湿式外包型钢加固，外包型钢与构件之间是采用乳胶水泥粘贴或环氧树脂化学灌浆等方法黏结，以使型钢架与原构件能整体工作共同受力；干式外包型钢加固，型钢与原构件之间无任何黏结，有时虽填有水泥砂浆，但并不能确保结合面剪力和拉力的有效传递。外包型钢加固施工应符合的要求有：

（1）加固前应卸除或大部分卸除作用在梁上的活荷载；

（2）原有的梁柱表面应清洗干净，缺陷应修补，角部应磨出小圆角；

（3）楼板凿洞时，应避免损伤原有钢筋；

（4）构架的角钢应采用夹具在两个方向夹紧，缀板应分段焊接；灌胶应在构架焊接完成后进行，胶缝厚度宜控制在 3~5 mm；

（5）钢材表面应涂刷防锈漆，或在构架外围抹 25 mm 厚的 1∶3 水泥保护层，也可采用其他具有防腐蚀和防火性能的饰面材料加以保护。

外包型钢加固施工工艺流程如图 4. 2 所示。

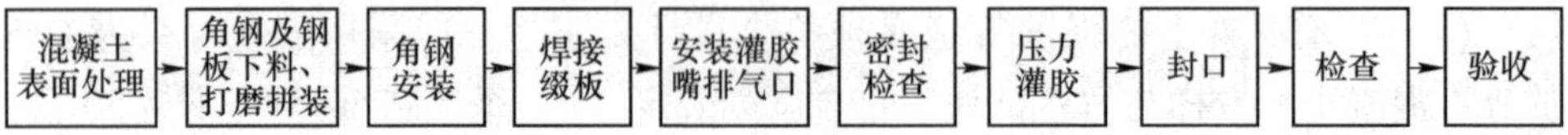

图 4. 2　外包型钢加固施工工艺流程

（1）将结构面清理干净，在混凝土粘钢位置测放打磨控制线，用角磨机打磨掉混凝土浮层，直至完全露出坚实新结构面，对混凝土黏合面及角部进行打磨，去掉 1~3 mm 表层，用压缩空气除去粉尘，角钢安装前用清洗剂擦拭干净。混凝土表层出现剥落、空鼓、蜂窝、腐蚀等劣化现象的部位应予以剔除，用指定材料修补，裂缝部位应首先进行封闭处理。

（2）钢材粘接面须进行除锈和粗糙处理，用砂轮磨光机打磨出金属光泽，打磨粗糙度越大越好，打磨纹路应与钢材受力方向垂直，其后用棉丝沾丙酮擦拭干净。

（3）根据构件尺寸配好的角钢、钢板运至现场后，对钢材进行组装试安装，对运输过程中产生的变形必须进行矫正处理，符合规范要求后，才能进行安装焊接。柱角钢安装时先用钢管作柱箍，采用对拉螺栓固定。

（4）角钢及钢板安装好经检查尺寸符合要求后进行焊接连接，用特制紧固件夹紧固定。角钢与原结构构件尽量贴紧，竖向基本顺直，如原结构柱出现较大偏差，应进行顺直处理，缀板与角钢搭接部位须三面围焊。

（5）焊缝检验合格后，用环氧砂浆沿钢材边缘封严，并按 2 m 间距留出排气孔，结合现场实际情况，利于灌胶处梅花状埋设灌胶嘴。待灌胶嘴粘牢后用高压注胶泵灌注改性环氧树脂胶黏剂，灌胶时竖向按从下向上的顺序，水平方向按同一方向的顺序，灌胶时待下一灌胶管（孔）溢出胶为止，以环氧胶泥堵孔，依次灌胶，直至所有灌胶管（孔）均灌完。最后一个灌胶管（孔）作为出气孔可不灌胶，灌胶结束后清理残留结构胶。

4.1.1.3　粘贴纤维复合材料加固法

粘贴纤维复合材料加固法是以树脂类胶结材料为基础，将纤维布或板材粘贴于被加固构件的表面，利用纤维的高强度和高弹性模量达到提高结构承载力或延性的目的。目前结构加固施工用的增强纤维材料基本上有三种：碳纤维（CFRP）、玻璃纤维（GFRP）、芳纶纤维（AFRP），它们的施工方法基本一致。粘贴纤维复合材料加固法施工工艺流程如图 4.3 所示。

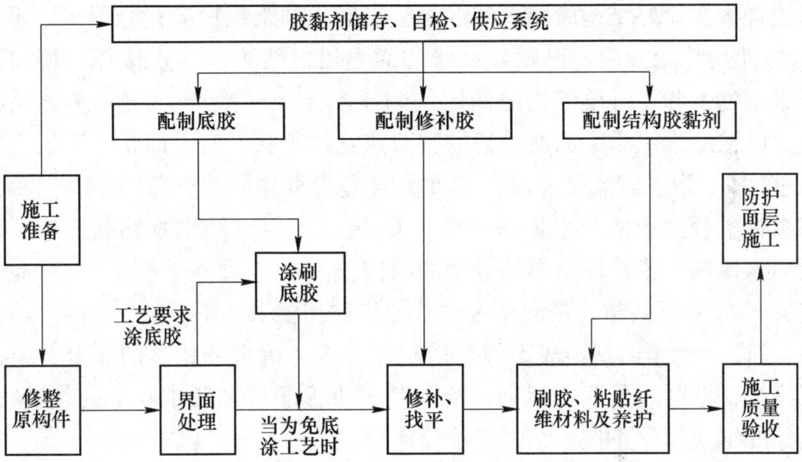

图 4.3　粘贴纤维复合材料加固工艺流程

（1）界面处理。界面处理的要求如下：

1）经修整露出骨料新面的混凝土加固粘贴部位，应按设计要求修复平整，并采用结构修补胶对较大孔洞、凹面、露筋等缺陷进行修补、复原；对有段差、内转角的部位应抹成平滑的曲面；对构件截面的棱角，应打磨成圆弧半径不小于 25 mm 的圆角，在完成以上加工后，应将混凝土表面清理干净，并保持干燥。

2）粘贴纤维材料部位的混凝土，其表层含水率不宜大于 4%，且不应大于 6%。对含水率超限的混凝土应进行人工干燥处理，或者改用高潮湿面专用的结构胶粘贴。

3）当粘贴纤维材料采用的黏结材料是配有底胶的结构胶时，不得擅自免去涂刷底胶的工序。

4）底胶指干时，表面若有凸起处，应用细砂纸磨光，并应重刷一遍。底胶涂刷完毕应静置固化至指干时，才能继续施工。

5）若在底胶指干时，未能及时粘贴纤维材料，则应等待 12 h 后粘贴，且应在粘贴前用细软羊毛刷或洁净棉纱团蘸工业丙酮擦拭一遍，以清除不洁残留物和新落的灰尘。

（2）纤维材料粘贴施工。纤维材料粘贴施工的要求和步骤如下：

1）浸渍、黏结专用的结构胶黏剂，拌和应采用低速搅拌机充分搅拌；拌好的胶液色泽应均匀、无气泡。

2）纤维织物粘贴步骤和要求：① 按设计尺寸裁剪纤维织物，且严禁折叠；若纤维织物原件已有折痕，应裁去有拆痕段织物。② 将配制好的浸渍、黏结专用的结构胶黏剂均匀涂抹于粘贴部位的混凝土表面。③ 将裁剪好的纤维织物按照放线位置敷在涂好结构胶黏剂的混凝土表面。纤维织物应充分展平，不得有皱褶。④ 应使用特制滚筒在已贴好纤维的面上沿纤维方向多次滚压，使胶液充分浸渍纤维织物，并使纤维织物的铺层均匀压实，无气泡产生。⑤ 多层粘贴纤维织物时，应在纤维织物表面所浸渍的胶液达到指干状态时立即粘贴下层。若延误时间超过1 h，则应等待 12 h 后，方可重复上述步骤继续进行粘贴，但粘贴前应重新将织物黏合面上的灰尘擦拭干净。⑥ 最后一层纤维织物粘贴完毕，还应在其表面均匀涂刷一道浸渍、黏结专用的结构胶。

（3）预成型板粘贴。预成型板粘贴的步骤和要求如下：

1）按设计尺寸切割预成型板。切割时，应考虑现场检验的需要，由监理人员按纤维板材粘贴规范取样规则，指定若干块板予以加长 150 mm，以备检测人员粘贴标准钢块，作正拉黏结强度检验使用。

2）用工业丙酮擦拭纤维板材的粘贴面（贴一层板时为一面、贴多层板时为两面），至白布擦拭检查无碳微粒为止。

3）将配制好的胶黏剂立即涂在纤维板材上。涂抹时，应使胶层在板宽方向呈中间厚两边薄的形状，平均厚度为 1.5~2 mm。

4）将涂好胶的预成型板贴在混凝土黏合面的放线位置上用手轻压，然后用特制橡皮滚筒顺纤维方向均匀展平、压实，并应使胶液有少量从板材两侧边挤出。压实时，不得使板材滑移错位。

5）需粘贴两层预成型板时，应重复上述步骤连续粘贴；若不能立即粘贴，应在重新粘贴前，将上一工作班粘贴的纤维板材表面擦拭干净。

6）按照相同工艺要求，在邻近加固部位处，粘贴检验用的 150 mm×150 mm 的预成型板。

（4）织物裁剪的宽度不宜小于 100 mm。

（5）纤维复合材粘贴完毕后应静置固化，并按规定固化环境温度和固化时间进行养护。

4.1.2 间接加固技术

间接加固是指通过间接的方式改变结构受力以达到加固的目的，例如预应力加固法，它是采用体外补加预应力拉杆或型钢撑杆，对结构或构件进行加固的方法。该方法的特点是通过对后加的拉杆或型钢撑杆施加预应力，改变原结构内力分布，消除加固部分的应力滞后现象，使后加部分与原构件能较好地协调工作，提高原结构的承载力，减小挠曲变形，缩小裂缝宽度。预应力加固法具有加固、卸荷及改变原结构内力分布的三重效果，尤其适合于在大跨度结构加固中采用。预应力加固法施工工艺流程如图 4.4 所示。

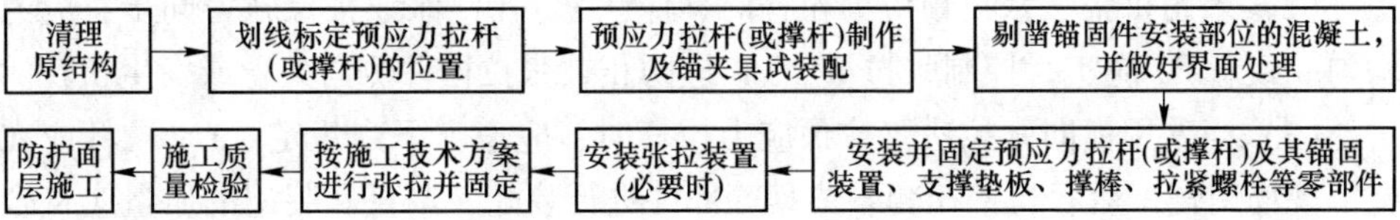

图 4.4 预应力加固法施工工艺流程

4.1.2.1 施工工艺

A 准备工作

(1) 当采用千斤顶张拉时，应定期标定其张拉机具及仪表，标定的有效期限不得超过半年。当千斤顶在使用过程中出现异常现象或经过检修，应重新标定。

(2) 在浇筑防护面层的水泥砂浆或细石混凝土前，应进行预应力隐蔽工程验收，包括：1) 预应力拉杆（或撑杆）的品种、规格、数量、位置等。2) 预应力拉杆（或撑杆）的锚固件、撑棒、转向棒等的品种、规格、数量、位置等。3) 当采用千斤顶张拉时，应验收锚具、夹具等的品种、规格、数量、位置等。4) 锚固区局部加强构造及焊接或胶粘的质量。

B 制作与安装

(1) 预应力拉杆（或撑杆）制作和安装时，必须复查其品种、级别、规格、数量和安装位置。复查结果必须符合设计要求。

(2) 预应力杆件锚固区的钢托套、传力预埋件、挡板、撑棒以及其他锚具、紧固件等的制作和安装质量必须符合设计要求。

(3) 施工过程中应避免电火花损伤预应力杆件或预应力筋；受损伤的预应力杆件或预应力筋应予以更换。

(4) 预应力拉杆下料应符合下列要求：1) 应采用砂轮锯或切断机下料，不得采用电弧切割。2) 当预应力拉杆采用钢丝束，且以镦头锚具锚固时，同束

（或同组）钢丝长度的极差不得大于钢丝长度的 1/5000，且不得大于 3 mm。3）钢丝镦头的强度不得低于钢丝强度标准值的 98%。

（5）钢绞线压花锚成型时，其表面应洁净、无油污；梨形头尺寸及直线段长度尺寸应符合设计要求。

（6）锚固区传力预埋件、挡板、承压板等的安装，其位置和方向应符合设计要求；其安装位置偏差不得大于 5 mm。

C　张拉施工

（1）若构件锚固区填充了混凝土，其同条件养护的立方体试件抗压强度在张拉时，不应低于设计规定的强度等级的 80%。

（2）采用机张法张拉预应力拉杆时，应注意：1）保证张拉施力同步，应力均匀一致。2）应实时控制张拉量。3）应防止被张拉构件侧向失稳或发生扭转。

（3）当采用横向张拉法张拉预应力拉杆时，应遵守下列规定：1）拉杆应在施工现场调直，然后与钢托套、锚具等部件进行装配。调直和装配的质量应符合设计要求。2）预应力拉杆锚具部位的细石混凝土填灌、钢托套与原构件间隙的填塞、拉杆端部与预埋件或钢托套连接的焊缝等的施工质量应检查合格。3）横向张拉量的控制，可先适当拉紧螺栓，再逐渐放松至拉杆仍基本平直、尚未松弛弯垂时停止放松；记录此时的读数，作为控制横向张拉量 ΔH 的起点。4）横向张拉分为一点张拉和两点张拉。两点张拉时，应在拉杆中部焊一撑棒，使该处拉杆间距保持不变，并使用两个拉紧螺栓，以同规格的扳手同步拧紧。5）当横向张拉量达到要求后，宜用点焊将拉紧螺栓的螺母固定，并切除螺杆伸出螺母以外部分。

（4）当采用横向张拉法张拉预应力撑杆时，应符合下列规定：1）宜在施工现场附近，先用缀板焊连两个角钢，形成组合杆肢，然后在组合杆肢中点处，将角钢的侧立肢切割出三角形缺口，弯折成所设计的形状；再将补强钢板弯好，焊在角钢的弯折肢面上。2）撑杆肢端部由抵承板（传力顶板）与承压板（承压角钢）组成传力构造。承压板应采用结构胶加锚栓固定于梁底。传力焊缝的施焊质量应符合现行行业标准《钢结构焊接规范》（GB 50661）的要求。经检查合格后，将撑杆两端用螺栓临时固定。3）预应力撑杆的横向张拉量应按设计值严格进行控制，可通过拉紧螺栓建立预应力（预顶力）。4）横向张拉完毕，对双侧加固，应用缀板焊连两个组合杆肢；对单侧加固，应用连接板将压杆肢焊连在被加固柱另一侧的短角钢上，以固定组合杆肢的位置。焊接连接板时，应防止预压应力因施焊受热而损失；可采取上下连接板轮流施焊或同一连接板分段施焊等措施以减少预应力损失。焊好连接板后，撑杆与被加固柱之间的缝隙，应用细石混凝土或砂浆填塞密实。

4.1.2.2 施工要求

(1) 预应力拉杆加固施工要求。预加应力的施工方法宜根据现场条件和需加预应力的大小选定。预应力较大时宜用机械张拉或用电热法，预应力较小时(150 kN 以下)，宜用横向张拉法。当采用横向张拉法时，钢套、锚具等部件应在施工现场附近焊接存放，拉杆应在施工现场尽量调直，然后进行装配和横向张拉，拉杆端部的传力结构质量很重要，应检查锚具附近细石混凝土的填灌、钢套与构件之间缝隙的填塞，拉杆端部与预埋件或钢套的焊缝等。横向张拉量控制，可先适当拉紧螺栓，再逐渐放松，至拉杆仍基本上平直而未松弛弯垂时停止放松，记录此时的有关读数，作为控制张拉量的起点。横向张拉分为单点张拉和两点张拉，两点张拉应用两个拉紧螺栓同步旋紧，横向张拉量达到要求后，宜用点焊将拉紧螺栓上的螺母固定，涂防锈漆或防火保护层。

(2) 预压力撑杆加固施工要求。宜在施工现场附近，先用缀板焊连两个角钢，形成压杆肢。然后在角钢的侧立肢切割出三角形缺口，弯折成设计的形状，再将补强钢板弯好，焊在弯折后角钢的正平肢上。横向张拉完成后，应用连接板焊连双侧加固的两个压杆肢，单侧加固时用连接板焊连在被加固柱另一侧的短角钢上，以固定压杆肢的位置。焊连连接板时应防止预应力因施焊时受热而损失，可采取上下连接板轮流施焊或同一连接板分段施焊等措施来防止，焊完后，撑杆与柱间的缝隙应用砂浆或细石混凝土填塞密实。加固的压杆肢、连接板、缀板和拉紧螺栓等均应涂防护漆或防火保护层。

4.1.3 裂缝修补技术

4.1.3.1 表面封闭法修补

(1) 表面涂抹水泥砂浆。将裂缝附近的混凝土表面凿毛，或沿裂缝（深进的）凿成深 15~20 mm、宽 150~200 mm 的凹槽，扫净并洒水湿润，先刷水泥净浆一遍，然后用 1：(1~2) 水泥砂浆涂抹，总厚控制在 10~20 mm，并用铁抹压实抹光。有防水要求时，应用水泥净浆（厚 2 mm）和 1：2.5 水泥砂浆（厚 4~5 mm）交替抹压 4~5 层刚性防水泥，涂抹 3~4 h 后进行覆盖，洒水养护。在水泥砂浆中掺入水泥质量 1%~3%的氯化铁防水剂，可以起到促凝和提高防水性能的效果。为使砂浆与混凝土表面结合良好，抹光后的砂浆面应覆盖塑料薄膜，并用支撑模板顶紧加压。

(2) 表面涂抹环氧胶泥或用环氧粘贴玻璃布。涂抹环氧胶泥前，先将裂缝附近 80~100 mm 宽度范围内的灰尘、浮渣用压缩空气吹净，或者用钢丝刷、砂纸、毛刷清除干净并洗净，油污可用二甲苯或丙酮擦洗一遍。若表面潮湿，应用喷灯烘烤干燥、预热，以保证环氧胶泥与混凝土黏结良好；若基层难以干燥，则用环氧煤焦油胶泥（涂料）涂抹。较宽的裂缝应先用刮刀填塞环氧胶泥。涂抹时，用毛刷或刮板均匀蘸取胶泥，并涂刮在裂缝表面。采用环氧粘贴玻璃布方法时，玻璃布使用前应在水中煮沸 30～60 min，再用清水漂净并晾干，以除去油蜡，保证黏结，一般贴 1～2 层玻璃布。第二层布的周围应比下面一层宽 10～15 mm，以便压边。

（3）表画凿槽嵌补。沿混凝土裂缝凿一条深槽，其中 V 形槽用于一般裂缝的治理，U 形槽用于渗水裂缝的治理。槽内嵌水泥砂浆或环氧胶泥、聚氯乙烯胶泥、沥青油膏等，表面作砂浆保护层，如图 4.5 所示。槽内混凝土面应修理平整并清洗干净，不平处用水泥砂浆填补。保持槽内干燥，否则应先导渗、烘干，待槽内干燥后再行嵌补。环氧煤焦油胶泥，可在潮湿情况下填补，但不能有淌水现象。嵌补前，先用素水泥浆或稀胶泥在基层刷一道，再用抹子或刮刀将砂浆（环氧胶泥、聚氯乙烯胶泥）嵌入槽内压实，最后用 1∶2.5 水泥砂浆抹平压光。在侧面或顶面嵌填时，应使用封槽托板逐段嵌托并压紧，待凝固后再将托板去掉。

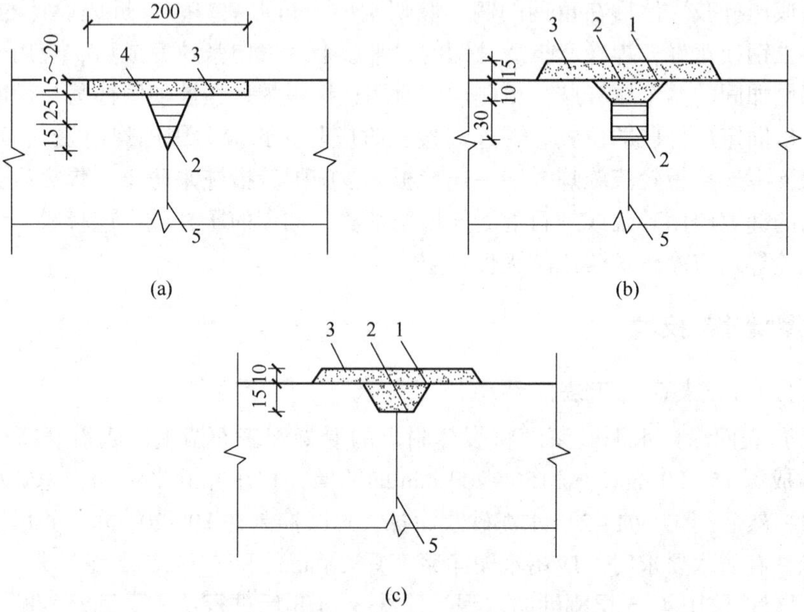

图 4.5　表面凿填嵌补裂缝的构造处理

（a）一般裂缝处理；（b）（c）渗水裂缝处理

1—水泥净浆（厚 2 mm）；2—1∶2 水泥砂浆或环氧胶泥；3—1∶2.5 水泥砂浆；

4—聚氯乙烯胶泥或沥青油膏；5—裂缝

4.1.3.2　填充密封法修补

填充密封法适合于修补中等宽度的混凝土裂缝，将裂缝表面凿成凹槽，然后用填充材料进行修补。对于稳定性裂缝，通常用普通水泥砂浆、膨胀砂浆或树脂砂浆等刚性材料填充；对于活动性裂缝则用弹性嵌缝材料填充，具体做法如下：

（1）刚性材料填充法施工要点。1）沿裂缝方向凿槽，缝口宽不小于6 mm。2）清除槽口油、污物、石屑、松动石子等，并冲洗干净。3）采用水泥砂浆填充（槽口湿水）或采用环氧胶泥、热焦油、聚酯胶、乙烯乳液砂浆充填（槽口应干燥）。

（2）弹性材料填充法施工要点。1）沿裂缝方向凿一个矩形槽，槽口宽度至少为裂缝预计张开量的4~6倍以上，以免嵌缝料过分挤压而开裂。槽口两侧应凿毛，槽底平整光滑，并设隔离层，使弹性密封材料不直接与混凝土黏结，避免密封材料被撕裂。2）冲洗槽口，并使其干燥。3）嵌入聚乙烯片、蜡纸、油毡、金属片等隔离层材料。4）填充丙烯酸树脂或硅酸酯、聚硫化物、合成橡胶等弹性密封材料。

（3）刚、弹性材料填充法施工要点。刚、弹性材料填充法适于裂缝处有内水压或外水压的情况。槽口深度等于砂浆填塞料与胶质填塞料厚度之和，胶质填塞料厚度通常为6~40 mm，槽口厚度不小于40 mm，槽口宽度为50~80 mm，封填槽口时必须清洁干燥。在相应裂缝位置的砂浆层上应做楔形松弛缝，以适应裂缝的张合运动。

4.2 砌体结构加固修复技术

4.2.1 构件加固技术

4.2.1.1 钢筋网水泥砂浆面层加固法

钢筋网水泥砂浆面层加固法，是指通过外加钢筋网水泥砂浆面层，提高砌体墙、柱的承载力和刚度的一种加固方法。钢筋网水泥砂浆面层加固法应适用于各类砌体墙、柱的加固。采用双面钢筋网水泥砂浆面层加固法加固砖墙，可使平面抗弯强度有较大幅度提高，平面抗剪强度和延性提高较多，墙体抗裂性有较大改善。钢筋网水泥砂浆面层加固施工工艺流程如图4.6所示。

图4.6 钢筋网水泥砂浆面层加固施工工艺流程

（1）原有墙面清底。加固施工时，应铲除原墙抹灰层，将灰缝剔除至深5~10 mm，已松动的勾缝砂浆应剔除。原墙面碱蚀严重时，应先清除松散部分并用1∶3水泥砂浆抹面。用钢丝刷刷净残灰，吹净表面灰粉。

（2）钻孔。按照设计要求，采用电钻在砖缝处钻孔，穿墙孔直径宜比S形筋大2 mm，锚筋孔直径宜采用锚筋直径的1.5~2.5倍，其孔深宜为100~120 mm，锚筋可采用水泥基灌浆料、水泥砂浆，也可采用结构加固用胶黏剂，锚孔直径需要相应调整。采用高压空气清除锚筋孔内粉尘和细小颗粒物，采用干棉丝清理孔壁粉尘、泥浆等异物，采用棉丝浸泡丙酮液对孔底、孔壁擦洗除残留污渍两遍。

(3) 安设锚筋并铺设钢筋网。用棉丝浸泡丙酮液，擦洗锚筋黏结表面，清除油污、粉尘等异物。锚筋插入孔洞后，应采用锚固材料填实。按照不同锚固材料的要求进行固化养护，在固化时间内保护钢筋不受搅动。铺设钢筋网时，竖向钢筋应靠墙面并采用钢筋头支起，其与墙面净距应大于等于 5 mm。

(4) 浇水湿润墙面、抹水泥砂浆。浇水湿润墙面，抹水泥砂浆前，应先在墙面刷水泥浆一道再分层抹灰，每层厚度不应超过 15 mm。

(5) 养护。面层应浇水养护，防止阳光暴晒，冬季应采取防冻措施。

4.2.1.2　钢筋混凝土板墙加固法

钢筋混凝土板墙加固法是砌体结构另一种常用加固方法。该方法是在被加固砖墙的一侧或两侧浇筑或喷射一定厚度的钢筋混凝土墙进行加固，以提高原有墙体的抗震承载能力。当原有墙体的砌筑砂浆强度等级在 M2.5 以上时，适合采用钢筋混凝土板墙加固，砂浆强度较低时，因砌体墙开裂后与钢筋混凝土面层脱开形成两张皮，加固效果不明显。钢筋混凝土板墙加固厚度一般不小于 60 mm，自重较大，因此加固时应自下而上连续布置，且需要有自己的基础。同样，室外底层的板墙在地面以下部分宜适当加厚，以增加其耐久性。

钢筋混凝土板墙加固施工的基本顺序，应符合下列要求：

(1) 原有墙面清底、钻孔并用水冲刷，孔内干燥后安设锚筋并铺设钢筋网，浇水湿润墙面，喷射混凝土或支模板浇筑混凝土并养护，墙面装饰。

(2) 原墙面除清除装饰层外，还应对受侵蚀砌体或疏松灰缝进行处理，应先清除松散部分并用 1∶3 水泥砂浆抹面，已松动的勾缝砂浆应剔除。

(3) 在墙面钻孔时，应按设计要求先画线标出锚筋（或穿墙筋）位置，并应采用电钻在砖缝处打孔，穿墙孔直径宜比 S 形筋大 2 mm，锚筋孔直径宜采用锚筋直径的 1.5~2.5 倍，其孔深宜为 120~180 mm，锚筋插入孔洞后可采用水泥基灌浆料、水泥砂浆等填实。

(4) 铺设钢筋网时，竖向钢筋应靠墙面并采用钢筋头支起，以保证留有足够的间隙。

(5) 喷射混凝土施工前应支设边框模板，在大面积加固时应设置喷射厚度标志如灰饼等，其间距宜为 1~1.5 m。施工前应对空压机、喷射机进行试运转。经检验运转正常后，应对混凝土拌合料输送管道进行送风试验，对水管进行通水试验，不得出现漏风、漏水。

(6) 喷射混凝土施工前应对受喷表面进行喷水湿润。当需喷射的混凝土面层厚度大于 70 mm 时，宜分层喷射，每层喷射厚度可按表 4.1 选用。

表 4.1 一次喷射厚度 (mm)

喷射部位 \ 配比成分	不掺速凝剂	掺速凝剂
侧立面	50	70
顶面	30	50

(7) 分层喷射时，前后两层的喷射时间间隔不应少于混凝的终凝时间。当在混凝土终凝 1 h 后再进行喷射施工时，应先喷水湿润前一层混凝土的表面。

(8) 喷射混凝土厚度达到设计要求后，应在混凝土初凝后及时进行刮抹修平。修平时不得扰动混凝土的内部结构及混凝土与基层的黏结效果。

(9) 喷射混凝土终凝 2 h 后，应淋水养护，养护时间不少于 14 d；应防止阳光曝晒，冬季应采取防冻措施，不宜喷水养护，应采取保水养护。

4.2.1.3 压力灌浆加固法

压力灌浆加固法是借助于压缩空气，将复合水泥浆液、砂浆或化学浆液，注入砌体裂缝、欠饱满裂缝、孔洞以及疏松不实砌体，达到恢复结构整体性、提高砌体强度和耐久性、改善结构防水抗渗性能的目的。对于活动裂缝及受力裂缝尚宜辅助钢丝网或纤维片等措施，以承担所产生的拉应力。压力灌浆加固施工工艺流程如图 4.7 所示。

图 4.7 压力灌浆加固施工工艺流程

(1) 表面处理。铲除裂缝两侧（100~200 mm）及灌浆部位的抹灰层，吹净灰粉。

(2) 灌浆嘴位置设定。灌浆嘴应设置在裂缝起点、交叉点及裂缝较大部位，其间距宜满足以下规定：对于需通过压力灌浆提高砌体强度的未裂砌体，灌浆嘴间距应根据灰缝的饱满程度和可灌性通过试灌确定，以下间距可供参考。满铺砂浆砌筑时：竖向 200~300 mm，水平 500~600 mm。非满铺砂浆砌筑时：竖向 400~500 mm，水平 800~1000 mm。

(3) 钻孔。按标定的灌浆嘴位置钻孔，孔径稍大于灌浆嘴外径，孔深 30~40 mm。钻孔后，先以压缩空气吹净孔中灰粉，再用压力水冲洗干净。

(4) 安装灌浆嘴。以聚醋酸乙烯乳胶水泥涂抹于灌浆嘴表面及灌浆孔壁，插入灌浆嘴，抹平溢出胶泥，静置固化 1 d 以上。

(5) 封缝。沿已经安装好灌浆嘴的裂缝，用水喷淋 1~2 次后，以灌浆液涂刷一遍，再抹 1∶2 水泥砂浆封闭，宽 200 mm。对于清水墙裂缝，可以勾缝处理代替抹面封闭。待封缝达到一定强度后，以0.2~0.3 MPa的压力灌水试压，检验封缝的牢固、严密性，并保证灌浆液的通畅。

(6) 灌浆。灌浆分两次进行，压力控制在0.2~0.25 MPa。第一次由下向上逐孔灌注，间隔约30 min，第二次从上往下补沉灌浆。每次灌浆以不进浆或邻近灌浆嘴溢浆为止，边灌边用胶塞或木塞堵住灌过的灌浆嘴。如灌浆过程中发现墙体局部冒浆，应停止片刻，并用快硬胶堵塞，然后再进行灌浆。

4.2.2 整体加固技术

4.2.2.1 概述

以砌体柱外加预应力撑杆加固法为例。该方法能较大幅度地提高砌体柱的承载能力；适用于加固处理高应力、高应变状态的砌体结构；缺点是不能用于温度在600 ℃以上的环境中。

4.2.2.2 施工工艺

砌体柱外加预应力撑杆加固施工工艺流程如图4.8所示。

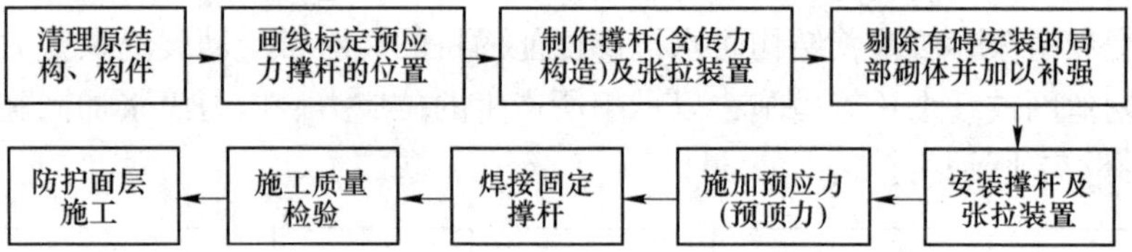

图4.8 砌体柱外加预应力撑杆加固施工工艺流程

(1) 界面处理。1) 将砌体构件表面打磨平整，截面四个棱还应打磨成圆角，其半径r取15~25 mm，以角钢能贴原构件表面为度。2) 当原构件的砌体表面平整度很差，且打磨有困难时，在原构件表面清理洁净并剔除勾缝砂浆后，采用M15级水泥补强。

(2) 撑杆制作。1) 预应力撑杆及其部件宜在现场就近制作。制作前应在原构件表面画线定位，并按实测尺寸下料、编号。2) 撑杆的每侧杆肢由两根角钢组成，并以钢缀板焊接成槽形截面组合肢（简称组合肢）。3) 在组合肢中点处，应将角钢侧立翼板切割出三角形缺口，并将组合肢整体弯折成设计要求的形状和尺寸。然后再弯折角钢另一完好翼板的相同部位，用补强钢板焊上。补强钢板的厚度应符合设计要求。4) 撑杆组合肢的上下端应焊有钢制抵承板（传力顶板），抵承板尺寸和板厚应符合设计要求，且板厚不应小于14 mm。抵承板与承压板及撑杆肢的接触面应经刨平。5) 当采用埋头锚栓与上部混凝土构件锚固时，宜采用角钢制成。6) 预应力撑杆的横向张拉在补强钢板钻孔，穿以螺杆，通过收紧螺杆建立预应力。张拉用的螺杆，其净直径不应小于18 mm；其螺母高度不应小于1.5d（d为螺杆公称直径）。

（3）撑杆安装与张拉。撑杆的安装与张拉应符合下列规定：1）安装撑杆前，应先安装上下两端承压板。承压板与相连板件（如混凝土梁）的接触面应涂抹快固型结构胶，并用化学螺栓以锚固。2）安装两侧的撑杆组合肢，应使其抵紧于承压板上，用穿在抵承板中的安装螺杆进行临时固定。3）按张拉方案，同时收紧安装在补强钢板两侧的螺杆，进行张拉。横向张拉量ΔH的控制，应以撑杆开始受力的值作为拉杆的起始点。为此，宜先拧紧螺杆，再逐渐放松，直至撑杆复位，且以还能抵承，但无松动感为度；此时的测试读数值作为横向张拉量ΔH的起点。4）横向张拉结束后，应用缀板焊连两侧撑杆组合肢。焊接方式可采取上下缀板、连接板轮流施焊或同一板分段施焊等措施，以防止预应力受热损失。焊好缀板后，撑杆与被加固柱之间采用螺杆连接，施加预应力值，应使预应力撑杆建立的预应力不大于加固柱的恒载标准值的90%。

4.2.3 裂缝修补技术

4.2.3.1 填缝法

填缝法适用于处理砌体中宽度大于0.5 mm的缝。修补裂缝前，首先应剔凿干净裂缝表面的抹灰层，然后沿裂缝开凿U形槽。凿槽的深度和宽度，应符合下列规定：

（1）当为静止裂缝时，槽深不宜小于15 mm，槽宽不宜小于20 mm。

（2）当为活动裂缝时，槽深宜适当加大，且应凿成光滑的平底，以利于铺设隔离层；槽宽宜按裂缝预计张开量t加以放大，通常可取为（15+5t）mm，槽内两侧壁应凿毛。

（3）当裂缝为钢筋锈蚀引起时，应凿至钢筋锈蚀部分完全露出为止，钢筋底部混凝土凿除的深度，以能使除锈工作彻底进行。

对静止裂缝，可采用改性环氧砂浆、改性氨基甲酸乙酯胶泥或改性环氧胶泥等进行充填。对活动裂缝，可采用丙烯酸树脂、氨基甲酸乙酯、氯化橡胶或可挠性环氧树脂等作为填充材料，并可采用聚乙烯片、蜡纸或油毡片等作为隔离层。

对锈蚀裂缝，应在已除锈的钢筋表面上，先涂刷防锈液或防锈涂料，待干燥后再充填封闭裂缝材料。对活动裂缝，其隔离层应干铺，不得与槽底有任何黏结。弹性密封材料的充填，应先在槽内两侧表面上涂刷一层胶黏剂，以使充填材料能起到既密封又能适应变形的作用。

修补裂缝应符合下列规定：

（1）充填封闭裂缝材料前，应先将槽内两侧凿毛的表面浮尘清除干净；

（2）采用水泥基修补材料填补裂缝，应先将裂缝及周边砌体表面润湿；

（3）采用有机材料不得湿润砌体表面，应先将槽内两侧面上涂刷一层树脂基液；

(4) 充填封闭材料应采用搓压的方法填入裂缝中，并应修复平整。

4.2.3.2 外加网片法

外加网片法适用于增强砌体抗裂性能，限制裂缝开展，修复风化、剥蚀砌体。外加网片所用的材料应包括钢筋网、钢丝网、复合纤维织物网等。当采用钢筋网时，钢筋直径不宜大于4 mm。当采用无纺布替代纤维复合材料修补裂缝时，仅允许用于非承重构件的静止细裂缝的封闭性修补。

网片覆盖面积除应按裂缝或风化、剥蚀部分的面积确定外，尚应考虑网片的锚固长度。网片短边尺寸不宜小于500 mm。网片的层数：对钢筋和钢丝网片，宜为单层；对复合纤维材料，宜为1~2层，设计时可根据实际情况确定。

4.2.3.3 置换法

置换法适用于砌体受力不大，砌体块材和砂浆强度不高的开裂部位，以及局部风化、剥蚀部位的加固。置换用的砌体块材可以是原砌体材料，也可以是其他材料，如配筋混凝土实心砌块等。置换砌体时应符合下列规定要求：

(1) 把需要置换部分及周边砌体表面抹灰层剔除，然后沿着灰缝将被置换砌体凿掉。在凿打过程中，应避免扰动不置换部分的砌体；

(2) 仔细把粘在砌体上的砂浆剔除干净，清除浮尘后充分润湿墙体；

(3) 修复过程中应保证填补砌体材料与原有砌体可靠嵌固；

(4) 砌体修补完成后，再做抹灰。

4.3 钢结构加固修复技术

4.3.1 构件加固技术

4.3.1.1 增大截面加固法

A 概述

钢结构的增大截面加固法主要是指采用焊接连接、螺栓连接和铆钉连接的方法将新增的钢板、型钢等与原有钢结构构件可靠连接，形成具有更大截面面积或惯性矩的组合截面，从而提高钢结构构件的刚度和承载能力的加固方法。增大截面加固法适用于受弯构件、轴心受拉或受压构件以及拉弯、压弯构件的加固。

采用增大构件截面法加固钢结构，原有结构构件可能处于负荷、部分卸荷或全部卸荷状态，不同的受力状态导致加固前后结构几何特性和受力状况会有很大不同，因而需要根据结构加固期间及前后，分阶段考虑结构的截面几何特性、损伤状况、支撑条件和作用其上的荷载及不利组合，确定计算图形，进行受力分析，以期找出结构的可能最不利受力。根据可能出现的最不利受力状态进行加固截面设计，以确保加固的安全可靠。

B 施工要点

负荷状态下进行钢结构加固时，应制定详细的加固工艺流程和技术条件，所采用的工艺应保证加固件的截面因焊接加热、附加钻、扩孔洞等所引起的削弱影响降低至最小，并应按隐蔽工程进行验收。负荷状态下，采用焊接方法增大钢结构构件截面时，其设计和施工应符合下列要求：应合理规定加固顺序，先加固对原构件影响较小、构件最薄弱和能立即起到加固作用的部位。一般情况下，宜按下列原则安排施焊顺序：（1）有对称的成对焊缝时，应平行施焊；（2）有多条焊缝时，应交错顺序施焊；（3）两侧有加固件的截面，应先施焊受拉侧的加固件，然后施焊受压侧的加固件；（4）对一端为嵌固的受压杆件，应从嵌固端向另一端施焊；若其为受拉构件，则应从另一端向嵌固端施焊。

当原构件的 $|\sigma_{0\max}| \geq 0.3f_y$ 时，应将加固件与被加固件沿全长压紧；用长 20~30 mm、间隔 300~500 mm 的焊缝做定位焊接后，再从加固件端部向内分区段，每区段长度不大于 70 mm，依次施焊所需要的连接焊缝，且每区段施焊完毕应间歇 2~5 min。

轻钢结构中的小角钢和圆钢杆件不宜在负荷状态下进行焊接加固；圆钢拉杆严禁在负荷状态下进行焊接加固。

采用螺栓或铆钉连接方法增大钢结构构件截面时，加固与被加固板件应相互压紧，并应从加固件端部向中间逐次做孔和安装、拧紧螺栓或铆钉，以避免加固过程中截面的过大削弱。

增大截面加固法加固有两个以上构件的超静定结构（框架、连续梁等）时，应首先将全部加固与被加固构件压紧和点焊定位，然后从受力最大构件开始依次连续地进行加固连接。当采用增大截面加固法加固开口截面时，应保证加固后截面密封，防止内部锈蚀；若加固后截面不密封，板件间应留出不小于 150 mm 的操作空间，以便日后检查及防锈维护。

4.3.1.2 外包钢筋混凝土加固法

A 概述

外包钢筋混凝土加固法是指在钢结构构件外绑扎钢筋并浇筑混凝土，将钢结构构件改为型钢混凝土构件的加固方法。与增大截面加固法、粘贴钢板加固法相比，外包钢筋混凝土加固法可以更大幅度地提高结构构件的刚度和承载能力；但是，由于增加的结构为钢筋混凝土结构，采用该方法加固后，原有结构的自重也将大幅度增加。目前，该加固方法主要适于实腹式轴心受压和偏心受压型钢柱构件的加固。

B 施工要点

采用外包钢筋混凝土加固法加固钢结构构件时，应符合下列施工要求：

(1) 应先除去原钢构件上的涂料层和铁锈，然后采用喷砂设备对钢构件表面进行糙化处理。

(2) 加固前应卸除或大部分卸除作用在结构上的活荷载。

(3) 钢筋与型钢翼缘或连接板焊接时，严格按照设计和规范要求进行，保证焊缝厚度和高度。

(4) 柱主筋在基础梁内植筋时，需严格按照设计图纸进行，必须保证主筋位置准确，植入深度满足设计要求；在柱子的整个施工过程中需保证该部分钢筋的竖直度。穿过型钢梁或钢支撑牛腿翼缘板的主筋安装时先将待连接的钢筋从下往上穿过穿筋孔，然后利用专用套筒与下端钢筋连接。

(5) 柱顶钢筋安装，如需穿过柱顶锚板，需在锚板上用钻机开孔，穿入钢筋，切除多余的钢筋头，进行塞焊，焊缝需充满预留孔与钢筋间的空隙，焊缝顶部应与锚固板顶面平齐。

(6) 新加混凝土的施工，宜优先采用浇筑工艺，其模板搭设、钢筋安置以及新混凝土的浇筑和养护，应符合现行国家标准《混凝土结构工程施工质量验收规范》（GB 50204—2015）的要求。

4.3.2　整体加固技术

所谓改变结构体系加固法，主要是指通过增设结构构件，改变结构的受力状态和传力途径，将平面结构改为空间结构，通过增加约束构件，改变结构的边界条件等对原结构进行加固。采用改变结构体系的加固方法，由于其实施过程和实施完成后结构体系发生变化，在设计过程中应充分考虑结构、构件、节点、支座中的内力重分布与二次受力，除要对被加固结构或构件进行承载能力和正常使用极限状态的计算外，还应考虑所形成的新结构体系对相关部分的地基基础和结构造成的影响，并进行必要的验算。

采用增设支点的加固方法改变结构体系时，应根据被加固结构的构造特点和工作条件，选用刚性支点加固法或弹性支点加固法，对钢结构梁而言，刚性支点是指在梁跨内增加结构柱支点，从而减小梁的跨度和内力，达到加固的作用，弹性支点通常可以采用梁下托钢架或者体外预应力及撑杆的方式来实现。采用附加支撑或钢板墙加固时，由于加固部位局部刚度增加，导致其所承受的荷载作用增加，应采取可靠措施防止相邻重要部位、重要构件、相邻连接先于支撑或钢板墙发生屈服或破坏，并防止相邻构件、部件因支撑或钢板墙的失稳而发生破坏。采用调整内力的方法加固结构时，应在加固设计图中具体规定调整应力或位移的限值及允许偏差，并规定其监测部位及检验方法。采用改变结构体系加固法时，其设计应与施工紧密配合；未经设计允许，不得擅自修改设计规定的施工方法和程序。

对钢结构可采用下列增加结构或构件刚度的方法进行加固：

（1）增加支撑形成空间结构并对空间结构进行验算，如图 4.9 所示。

（2）加设支撑增加结构刚度或调整结构的自振频率等以提高结构承载力和改善结构动力特性，如图 4.10 所示。

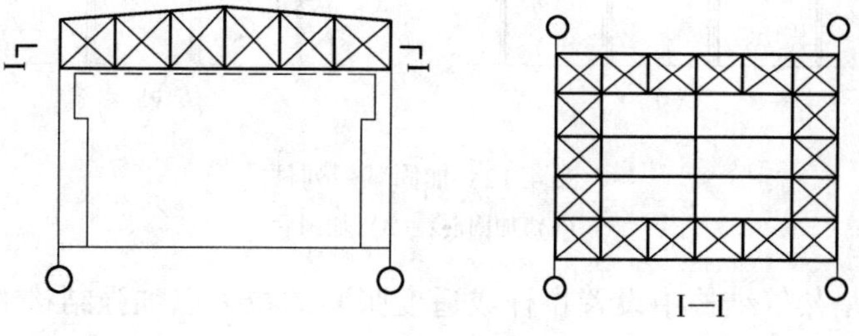

图 4.9 增加支撑形成空间结构

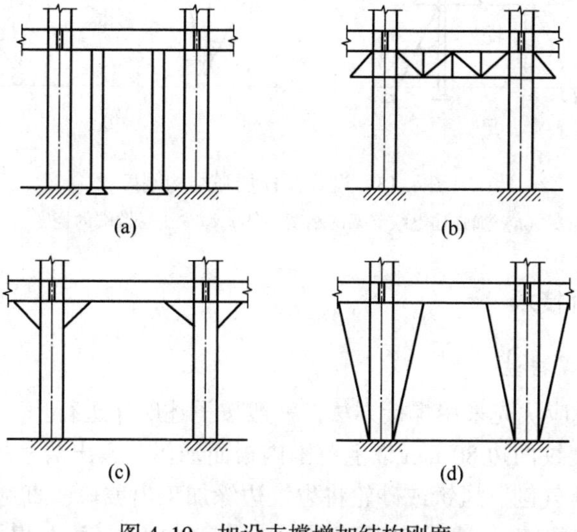

图 4.10 加设支撑增加结构刚度

（a）增设梁支柱；（b）增加梁撑杆；（c）梁下加角撑；（d）梁下加斜立柱

（3）增设支撑或辅助杆件使构件的长细比减少以提高其稳定性，如图 4.11 所示。

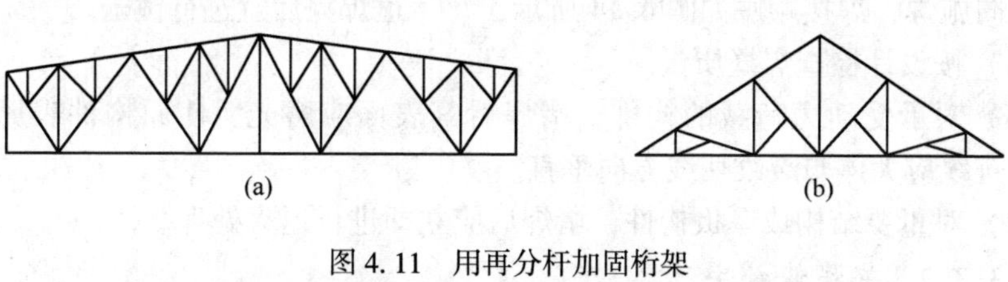

图 4.11 用再分杆加固桁架

（a）上弦加固（平面内稳定）；（b）斜腹杆加固（平面外稳定）

(4) 在排架结构中重点加强某一列柱的刚度，使它承受大部分水平力，以减轻其他柱列负荷，如图 4. 12 所示。

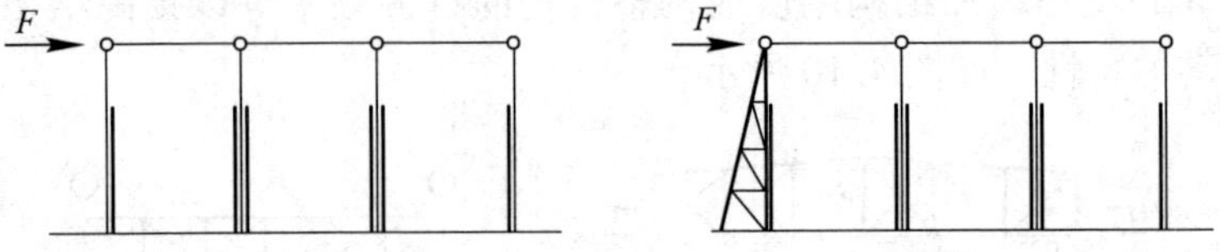

图 4. 12　加固某一列柱

(a) 加固前；(b) 加固后

(5) 在塔架等结构中设置拉杆或适度张紧的拉索以加强结构的刚度，如图 4. 13 所示。

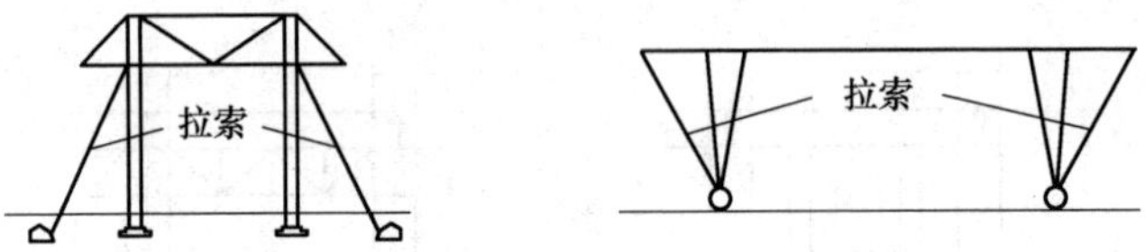

图 4. 13　设置拉杆加强结构刚度

(a) 加强输电线支架的刚度；(b) 减少了悬臂端的挠度

4.3.3 裂缝修补技术

4. 3. 3. 1　焊接法

修复裂纹时应优先采用焊接方法，一般按下述顺序进行：

(1) 清洗裂纹两边 80 mm 以上范围内板面油污至露出洁净的金属面。

(2) 用碳弧气刨、风铲或砂轮将裂纹边缘加工出坡口，直达纹端的钻孔。

(3) 将裂纹两侧及端部金属预热至 100 ~ 150 ℃，并在焊接过程中保持此温度。

(4) 用与钢材相匹配的低氢型焊条或超低氢型焊条施焊；尽可能用小直径焊条逆向施焊，焊接顺序如图 4. 14 所示，每一道焊完后宜进行锤击。

(5) 按设计检查焊缝质量。

(6) 对承受动力荷载的构件，堵焊后其表面应磨光，使原构件表面齐平，磨削痕迹线应大体与裂纹切线方向垂直。

(7) 对重要结构或厚板构件，堵焊后应立即进行退火处理。

4. 3. 3. 2　嵌板修补法

对网状、分叉裂纹区和有破裂、过烧或烧穿等缺陷的梁、柱、腹板部位，宜

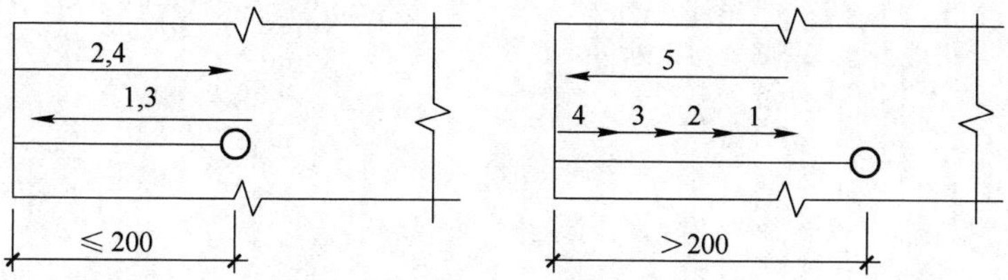

(a)

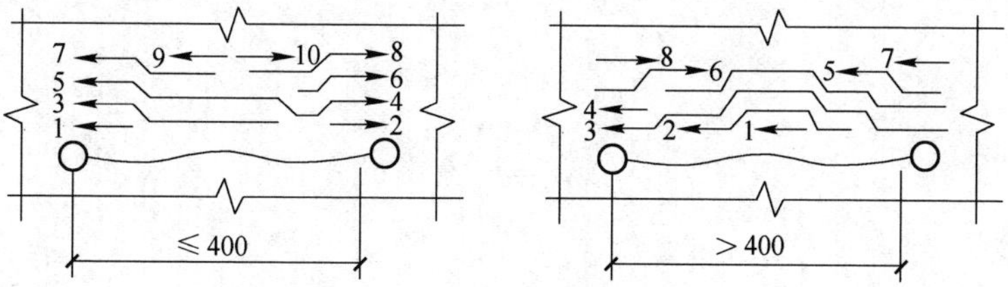

(b)

图 4.14 堵焊焊道

(a) 裂纹由板端开始；(b) 裂纹在板面中部

采用嵌板修补，修补顺序为：

(1) 检查确定缺陷的范围，将缺陷部位切除，宜切带圆角的矩形孔，切除部分的尺寸应比缺陷范围尺寸大 100 mm。

(2) 用等厚同材质的嵌板嵌入切除部位，嵌入板的长宽边缘与切除孔间两个边应留有 2~4 mm 间隙，并将其边缘加工成对接焊缝要求的坡口形式。

(3) 嵌板定位后，将孔口四角区域预热至 100~150 ℃，并按顺序采用分段分层逆向焊法施焊。

(4) 检查焊缝质量，打磨焊缝余高，使之与原构件表面齐平。

4.3.3.3 附加盖板修补法

用附加盖板修补裂纹时，一般宜采用双层盖板，此时裂纹两端仍须钻孔。当盖板用焊接连接时，应设置加固盖板压紧，其厚度与原板等厚，焊接尺寸等于板厚，盖板的尺寸和焊接顺序可参照嵌板修补法执行。当用摩擦型高强度螺栓连接时，在裂纹的每侧用双排螺栓，盖板宽度以能布置螺栓为宜，盖板长度每边应超出 150 mm。

第 2 篇

既有工业构筑物结构安全分析与控制案例

5 点状工业构筑物结构安全性分析与控制

5.1 某热电厂120 m烟囱结构可靠性检测鉴定

5.1.1 工程概况

某热电厂烟囱高120 m，为一座单筒钢筋混凝土烟囱，安全性等级为二级，其出口直径为3.5 m，烟囱在50 m、80 m、113.75 m各设置一道信号平台，筒壁内部每隔15 m设置环形悬臂。该烟囱于2010年设计施工并投入使用。为了解烟囱安全性、耐久性及防腐现状，对烟囱安全性、耐久性及防腐现状进行检测鉴定，以确保烟囱正常安全使用。

5.1.2 结构检查与检测

5.1.2.1 现场检查结果

（1）烟囱筒壁外侧存在较多渗漏点及裂缝，其中在30 m、45 m、60 m、75 m、90 m、105 m附近出现了不同程度的环向裂缝，裂缝宽度为0.6~2.0 mm；烟囱不同方位出现多条竖向裂缝，其中东南侧居多，位置高度为29~112 m，裂缝宽度为0.4~2.0 mm；漏点主要集中在裂缝位置，渗漏处及裂缝区域颜色灰暗，存在“流泪”痕迹；烟囱筒壁裂缝位置有结晶盐析出；烟囱东南方向底部出现混凝土疏松剥落现象。

（2）本次取样共取芯样11个，其中裂缝位置附近芯样4个，位置分别位于30 m和45 m处，其中2个为观察芯样，即在裂缝处钢筋分布位置外侧取芯，到达钢筋位置时即停止取芯，1个芯样位于环向裂缝上部，1个芯样位于裂缝处，后2个做芯样抗压试验；从裂缝处芯样上可以看出，裂缝为贯穿裂缝，筒壁外侧裂缝宽度较大，并且芯样出现沿裂缝位置裂开现象；60 m位置处的芯样中间出现裂缝，115 m位置处芯样在钻取的过程中出现断开现象；在观察芯样的孔中，钢筋出现严重锈蚀现象。

（3）烟囱上部附属钢结构外观基本良好，信号平台护栏较多位置出现焊点锈蚀并伴有脱开现象，烟囱上部爬梯及护栏出现较严重的锈蚀，爬梯处有一穿线管，用铁丝绑扎在爬梯上，存在较大安全隐患。

（4）烟囱内衬外观基本良好，未出现破损、裂缝、孔洞等现象；部分耐酸胶泥砌筑不饱满，出现可见空隙；环形悬臂处积灰较多，不利于排水；烟道与烟囱连接处封闭不严，烟气易于从连接处散出腐蚀混凝土筒壁。

5.1.2.2 现场检测结果

(1) 筒壁钢筋配置检测。对烟囱筒壁结构的配筋数量情况进行抽样检测，检测结果见表5.1。

表5.1 抽检钢筋混凝土筒壁的钢筋配置情况检测结果

构件高度/m	构件名称	构件位置	检测项目	实测值/mm	设计值/mm	是否符合设计
1.5	烟囱筒壁	东侧	横向间距	158	160	是
			纵向间距	168	162	是
14.0	烟囱筒壁	西北侧	横向间距	108	100	是
			纵向间距	145	148	是
30.0	烟囱筒壁	南侧	横向间距	151	149	是
			纵向间距	195	197	是
35.0	烟囱筒壁	西北侧	横向间距	147	147	是
			纵向间距	196	197	是
45.0	烟囱筒壁	西北侧	横向间距	198	200	是
			纵向间距	138	139	是
50.0	烟囱筒壁	北侧	横向间距	198	200	是
			纵向间距	145	139	是
57.0	烟囱筒壁	西北侧	横向间距	201	200	是
			纵向间距	145	145	是
60.0	烟囱筒壁	西北侧	横向间距	207	200	是
			纵向间距	146	146	是
75.0	烟囱筒壁	西北侧	横向间距	192	200	是
			纵向间距	148	144	是
81.0	烟囱筒壁	东南侧	横向间距	138	139	是
			纵向间距	205	197	是
90.0	烟囱筒壁	西北侧	横向间距	201	200	是
			纵向间距	145	143	是
105.0	烟囱筒壁	西北侧	横向间距	207	200	是
			纵向间距	146	147	是
115.0	烟囱筒壁	南侧	横向间距	108	100	是
			纵向间距	141	144	是

（2）筒壁混凝土保护层厚度检测。对烟囱筒壁混凝土最外层钢筋保护层厚度进行抽样检测，部分钢筋保护层厚度较大，不满足规范要求，但不影响结构安全。检测结果见表5.2。

表5.2 筒壁混凝土保护层厚度测定结果汇总

高度/m	构件名称	构件位置	保护层厚度实测值/mm					
1.5	烟囱筒壁	东侧	46	57	45	32	38	30
14.0	烟囱筒壁	西北侧	57	37	49	57	60	49
30.0	烟囱筒壁	南侧	40	55	41	38	61	28
35.0	烟囱筒壁	西北侧	44	28	34	38	61	31
45.0	烟囱筒壁	西北侧	32	29	31	48	39	29
50.0	烟囱筒壁	北侧	50	34	43	63	55	54
57.0	烟囱筒壁	西北侧	60	56	45	39	44	57
60.0	烟囱筒壁	西北侧	29	40	48	34	33	59
75.0	烟囱筒壁	西北侧	55	39	36	42	57	56
81.0	烟囱筒壁	东南侧	58	49	62	45	31	49
90.0	烟囱筒壁	西北侧	48	65	59	51	57	55
105.0	烟囱筒壁	西北侧	35	39	34	37	28	45
115.0	烟囱筒壁	南侧	30	55	29	48	61	45

（3）筒壁混凝土碳化深度检测。对烟囱筒壁混凝土碳化深度进行了检测，检测结果见表5.3。由检测结果可知，筒壁混凝土碳化深度为4.0~20.0 mm，其中裂缝位置附近芯样碳化深度较大。

表5.3 筒壁混凝土碳化深度检测结果

芯样编号	检测部位	外侧碳化深度/mm	芯样编号	检测部位	外侧碳化深度/mm
1	115.0m 高度	15.0	6	60.0m 高度	15.0
2	115.0m 高度	12.0	7	50.0m 高度	20.0
3	100.0m 高度	4.0	8	30.0m 高度	18.0
4	80.0m 高度	5.0	9	30.0m 高度	5.0
5	80.0m 高度	10.0			

（4）筒壁混凝土酸液腐蚀深度检测。通过现场钻取芯样，测量芯样内侧酸液腐蚀深度，检测结果见表5.4。由检测结果可知，烟囱筒壁混凝土酸液腐蚀深度为8.0~28.0 mm，其中裂缝位置附近芯样酸液腐蚀深度较大。

表5.4 筒壁混凝土酸液腐蚀深度检测结果

芯样编号	检测部位	内侧酸液腐蚀深度/mm	芯样编号	检测部位	内侧酸液腐蚀深度/mm
1	115.0 m高度	7.0	6	60.0 m高度	15.0
2	115.0 m高度	12.0	7	50.0 m高度	11.0
3	100.0 m高度	8.0	8	30.0 m高度	12.0
4	80.0 m高度	10.0	9	30.0 m高度	15.0
5	80.0 m高度	9.0			

(5) 混凝土构件强度检测。

1) 根据《回弹法检测混凝土抗压强度技术规程》(JG/T 23—2011)的规定，采用回弹法对该建筑结构混凝土构件的强度进行检测，检测结果表明：所抽检烟囱筒壁混凝土强度推定区间范围为35.4~38.6 MPa，具体检测结果见表5.5。

表5.5 抽检筒壁混凝土强度检测结果

构件编号	构件名称及位置	构件测区抗压强度推定平均值/MPa	标准差/MPa	构件测区混凝土强度推定值/MPa
1	筒壁0~10 m	41.2	2.0	38.1
2	筒壁10~20 m	39.3	2.4	35.4
3	筒壁20~30 m	39.7	2.3	35.7
4	筒壁30~40 m	40.6	1.2	38.6
5	筒壁40~50 m	40.3	1.4	38.0
6	筒壁50~60 m	40.0	2.5	35.9
7	筒壁60~70 m	40.2	2.1	36.7
8	筒壁70~80 m	40.7	1.9	37.6
9	筒壁80~90 m	39.6	2.1	36.1
10	筒壁90~100 m	40.0	1.8	37.0
11	筒壁100~110 m	39.8	1.8	36.8
12	筒壁110~120 m	39.7	1.0	38.1

2) 使用水钻在烟囱不同高度不同侧面进行取样，本次取样共取芯样11个，其中2个为观察芯样，只作为裂缝观察使用，不做芯样抗压试验。其中8号、9号芯样分别位于爬梯位置30 m处环向裂缝上部及裂缝处。试验数据表明：所取芯样抗压强度为37.3~55.0 MPa，满足混凝土设计强度C30要求。具体芯样抗压强度见表5.6。

表 5.6 取芯法检测结果汇总

取芯构件	芯样编号	高度位置	抗压强度/MPa
筒壁	1	115.0 m 高度	45.6
	2	115.0 m 高度	45.1
	3	100.0 m 高度	51.4
	4	80.0 m 高度	48.9
	5	80.0 m 高度	51.0
	6	60.0 m 高度	48.6
	7	50.0 m 高度	42.6
	8	30.0 m 高度	37.3
	9	30.0 m 高度	55.0

（6）钢筋锈蚀检测。本次检测选用 ZBL-C310A 型钢筋锈蚀仪，对烟囱筒壁混凝土构件进行电位梯度法钢筋锈蚀抽样无损检测。依据《建筑结构检测技术标准》（GB/T 50344—2004）中钢筋电位的评定标准：-350 mV≥电位值≥-500 mV 时钢筋发生锈蚀的概率为 95%；-200 mV>电位值>-350 mV 时钢筋发生锈蚀的概率为 50%，可能存在坑蚀现象；电位值>-200 mV 时无锈蚀活动性或锈蚀活动性不确定，锈蚀概率 5%。依据上述标准，可得出某热电厂 120 m 烟囱筒壁混凝土构件钢筋锈蚀情况。由检测数据可知：在烟囱裂缝位置处，混凝土钢筋出现锈蚀的概率较大，检测结果与观察孔中钢筋锈蚀现象基本吻合。具体检测结果见表 5.7。

表 5.7 所检烟囱筒壁钢筋锈蚀检测结果

构件位置	钢筋锈蚀平均电位值/mV	锈 蚀 情 况
1.5 m 无裂缝处	23	无锈蚀活动性或锈蚀活动性不确定，锈蚀概率 5%
14.0 m 无裂缝处	41	无锈蚀活动性或锈蚀活动性不确定，锈蚀概率 5%
30.0 m 环向裂缝位置附近	-423	发生锈蚀概率为 95%
35.0 m 无裂缝处	-45	无锈蚀活动性或锈蚀活动性不确定，锈蚀概率 5%
45.0 m 环向裂缝位置附近	-398	发生锈蚀概率为 95%
50.0 m 竖向裂缝附近	-254	发生锈蚀概率为 50%
57.0 m 竖向裂缝附近	-234	发生锈蚀概率为 50%

续表 5.7

构件位置	钢筋锈蚀平均电位值/mV	锈蚀情况
60.0 m 环向裂缝位置附近	-312	发生锈蚀概率为 50%
75.0 m 环向裂缝位置附近	-264	发生锈蚀概率为 50%
81.0 m 无裂缝处	-79	无锈蚀活动性或锈蚀活动性不确定，锈蚀概率 5%
90.0 m 环向裂缝位置附近	-289	发生锈蚀概率为 50%
105.0 m 环向裂缝位置附近	-372	发生锈蚀概率为 95%
115.0 m 无裂缝处	-122	无锈蚀活动性或锈蚀活动性不确定，锈蚀概率 5%

（7）氯离子、硫酸根离子含量检测。在实验室进行筒壁混凝土芯样的氯离子、硫酸根离子含量检测试验，得到筒壁混凝土芯样的氯离子、硫酸根离子含量。试验数据显示：所检耐酸砖内表面的氯离子、硫酸根离子含量分别为 0.026%～0.044%、0.45%～1.13%，其中 30 m 位置芯样所测得硫酸根离子含量高于其他位置。但都低于混凝土设计规范要求氯离子含量 0.30%及硫酸根离子 3.5%的要求，具体检测结果见表 5.8。

表 5.8 筒壁混凝土芯样 Cl^-、SO_4^{2-} 含量

构件编号	芯样位置	Cl^- 含量/%	SO_4^{2-} 含量/%
1	115.0 m 高度	0.034	0.75
2	115.0 m 高度	0.031	0.45
3	100.0 m 高度	0.036	0.73
4	80.0 m 高度	0.033	0.72
5	80.0 m 高度	0.034	0.69
6	60.0 m 高度	0.044	0.56
7	50.0 m 高度	0.026	0.83
8	30.0 m 高度	0.033	0.88
9	30.0 m 高度	0.029	1.13

（8）烟囱倾斜检测。目前比较通用的测量方法是前方交会法，即分别在 A、B 两点设立测站。在每一个测站，分别在不同标高读取 1、2、3 三个方向角，并测量 A、B 两点之间的距离，则不同标高的中心位置完全确定，据此可计算倾斜方向及倾斜距离的大小。倾斜测量方法示意图如图 5.1 所示。

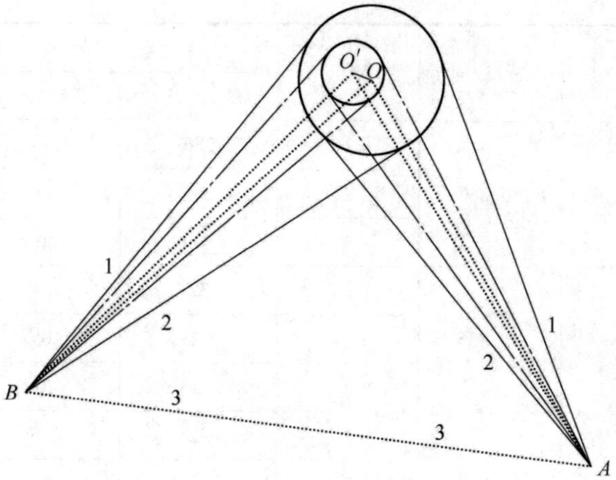

图 5.1 倾斜测量方法示意图

由于现场条件限制，无法实现大角度前方交会，因此分别进行两次小角度交会，以验证检测结果的正确性。烟囱倾斜检测数据见表 5.9。

表 5.9 烟囱倾斜检测数据

测回	测站	标高/m	测点	测值		
				°	′	″
一	A	94.796	1	295	03	08
			2	293	08	40
			3	0	0	0
		57.462	1	295	19	20
			2	292	53	54
			3	0	0	0
	B	94.796	1	26	54	49
			2	25	14	20
			3	0	0	0
		57.462	1	27	13	09
			2	25	02	30
			3	0	0	0
二	A	85.865	1	285	57	41
			2	283	51	04
			3	0	0	0

续表 5.9

<table>
<tr><th rowspan="2">测回</th><th rowspan="2">测站</th><th rowspan="2">标高/m</th><th rowspan="2">测点</th><th colspan="3">测　值</th></tr>
<tr><th>°</th><th>′</th><th>″</th></tr>
<tr><td rowspan="9">二</td><td rowspan="3">A</td><td rowspan="3">50.867</td><td>1</td><td>286</td><td>15</td><td>13</td></tr>
<tr><td>2</td><td>283</td><td>36</td><td>57</td></tr>
<tr><td>3</td><td>0</td><td>0</td><td>0</td></tr>
<tr><td rowspan="6">B</td><td rowspan="3">85.865</td><td>1</td><td>32</td><td>14</td><td>30</td></tr>
<tr><td>2</td><td>31</td><td>05</td><td>26</td></tr>
<tr><td>3</td><td>0</td><td>0</td><td>0</td></tr>
<tr><td rowspan="3">50.867</td><td>1</td><td>32</td><td>23</td><td>35</td></tr>
<tr><td>2</td><td>30</td><td>57</td><td>51</td></tr>
<tr><td>3</td><td>0</td><td>0</td><td>0</td></tr>
</table>

两个测回的倾斜汇总结果见表 5.10。

表 5.10 烟囱倾斜检测结果

<table>
<tr><th>测回</th><th>倾斜量/mm</th><th>测量高度/m</th><th>倾斜/‰</th><th>平均倾斜/‰</th><th>倾角方向</th><th>目标使用年限倾斜值/mm</th></tr>
<tr><td>一</td><td>89</td><td>37.334</td><td>2.38</td><td rowspan="2">2.39</td><td rowspan="2">西北向</td><td rowspan="2">480.5</td></tr>
<tr><td>二</td><td>84</td><td>34.998</td><td>2.40</td></tr>
</table>

根据《烟囱可靠性鉴定标准》（GB 51056—2014）的有关规定：若烟囱倾斜变形稳定，且目标使用年限内倾斜发展不大于 8‰，可评为 b 级；若烟囱倾斜有继续发展趋势，且目标使用年限内倾斜发展大于 8‰，可评为 c 级。本次检测平均倾斜为 2.39‰，且目标使用年限倾斜预估值为 13.3‰。建议进行烟囱变形监测，确定烟囱倾斜变形是否稳定。本次变形使用性评级为 b 级，略低于国家现行标准规范的正常使用要求，在目标使用年限内尚不显著影响正常使用。

5.1.2.3 结构验算分析

A 结构计算说明

烟囱从外到内分别为混凝土筒壁、隔热层以及内衬层，其中混凝土设计强度等级为 C35，筒壁厚度为 200～420 mm；隔热层为憎水性玻璃膨胀珍珠岩板，厚度为 100 mm，其中 0～1.95 m 未设置隔热层；内衬层由异型耐火陶砖及耐酸胶泥砌筑而成，厚度为 120～230 mm，其中 0～1.95 m 未设置内衬层。烟囱内部表面未见涂刷“OM”防腐涂料痕迹。筒壁采用双侧双向配筋，其中内侧配筋范围为 0～30 m。筒壁外侧环筋直径范围为 16～25 m，竖筋直径范围为 16～22 m；筒壁内侧环筋直径范围为 12～14 m，竖筋直径为 16 m；纵向钢筋放在环向钢筋内侧，环筋净保护层厚度为 30 mm。

本工程的验算分析根据破损状态对结构构件进行验算分析。本计算方法的要点是：截面混凝土抗压强度，取设计值与实际检测值的较小值，因此本次计算中混凝土强度按 C35 等级选用；沿用现行混凝土设计规范中的基本假定；结构构件截面按实际有效截面考虑，筒壁截面出现了裂缝位置，截面尺寸进行了折减，折减量按照实际测量数据考虑；平台荷载考虑检修荷载、内筒的水平作用等；计算过程中，环向裂缝处钢筋锈蚀损伤按实际情况考虑。

B 计算荷载

(1) 荷载种类：1) 恒载：包括烟囱筒壁自重、各层平台自重等；2) 活荷载：包括各层平台活荷载等。

(2) 温度作用：入口烟气温度 60 ℃；夏季极端最高气温 40 ℃；冬季极端最低气温-20 ℃。

(3) 荷载取值：1) 风荷载：基本风压 0.40 kN/m^2（按 50 年一遇考虑），地面粗糙度：B；2) 各层平台活荷载：3.5 kN/m^2；3) 抗震设防烈度 6 度，0.05g，第三组。

C 验算结果

a 烟囱筒身分节参数

烟囱筒身分节参数见表 5.11。

表 5.11 烟囱筒身分节参数

序号	El_i	R_o	R_a	h_i	内衬厚度	内衬材料	隔热层 1 厚度	隔热层 2 厚度	筒壁厚度	材料总厚度
0	120.00	2.17	—	—	0.12	—	0.10	0.00	0.20	0.42
1	105.00	2.47	2.32	15.00	0.12	内衬 1	0.10	0.00	0.20	0.42
2	90.00	2.77	2.62	15.00	0.12	内衬 1	0.10	0.00	0.22	0.44
3	75.00	3.07	2.92	15.00	0.12	内衬 1	0.10	0.00	0.24	0.46
4	60.00	3.37	3.22	15.00	0.12	内衬 1	0.10	0.00	0.20	0.42
5	45.00	3.67	3.52	15.00	0.12	内衬 1	0.10	0.00	0.28	0.50
6	30.00	4.12	3.89	15.00	0.23	内衬 1	0.10	0.00	0.30	0.63
7	15.00	4.57	4.34	15.00	0.23	内衬 1	0.10	0.00	0.35	0.68
8	2.90	4.93	4.75	12.10	0.23	内衬 1	0.10	0.00	0.42	0.75
9	0.00	5.02	4.98	2.90	0.00	内衬 1	0.00	0.00	0.42	0.42

注：1. 内衬材料列中“内衬 1”为“耐火陶砖”；

2. 表中标高及长度单位为“m”。

b 烟囱温度验算

依据有关规范及标准的要求，结合现场调查的结果，经验算分析得出的烟囱温度满足规范要求，见表 5. 12 和表 5. 13。

表 5. 12 夏季计算温度汇总

El_i	T_0/℃	T_1/℃	T_2/℃	T_3/℃	T_4/℃	T_p/℃	T_s/℃	验算结果
105. 00	59. 72	56. 82	41. 57	41. 57	40. 65	41. 11	40. 83	满足
90. 00	59. 72	56. 86	41. 67	41. 67	40. 65	41. 16	40. 83	满足
75. 00	59. 72	56. 88	41. 76	41. 76	40. 65	41. 20	40. 83	满足
60. 00	59. 72	56. 91	41. 85	41. 85	40. 65	41. 25	40. 83	满足
45. 00	59. 73	56. 93	41. 93	41. 93	40. 65	41. 29	40. 83	满足
30. 00	59. 75	54. 99	41. 79	41. 79	40. 57	41. 18	40. 73	满足
15. 00	59. 76	55. 05	41. 97	41. 97	40. 57	41. 27	40. 72	满足
2. 90	59. 76	55. 13	42. 21	42. 21	40. 55	41. 38	40. 71	满足
0. 00	49. 09	49. 09	49. 09	49. 09	42. 28	45. 69	42. 91	满足

表 5. 13 冬季计算温度汇总

El_i	T_0/℃	T_1/℃	T_2/℃	T_3/℃	T_4/℃	T_p/℃	T_s/℃	验算结果
105. 00	58. 90	47. 63	-15. 05	-15. 05	-18. 69	-16. 87	-17. 98	满足
90. 00	58. 91	47. 75	-14. 69	-14. 69	-18. 69	-16. 69	-17. 98	满足
75. 00	58. 92	47. 85	-14. 33	-14. 33	-18. 69	-16. 51	-17. 98	满足
60. 00	58. 93	47. 95	-13. 97	-13. 97	-18. 69	-16. 33	-17. 99	满足
45. 00	58. 94	48. 03	-13. 62	-13. 62	-18. 69	-16. 16	-17. 99	满足
30. 00	59. 05	40. 41	-14. 07	-14. 07	-18. 84	-16. 46	-18. 23	满足
15. 00	59. 06	40. 66	-13. 33	-13. 33	-18. 86	-16. 09	-18. 25	满足
2. 90	59. 08	40. 94	-12. 35	-12. 35	-18. 88	-15. 62	-18. 28	满足
0. 00	6. 98	6. 98	6. 98	6. 98	-16. 03	-4. 53	-13. 93	满足

c 筒壁钢筋配筋验算

依据有关规范及标准的要求，结合现场检查检测的结果，经验算分析得出烟囱竖向、环向钢筋计算安全裕度。通过计算安全裕度结果可知，该烟囱筒壁混凝土承载力满足规范要求。验算结果见表 5. 14~表 5. 17。

表 5.14 各截面竖向钢筋验算结果一（外侧）

El_i	计算 A_s/mm^2	实配 A_s/mm^2	验算结果
105.00	11913	20508	满足要求
90.00	14708	22921	满足要求
75.00	17794	25534	满足要求
60.00	16437	35625	满足要求
45.00	24841	38679	满足要求
30.00	29933	53721	满足要求
15.00	38660	59690	满足要求
2.90	31159	64402	满足要求
0.00	31733	65659	满足要求

表 5.15 各截面竖向钢筋验算结果一（内侧）

El_i	计算 A_s/mm^2	实配 A_s/mm^2	验算结果
105.00	—	—	—
90.00	—	—	—
75.00	—	—	—
60.00	—	—	—
45.00	—	—	—
30.00	—	17684	—
15.00	—	18488	—
2.90	17927	19292	满足要求
0.00	18387	19292	满足要求

表 5.16 各截面环向钢筋验算结果（外侧）

El_i	计算 A_s/mm^2	实配 A_s/mm^2	验算结果
105.00	500	1005	满足要求
90.00	550	1272	满足要求
75.00	600	1272	满足要求
60.00	650	1571	满足要求
45.00	700	1571	满足要求
30.00	750	1901	满足要求
15.00	875	1901	满足要求
2.90	1050	4909	满足要求
0.00	1050	3068	满足要求

表 5.17　各截面环向钢筋验算结果（内侧）

El_i	计算 A_s/mm^2	实配 A_s/mm^2	验算结果
105.00	—	—	—
90.00	—	—	—
75.00	—	—	—
60.00	—	—	—
45.00	—	—	—
30.00	—	565	—
15.00	—	770	—
2.90	420	770	满足要求
0.00	420	770	满足要求

d　基础验算

基础底板下部钢筋采用径环向配筋，经验算底板下部径向配筋及环向配筋均满足要求。基础底板的抗冲切及地基基础的沉降均满足要求。

5.1.2.4　鉴定结论

A　附属设施、腐蚀及耐久性年限评估

a　附属设施评定

附属设施的安全性等级应根据承载构件的实际状况进行评定，使用性等级应根据使用功能、破损程度进行评定。由现场检查结果可知，信号平台护栏较多位置出现焊点锈蚀并伴有脱开现象，烟囱上部爬梯及护栏出现较严重的锈蚀，爬梯处有一穿线管，用铁丝绑扎在爬梯上，存在较大的安全隐患。综上所述，此烟囱附属设施基本良好，尚不显著影响使用。

b　腐蚀评定

烟囱的腐蚀评定应根据烟囱的裂缝、损伤、腐蚀等情况评定。

（1）裂缝情况：由检查结果可知，烟囱筒壁裂缝较多，裂缝宽度为 0.6～2.0 mm。

（2）钢筋锈蚀情况：由检查结果可知，在烟囱裂缝位置处，混凝土钢筋出现锈蚀的概率较大；但在烟囱裂缝部位取芯过程中，内部钢筋存在表面锈蚀、有效截面减小的现象。

（3）烟气腐蚀性：由于烟气为湿法脱硫后的气体，虽然烟气中硫化物较少，但烟气腐蚀性依然很强。

（4）防腐层：由检查结果可知，烟囱内部表面未见涂刷“OM”防腐涂料痕迹。

(5) 筒壁腐蚀深度：由钻取芯样结果可知，裂缝位置腐蚀深度明显大于非裂缝位置。

(6) 内衬破坏程度：由检查结果可知，烟囱内衬基本完好，局部存在耐酸胶泥砌筑不饱满现象。

综上所述，烟囱腐蚀较严重，应对烟囱筒壁进行维修，内衬进行修复处理，防腐层应更新。

c 耐久性年限评估

烟囱的耐久性年限评估分为混凝土筒壁外侧大气环境下的耐久性极限状态评估和混凝土筒壁内侧酸液腐蚀作用下的耐久性极限状态评估，烟囱的耐久性年限评估取其二者较小值。

(1) 混凝土筒壁外侧大气环境下的耐久性极限状态评估。根据烟囱的实际情况，确定耐久性极限状态为混凝土保护层锈胀开裂，并据此对其进行正常大气和使用环境下的耐久性分析。耐久性年限计算结果以正常环境下混凝土碳化影响为主，烟囱筒壁构件耐久性计算结果见表 5.18。

表 5.18 烟囱筒壁构件耐久性计算结果

评定部位	碳化深度平均值/mm	碳化系数	剩余耐久年限/a
筒壁外侧	11.6	3.87	59.8

(2) 酸液腐蚀作用下烟囱混凝土筒壁内侧的耐久性评估。根据烟囱的实际情况（自 2010 年以来开始投入使用），并根据酸液腐蚀深度及速率确定混凝土筒壁的耐久性分析。具体分析见表 5.19。

表 5.19 烟囱筒壁构件耐久性计算结果

评定部位	腐蚀深度平均值/mm	腐蚀速率/mm · a^{-1}	剩余耐久年限/a
筒壁内侧	11.0	1.22	32.0

从现场检查和检测结果以及本章以上分析内容可知，某热电厂 120 m 烟囱结构的耐久性结论如下：在正常大气环境使用条件下，根据烟囱筒壁外侧碳化影响进行考虑，扣除已使用年限，剩余耐久性年限还有 59.8 a。按照烟囱筒壁内侧酸液腐蚀作用作为耐久性极限状态，剩余耐久性年限还有 32.0 a。按照混凝土耐久性极限状态规定：当钢筋锈蚀造成筒壁开裂并使结构性能开始退化即认定为混凝土耐久性失效。由烟囱检查结果可知，烟囱筒壁多处裂缝处钢筋已经锈蚀，说明裂缝及破损严重处钢筋已失效。综上所述，应及时对烟囱裂缝及破损处进行修复处理，修复处理完成后，在正常大气环境使用条件下，烟囱剩余耐久性寿命可以满足维持运行 32.0 a 的使用要求。

脱硫腐蚀环境影响将使耐久性年限比一般正常环境烟囱大大减少，加速混凝土耐久性的破坏进程，并且烟囱已经发生多处渗漏腐蚀，为了满足今后该烟囱的正常安全运行，必须对该烟囱进行防腐处理，减少腐蚀环境对筒壁结构的影响。

B　烟囱可靠性评定

依据《烟囱可靠性鉴定标准》（GB 51056—2014），在本次鉴定现场检查、检测、计算分析的基础上，某热电厂 120 m 烟囱的可靠性评级结果如下。

a　筒壁项目评级

（1）安全性评级。筒壁构件的安全性等级按照承载能力、构造和连接以及裂缝三个项目的评定等级确定。计算结果表明，在现状条件下，筒壁结构承载能力满足现行规范要求，承载能力项目评定等级为 a，烟囱多处存在环向裂缝，部分裂缝宽度较大，其裂缝安全性等级为 c，构造和连接现状良好，安全性等级为 b，综上所述，烟囱安全性评定等级为 c。

（2）正常使用性评级。筒壁的使用性等级按损伤、裂缝和倾斜三个项目分别进行评定，见表 5.20。

表 5.20　筒壁构件正常使用性项目评级

构件名称	损伤评级	裂缝评级	倾斜评级
筒壁	b	c	b

b　结构系统评级

（1）地基基础系统。

1）安全性等级。地基基础的安全性按照承载力项目评定，经计算，地基基础的承载力和构造满足现行国家标准《建筑地基基础设计规范》（GB 50007—2011）的要求，安全性评定等级为 A。

2）正常使用性等级。地基基础的正常使用性按照上部承重结构和围护结构使用状况评定，经现场检查，上部承重结构和围护结构的使用状况基本正常，正常使用性评定等级为 A。

（2）筒壁及支承结构系统。

1）安全性等级。筒壁及支承结构系统的安全性按照承载能力、构造和连接以及裂缝三个项目评定，筒壁构件的安全性评定等级为 c，筒壁及支承结构系统的安全性评定等级为 C。

2）正常使用性等级。筒壁及支承结构系统的正常使用性等级按损伤、裂缝和倾斜三个项目分别进行评定，以三个项目的最低评定等级确定，其正常使用性评定等级为 C。

（3）隔热层与内衬。

1）安全性等级。隔热层与内衬的安全性应根据构造连接和损坏情况评定，隔热层与内衬的安全性评定等级为 a；筒壁及支承结构系统的安全性评定等级为 A。

2）正常使用性等级。隔热层与内衬的正常使用性等级按使用功能的实际状况进行评定，其正常使用性评定等级为 B。

c 鉴定单元可靠性综合评级

根据以上项目和结构系统评级结果，对烟囱的可靠性综合评级结果见表 5.21。某热电厂 120 m 烟囱的可靠性评定等级为三级，即不符合国家现行标准规范的可靠性要求，影响整体安全，在目标使用年限内明显影响整体正常使用。其原因主要表现在，烟囱多处出现环向裂缝及竖向裂缝，裂缝宽度为 0.4~2.0 mm，裂缝处钢筋严重锈蚀。

表 5.21 鉴定单元可靠性综合评级结果

层次		Ⅱ	Ⅰ
层名		结构系统评定	鉴定单元综合评定
安全性鉴定	等级	A、B、C、D	一、二、三、四
	地基基础	A	三
	筒壁及支承结构	C	
	隔热层和内衬	A	
使用性鉴定	等级	A、B、C	
	地基基础	A	
	筒壁及支承结构	C	
	隔热层和内衬	B	

5.1.2.5 鉴定结论及处理意见

A 鉴定结论

根据对某热电厂 120 m 烟囱的现状检查、检测、取样探查及试验室试验分析，得出烟囱内衬防腐层评估结论如下：

（1）根据《烟囱可靠性鉴定标准》（GB 51056—2014），某热电厂 120 m 烟囱的可靠性评定等级为三级，即不符合国家现行标准规范的可靠性要求，影响整体安全，在目标使用年限内明显影响整体正常使用。

（2）此烟囱附属设施基本良好，尚不显著影响使用。

（3）烟囱腐蚀较严重，应对烟囱筒壁进行维修，对内衬进行修复处理，增加防腐层。

（4）应及时对烟囱裂缝及钢筋锈蚀进行修复处理，修复处理完成后，在正常大气环境使用条件下，烟囱剩余耐久性寿命可以满足维持运行 32.0 a 的使用要求。

B 处理意见

针对烟囱结构的可靠性性现状，应采取以下措施进行修复：

(1) 应对烟囱混凝土筒壁裂缝进行修复处理，对筒身外筒壁的环向、竖向及锈胀裂缝部位，将表面疏松混凝土彻底凿除，锈胀裂缝的钢筋要彻底除锈，渗漏部位进行清理、干燥，对裂缝进行压力灌浆进行封堵，并采用高性能修补砂浆进行修补。

(2) 烟囱混凝土筒壁裂缝进行修复处理后，应对裂缝处进行加固，加固方法可以选择外包预应力钢板箍法或外包碳纤维布法，确保烟囱裂缝处满足规范及使用要求。

(3) 对烟囱附属设施进行修复处理，对直梯、平台、护栏等断开及焊点脱开位置及时恢复牢固连接，消除安全隐患；对爬梯处穿线管及时进行拆除（若不继续使用)；对所有附属设施进行除锈防腐处理。

(4) 筒壁渗漏部位进行清理和封堵。考虑到长期的酸液腐蚀作用，封堵前需对渗漏部位周围进行彻底清理，对于渗漏部位，清理范围需扩至渗漏周围30 mm范围内，将渗漏部位表面疏松混凝土彻底凿除，采用修复砂浆或混凝土进行修补或浇筑。表皮剥落部位、混凝土空洞、麻面及泌浆等缺陷位置，首先将表面粉化、疏松混凝土进行凿除，露出密实新鲜混凝土，凿去蜂窝处薄弱松散颗粒，刷洗净后，采用高性能修补砂浆进行修补。

(5) 对破损内衬层进行修复，增加防腐层。

5.2 某供水厂凉水塔主体结构安全性及抗震性能检测鉴定

5.2.1 工程概况

某供水厂三座凉水塔均为四间式现浇钢筋混凝土框架结构，一层外墙板为铝合金波纹板，内墙为预制钢筋混凝土板，采用预制混凝土风筒，每座凉水塔建筑总面积约为877.23m^2。三座凉水塔由东向西分别编号为1号、2号与3号，其建筑立面现状如图5.2所示。

(a) (b) (c)

图5.2 凉水塔外观现状

(a) 1号凉水塔；(b) 2号凉水塔；(c) 3号凉水塔

5.2.2 结构检查与检测

5.2.2.1 现场检查结果

(1) 项目主体为三层现浇钢筋混凝土框架结构，共计 4.7 m、3.4 m、3.8 m 三个标高层。结构平面布置为规则矩形，南北向总长 17.1 m，东西向总宽为 17.1 m，建筑总面积约为 877.23 m^2。

(2) 该建筑现已投入使用 30 余年，地基土无明显不均匀沉降，建筑场地相对稳定，且上部结构中未发现由于地基不均匀沉降或变形造成的显著结构构件开裂和倾斜，建筑地基和基础无静载缺陷。

(3) 部分框架柱混凝土开裂，柱下部牛腿混凝土剥落、柱梁节点处混凝土破损、钢筋锈蚀。一层部分框架梁、次梁与地梁泛碱严重，存在混凝土脱落、钢筋外露锈蚀现象。三层部分梁板混凝土脱落钢筋锈蚀、悬挑板混凝土普遍剥落，钢筋锈蚀严重。二层收水器预制构件剥落严重、钢筋锈蚀严重，检修钢梯与电缆棚存在构件锈蚀缺陷。

5.2.2.2 现场检测结果

A 凉水塔水塔结构构件截面尺寸检测

依据《建筑结构检测技术标准》(GB/T 50344—2019) 的有关规定，采用钢尺等对本工程现浇混凝土柱、梁等构件的截面尺寸进行抽样检测（注：柱构件截面表示为边长×边长，梁构件截面表示为梁底×梁高，倒 T 形截面表示为 $T_w \times H_{总} \times B \times h$）。检测结果详见表 5.22~表 5.24。

表 5.22 抽检混凝土柱截面尺寸检测

层数	构件名称	构件位置	检测平均值/mm	设计值/mm	检测结论
一层	柱	1 号凉水塔 1/A	349×349	350×350	满足
	柱	1 号凉水塔 2/A	350×355	350×350	满足
	柱	1 号凉水塔 3/E	349×353	350×350	满足
	柱	1 号凉水塔 4/E	350×355	350×350	满足
	柱	1 号凉水塔 5/A	354×354	350×350	满足
	柱	2 号凉水塔 2/E	351×354	350×350	满足
	柱	2 号凉水塔 4/E	354×354	350×350	满足
	柱	2 号凉水塔 5/A	351×356	350×350	满足
	柱	2 号凉水塔 3/A	354×351	350×350	满足
	柱	2 号凉水塔 2/A	351×355	350×350	满足
	柱	3 号凉水塔 1/E	349×348	350×350	满足

续表5.22

层数	构件名称	构件位置	检测平均值/mm	设计值/mm	检测结论
一层	柱	3号凉水塔3/E	349×352	350×350	满足
	柱	3号凉水塔2/A	352×352	350×350	满足
	柱	3号凉水塔4/A	355×349	350×350	满足
	柱	3号凉水塔5/A	356×350	350×350	满足
二层	柱	1号凉水塔1/A	354×357	350×350	满足
	柱	1号凉水塔5/A	347×349	350×350	满足
	柱	1号凉水塔1/E	351×354	350×350	满足
	柱	1号凉水塔5/E	355×350	350×350	满足
	柱	1号凉水塔3/A	358×351	350×350	满足
	柱	2号凉水塔1/A	352×347	350×350	满足
	柱	2号凉水塔5/A	348×357	350×350	满足
	柱	2号凉水塔1/E	354×358	350×350	满足
	柱	2号凉水塔5/E	354×348	350×350	满足
	柱	2号凉水塔3/E	350×357	350×350	满足
	柱	3号凉水塔1/A	357×358	350×350	满足
	柱	3号凉水塔5/A	353×351	350×350	满足
	柱	3号凉水塔1/E	351×347	350×350	满足
	柱	3号凉水塔5/E	354×357	350×350	满足
	柱	3号凉水塔3/A	351×358	350×350	满足
三层	柱	1号凉水塔2/A	351×355	350×350	满足
	柱	1号凉水塔3/A	352×358	350×350	满足
	柱	1号凉水塔4/E	350×351	350×350	满足
	柱	1号凉水塔1/E	353×356	350×350	满足
	柱	1号凉水塔5/A	352×355	350×350	满足
	柱	2号凉水塔3/A	350×357	350×350	满足
	柱	2号凉水塔4/A	352×352	350×350	满足
	柱	2号凉水塔2/E	351×350	350×350	满足
	柱	2号凉水塔3/E	347×355	350×350	满足
	柱	2号凉水塔5/E	358×355	350×350	满足
	柱	3号凉水塔4/A	351×350	350×350	满足
	柱	3号凉水塔5/A	356×349	350×350	满足
	柱	3号凉水塔2/E	353×349	350×350	满足
	柱	3号凉水塔4/E	357×347	350×350	满足
	柱	3号凉水塔2/A	358×358	350×350	满足

表 5.23 抽检框架梁截面尺寸检测

层数	构件名称	构件位置	检测平均值/mm	设计值/mm	检测结论
一层	框架梁	1号凉水塔 1-2/B	203×401	—	—
	框架梁	1号凉水塔 2-3/D	208×408	—	—
	框架梁	1号凉水塔 3-4/D	199×404	—	—
	框架梁	1号凉水塔 4/A-B	206×450	—	—
	框架梁	1号凉水塔 2/D-E	201×448	—	—
	框架梁	2号凉水塔 1-2/D	202×406	—	—
	框架梁	2号凉水塔 4-5/B	206×402	—	—
	框架梁	2号凉水塔 3-4/D	203×397	—	—
	框架梁	2号凉水塔 2/D-E	204×453	—	—
	框架梁	2号凉水塔 4/A-B	203×451	—	—
	框架梁	3号凉水塔 2-3/D	207×399	—	—
	框架梁	3号凉水塔 3-4/B	202×403	—	—
	框架梁	3号凉水塔 4-5/D	200×398	—	—
	框架梁	3号凉水塔 2/D-E	200×458	—	—
	框架梁	3号凉水塔 4/D-E	199×452	—	—
二层	框架梁	1号凉水塔 2/A-B	254×403	—	—
	框架梁	1号凉水塔 4/D-E	253×405	—	—
	框架梁	1号凉水塔 4/A-B	252×407	—	—
	框架梁	1号凉水塔 3-4/B	255×401	—	—
	框架梁	1号凉水塔 1-2/D	252×407	—	—
	框架梁	2号凉水塔 2/D-E	249×405	—	—
	框架梁	2号凉水塔 4/D-E	258×404	—	—
	框架梁	2号凉水塔 2/A-B	256×405	—	—
	框架梁	2号凉水塔 1-2/D	247×406	—	—
	框架梁	2号凉水塔 4-5/B	253×397	—	—
	框架梁	3号凉水塔 1-2/B	248×404	—	—
	框架梁	3号凉水塔 2-3/B	254×405	—	—
	框架梁	3号凉水塔 3-4/D	252×403	—	—
	框架梁	3号凉水塔 2/A-B	252×401	—	—
	框架梁	3号凉水塔 4/D-E	252×398	—	—

续表 5.23

层数	构件名称	构件位置	检测平均值/mm	设计值/mm	检测结论
三层	框架梁	1号凉水塔 1-2/A	200×405	—	—
	框架梁	1号凉水塔 3-4/A	202×398	—	—
	框架梁	1号凉水塔 2-3/E	202×408	—	—
	框架梁	1号凉水塔 1/A-B	206×399	—	—
	框架梁	1号凉水塔 5/A-B	207×403	—	—
	框架梁	2号凉水塔 2-3/A	204×402	—	—
	框架梁	2号凉水塔 4-5/A	204×399	—	—
	框架梁	2号凉水塔 3-4/E	206×408	—	—
	框架梁	2号凉水塔 1/A-B	201×404	—	—
	框架梁	2号凉水塔 3/A-B	203×405	—	—
	框架梁	3号凉水塔 1/D-E	204×408	—	—
	框架梁	3号凉水塔 2/D-E	204×407	—	—
	框架梁	3号凉水塔 5/D-E	207×406	—	—
	框架梁	3号凉水塔 3/A-B	201×407	—	—
	框架梁	3号凉水塔 4/A-B	204×408	—	—

表 5.24 抽检次梁截面尺寸检测

层数	构件名称	构件位置	检测平均值/mm	设计值/mm	检测结论
一层	次梁	1号凉水塔 1-2/A-B	197×299	—	—
	次梁	1号凉水塔 2-3/D-E	201×303	—	—
	次梁	1号凉水塔 3-4/A-B	198×299	—	—
	次梁	2号凉水塔 4-5/A-B	208×308	—	—
	次梁	2号凉水塔 3-4/A-B	203×308	—	—
	次梁	2号凉水塔 2-3/D-E	205×299	—	—
	次梁	3号凉水塔 1-2/A-B	204×302	—	—
	次梁	3号凉水塔 4-5/A-B	208×305	—	—
	次梁	3号凉水塔 2-3/D-E	205×299	—	—
二层	次梁	1号凉水塔 1-2/1/A	200×280×400×80	206×280×406×82	满足
	次梁	1号凉水塔 2-3/1/A	200×280×400×80	200×281×400×83	满足
	次梁	1号凉水塔 4-5/1/D	200×280×400×80	208×279×403×86	满足

续表 5.24

层数	构件名称	构件位置	检测平均值/mm	设计值/mm	检测结论
二层	次梁	2号凉水塔 3-4/1/A	200×280×400×80	203×283×397×86	满足
	次梁	2号凉水塔 4-5/1/A	200×280×400×80	202×279×404×86	满足
	次梁	2号凉水塔 2-3/1/D	200×280×400×80	206×282×401×82	满足
	次梁	3号凉水塔 2-3/1/A	200×280×400×80	205×280×399×80	满足
	次梁	3号凉水塔 3-4/1/A	200×280×400×80	205×287×402×87	满足
	次梁	3号凉水塔 1-2/1/D	200×280×400×80	198×286×406×88	满足

B 凉水塔混凝土构件碳化深度检测

现场采用酚酞试剂对水塔的部分混凝土构件进行了碳化深度检测，检测结果见表5.25，混凝土构件的碳化深度值范围为6.5~8.0 mm。

表5.25 混凝土构件（柱）碳化深度检测结果汇总

层 数	构件名称	构件位置	碳化深度平均值/mm
一层	柱	1号凉水塔 1/A	8.0
	柱	1号凉水塔 2/A	7.5
	柱	1号凉水塔 3/E	6.5
	柱	1号凉水塔 4/E	7.0
	柱	1号凉水塔 5/A	7.0
	柱	2号凉水塔 2/E	7.0
	柱	2号凉水塔 4/E	7.0
	柱	2号凉水塔 5/A	7.0
	柱	2号凉水塔 3/A	7.5
	柱	2号凉水塔 2/A	7.5
	柱	3号凉水塔 1/E	6.5
	柱	3号凉水塔 3/E	7.5
	柱	3号凉水塔 2/A	6.5
	柱	3号凉水塔 4/A	6.5
	柱	3号凉水塔 5/A	7.5
二层	柱	1号凉水塔 1/A	7.0
	柱	1号凉水塔 5/A	6.5

续表5.25

层 数	构件名称	构件位置	碳化深度平均值/mm
二层	柱	1号凉水塔1/E	8.0
	柱	1号凉水塔5/E	6.5
	柱	1号凉水塔3/A	7.0
	柱	2号凉水塔1/A	7.0
	柱	2号凉水塔5/A	6.5
	柱	2号凉水塔1/E	7.0
	柱	2号凉水塔5/E	8.0
	柱	2号凉水塔3/E	8.0
	柱	3号凉水塔1/A	6.5
	柱	3号凉水塔5/A	6.5
	柱	3号凉水塔1/E	7.0
	柱	3号凉水塔5/E	6.5
	柱	3号凉水塔3/A	7.0
三层	柱	1号凉水塔2/A	8.0
	柱	1号凉水塔3/A	7.5
	柱	1号凉水塔4/E	7.0
	柱	1号凉水塔1/E	7.0
	柱	1号凉水塔5/A	7.0
	柱	2号凉水塔3/A	6.5
	柱	2号凉水塔4/A	7.0
	柱	2号凉水塔2/E	8.0
	柱	2号凉水塔3/E	7.5
	柱	2号凉水塔5/E	8.0
	柱	3号凉水塔4/A	8.0
	柱	3号凉水塔5/A	7.5
	柱	3号凉水塔2/E	7.5
	柱	3号凉水塔4/E	7.5
	柱	3号凉水塔2/A	7.0

C　凉水塔混凝土强度检测

采用超声回弹综合法检测框架柱与框架梁构件混凝土强度，每个构件混凝土回弹测区数为 10 个，每个测区测试 16 个回弹测点，超声声速测试采用对测方法进行测试，测点布置在回弹测试的同一测区内，每一测区布置 3 个测点。检测结果表明，所抽检框架柱、框架梁混凝土强度均满足原设计强度 200 号强度等级的要求，结构承载力验算混凝土强度力学参数参照原设计强度进行取值。检测结果见表 5.26 和表 5.27。

表 5.26　抽检构件混凝土强度回弹、超声检测结果

构件名称	R_m	v/km · s^{-1}	构件名称	R_m	v/km · s^{-1}	构件名称	R_m	v/km · s^{-1}
一层柱 1 号凉水塔 1/A	27.2	4.29	一层柱 1 号凉水塔 2/A	27.9	4.28	一层柱 1 号凉水塔 3/E	27.9	4.40
一层柱 1 号凉水塔 4/E	27.6	4.37	一层柱 1 号凉水塔 5/A	28.5	4.31	一层柱 2 号凉水塔 2/E	27.8	4.29
一层柱 2 号凉水塔 4/E	27.0	4.36	一层柱 2 号凉水塔 5/A	27.9	4.35	一层柱 2 号凉水塔 3/A	27.6	4.36
一层柱 2 号凉水塔 2/A	27.6	4.45	一层柱 3 号凉水塔 1/E	28.2	4.37	一层柱 3 号凉水塔 3/E	28.4	4.25
一层柱 3 号凉水塔 2/A	28.1	4.28	一层柱 3 号凉水塔 4/A	27.6	4.41	一层柱 3 号凉水塔 5/A	27.9	4.30
二层柱 1 号凉水塔 1/A	27.2	4.40	二层柱 1 号凉水塔 5/A	28.5	4.26	二层柱 1 号凉水塔 1/E	28.3	4.38
二层柱 1 号凉水塔 5/E	28.2	4.44	二层柱 1 号凉水塔 3/A	27.9	4.40	二层柱 2 号凉水塔 1/A	27.7	4.30
二层柱 2 号凉水塔 5/A	27.9	4.29	二层柱 2 号凉水塔 1/E	27.5	4.35	二层柱 2 号凉水塔 5/E	27.0	4.40
二层柱 2 号凉水塔 3/E	27.5	4.44	二层柱 3 号凉水塔 1/A	28.1	4.31	二层柱 3 号凉水塔 5/A	27.5	4.26
二层柱 3 号凉水塔 1/E	27.8	4.29	二层柱 3 号凉水塔 5/E	27.6	4.42	二层柱 3 号凉水塔 3/A	27.1	4.30
三层柱 1 号凉水塔 2/A	27.5	4.31	三层柱 1 号凉水塔 3/A	27.4	4.39	三层柱 1 号凉水塔 4/E	27.9	4.40
三层柱 1 号凉水塔 1/E	27.7	4.37	三层柱 1 号凉水塔 5/A	28.1	4.38	三层柱 2 号凉水塔 3/A	27.1	4.33
三层柱 2 号凉水塔 4/A	28.4	4.34	三层柱 2 号凉水塔 2/E	28.5	4.34	三层柱 2 号凉水塔 3/E	27.5	4.45

续表 5.26

构件名称	R_m	v/km · s^{-1}	构件名称	R_m	v/km · s^{-1}	构件名称	R_m	v/km · s^{-1}
三层柱 2 号凉水塔 5/E	27.4	4.26	三层柱 3 号凉水塔 4/A	27.7	4.39	三层柱 3 号凉水塔 5/A	27.6	4.43
三层柱 3 号凉水塔 2/E	27.4	4.43	三层柱 3 号凉水塔 4/E	28.5	4.40	三层柱 3 号凉水塔 2/A	27.9	4.25
一层框架梁 1 号凉水塔 1-2/B	27.8	4.33	一层框架梁 1 号凉水塔 2-3/D	28.0	4.42	一层框架梁 1 号凉水塔 3-4/D	28.5	4.33
一层框架梁 1 号凉水塔 4/A-B	27.7	4.36	一层框架梁 1 号凉水塔 2/D-E	28.4	4.27	一层框架梁 2 号凉水塔 1-2/D	27.5	4.42
一层框架梁 2 号凉水塔 4-5/B	27.8	4.31	一层框架梁 2 号凉水塔 3-4/D	28.2	4.25	一层框架梁 2 号凉水塔 2/D-E	28.1	4.30
一层框架梁 2 号凉水塔 4/A-B	27.6	4.33	一层框架梁 3 号凉水塔 2-3/D	28.4	4.41	一层框架梁 3 号凉水塔 3-4/B	27.3	4.34
一层框架梁 3 号凉水塔 4-5/D	28.4	4.25	一层框架梁 3 号凉水塔 2/D-E	27.2	4.44	一层框架梁 3 号凉水塔 4/D-E	27.2	4.42
二层框架梁 1 号凉水塔 2/A-B	28.4	4.44	二层框架梁 1 号凉水塔 4/D-E	28.0	4.25	二层框架梁 1 号凉水塔 4/A-B	28.0	4.38
二层框架梁 1 号凉水塔 3-4/B	27.0	4.28	二层框架梁 1 号凉水塔 1-2/D	27.7	4.45	二层框架梁 2 号凉水塔 2/D-E	27.8	4.31
二层框架梁 2 号凉水塔 4/D-E	28.5	4.43	二层框架梁 2 号凉水塔 2/A-B	27.8	4.27	二层框架梁 2 号凉水塔 1-2/D	27.8	4.30
二层框架梁 2 号凉水塔 4-5/B	27.3	4.45	二层框架梁 3 号凉水塔 1-2/B	27.1	4.43	二层框架梁 3 号凉水塔 2-3/B	27.7	4.31
二层框架梁 3 号凉水塔 3-4/D	27.3	4.43	二层框架梁 3 号凉水塔 2/A-B	27.4	4.40	二层框架梁 3 号凉水塔 4/D-E	27.3	4.25
三层框架梁 1 号凉水塔 1-2/A	27.2	4.39	三层框架梁 1 号凉水塔 3-4/A	28.1	4.41	三层框架梁 1 号凉水塔 2-3/E	28.3	4.32
三层框架梁 1 号凉水塔 1/A-B	27.1	4.30	三层框架梁 1 号凉水塔 5/A-B	28.2	4.34	三层框架梁 2 号凉水塔 2-3/A	27.6	4.40
三层框架梁 2 号凉水塔 4-5/A	28.5	4.32	三层框架梁 2 号凉水塔 3-4/E	27.4	4.38	三层框架梁 2 号凉水塔 1/A-B	27.4	4.40
三层框架梁 2 号凉水塔 3/A-B	28.3	4.40	三层框架梁 3 号凉水塔 1/D-E	27.1	4.42	三层框架梁 3 号凉水塔 2/D-E	27.4	4.30
三层框架梁 3 号凉水塔 5/D-E	27.7	4.26	三层框架梁 3 号凉水塔 3/A-B	28.4	4.25	三层框架梁 3 号凉水塔 4/A-B	28.3	4.33

表 5.27 抽检构件修正后混凝土强度推定结果

构件位置	构件测区混凝土强度换算值/MPa		混凝土强度推定区间/MPa
	平均值	标准差	
一层柱	24.5	2.33	(20.1，21.1)
二层柱	24.4	2.67	(20.0，20.5)
三层柱	25.6	2.66	(21.2，21.7)
一层梁	24.8	2.48	(20.7，21.2)
二层梁	25.3	2.62	(21.0，21.5)
三层梁	25.1	2.86	(20.4，20.9)

D 凉水塔钢筋配置检测

采用PS200钢筋雷达对凉水塔的框架柱、梁等混凝土构件的钢筋配置进行检测，检测结果见表5.28和表5.29。

表 5.28 混凝土柱钢筋配置检测结果

楼层	构件位置	检测项目		实测值	设计值	是否满足
一层	1号凉水塔 1/A	主筋根数/根	南北向	2	2	是
			东西向	2	2	是
		箍筋间距/mm	加密区	97	100	是
			非加密区	159	150	是
	1号凉水塔 2/A	主筋根数/根	南北向	2	2	是
			东西向	2	2	是
		箍筋间距/mm	加密区	92	100	是
			非加密区	151	150	是
	1号凉水塔 3/E	主筋根数/根	南北向	2	2	是
			东西向	2	2	是
		箍筋间距/mm	加密区	109	100	是
			非加密区	150	150	是
	1号凉水塔 4/E	主筋根数/根	南北向	2	2	是
			东西向	2	2	是
		箍筋间距/mm	加密区	94	100	是
			非加密区	145	150	是

续表 5.28

楼层	构件位置	检测项目		实测值	设计值	是否满足
一层	1号凉水塔 5/A	主筋根数/根	南北向	2	2	是
			东西向	2	2	是
		箍筋间距/mm	加密区	109	100	是
			非加密区	144	150	是
	2号凉水塔 2/E	主筋根数/根	南北向	2	2	是
			东西向	2	2	是
		箍筋间距/mm	加密区	110	100	是
			非加密区	140	150	是
	2号凉水塔 4/E	主筋根数/根	南北向	2	2	是
			东西向	2	2	是
		箍筋间距/mm	加密区	97	100	是
			非加密区	146	150	是
	2号凉水塔 5/A	主筋根数/根	南北向	2	2	是
			东西向	2	2	是
		箍筋间距/mm	加密区	98	100	是
			非加密区	150	150	是
	2号凉水塔 3/A	主筋根数/根	南北向	2	2	是
			东西向	2	2	是
		箍筋间距/mm	加密区	90	100	是
			非加密区	148	150	是
	2号凉水塔 2/A	主筋根数/根	南北向	2	2	是
			东西向	2	2	是
		箍筋间距/mm	加密区	98	100	是
			非加密区	148	150	是
	3号凉水塔 1/E	主筋根数/根	南北向	2	2	是
			东西向	2	2	是
		箍筋间距/mm	加密区	101	100	是
			非加密区	159	150	是

续表 5.28

楼层	构件位置	检测项目		实测值	设计值	是否满足
一层	3 号凉水塔 3/E	主筋根数/根	南北向	2	2	是
			东西向	2	2	是
		箍筋间距/mm	加密区	108	100	是
			非加密区	140	150	是
	3 号凉水塔 2/A	主筋根数/根	南北向	2	2	是
			东西向	2	2	是
		箍筋间距/mm	加密区	101	100	是
			非加密区	152	150	是
	3 号凉水塔 4/A	主筋根数/根	南北向	2	2	是
			东西向	2	2	是
		箍筋间距/mm	加密区	101	100	是
			非加密区	143	150	是
	3 号凉水塔 5/A	主筋根数/根	南北向	2	2	是
			东西向	2	2	是
		箍筋间距/mm	加密区	105	100	是
			非加密区	150	150	是
二层	1 号凉水塔 1/A	主筋根数/根	南北向	2	2	是
			东西向	2	2	是
		箍筋间距/mm	加密区	108	100	是
			非加密区	155	150	是
	1 号凉水塔 5/A	主筋根数/根	南北向	2	2	是
			东西向	2	2	是
		箍筋间距/mm	加密区	106	100	是
			非加密区	141	150	是
	1 号凉水塔 1/E	主筋根数/根	南北向	2	2	是
			东西向	2	2	是
		箍筋间距/mm	加密区	96	100	是
			非加密区	145	150	是

续表 5.28

楼层	构件位置	检测项目		实测值	设计值	是否满足
二层	1号凉水塔 5/E	主筋根数/根	南北向	2	2	是
			东西向	2	2	是
		箍筋间距/mm	加密区	109	100	是
			非加密区	148	150	是
	1号凉水塔 3/A	主筋根数/根	南北向	2	2	是
			东西向	2	2	是
		箍筋间距/mm	加密区	94	100	是
			非加密区	145	150	是
	2号凉水塔 1/A	主筋根数/根	南北向	2	2	是
			东西向	2	2	是
		箍筋间距/mm	加密区	110	100	是
			非加密区	142	150	是
	2号凉水塔 5/A	主筋根数/根	南北向	2	2	是
			东西向	2	2	是
		箍筋间距/mm	加密区	102	100	是
			非加密区	154	150	是
	2号凉水塔 1/E	主筋根数/根	南北向	2	2	是
			东西向	2	2	是
		箍筋间距/mm	加密区	95	100	是
			非加密区	145	150	是
	2号凉水塔 5/E	主筋根数/根	南北向	2	2	是
			东西向	2	2	是
		箍筋间距/mm	加密区	103	100	是
			非加密区	147	150	是
	2号凉水塔 3/E	主筋根数/根	南北向	2	2	是
			东西向	2	2	是
		箍筋间距/mm	加密区	102	100	是
			非加密区	150	150	是

续表 5.28

楼层	构件位置	检测项目		实测值	设计值	是否满足
二层	3号凉水塔 1/A	主筋根数/根	南北向	2	2	是
			东西向	2	2	是
		箍筋间距/mm	加密区	105	100	是
			非加密区	145	150	是
	3号凉水塔 5/A	主筋根数/根	南北向	2	2	是
			东西向	2	2	是
		箍筋间距/mm	加密区	92	100	是
			非加密区	148	150	是
	3号凉水塔 1/E	主筋根数/根	南北向	2	2	是
			东西向	2	2	是
		箍筋间距/mm	加密区	97	100	是
			非加密区	143	150	是
	3号凉水塔 5/E	主筋根数/根	南北向	2	2	是
			东西向	2	2	是
		箍筋间距/mm	加密区	94	100	是
			非加密区	149	150	是
	3号凉水塔 3/A	主筋根数/根	南北向	2	2	是
			东西向	2	2	是
		箍筋间距/mm	加密区	104	100	是
			非加密区	160	150	是
三层	1号凉水塔 2/A	主筋根数/根	南北向	2	2	是
			东西向	2	2	是
		箍筋间距/mm	加密区	101	100	是
			非加密区	145	150	是
	1号凉水塔 3/A	主筋根数/根	南北向	2	2	是
			东西向	2	2	是
		箍筋间距/mm	加密区	94	100	是
			非加密区	152	150	是

续表 5. 28

楼层	构件位置	检测项目		实测值	设计值	是否满足
三层	1 号凉水塔 4/E	主筋根数/根	南北向	2	2	是
			东西向	2	2	是
		箍筋间距/mm	加密区	105	100	是
			非加密区	145	150	是
	1 号凉水塔 1/E	主筋根数/根	南北向	2	2	是
			东西向	2	2	是
		箍筋间距/mm	加密区	109	100	是
			非加密区	141	150	是
	1 号凉水塔 5/A	主筋根数/根	南北向	2	2	是
			东西向	2	2	是
		箍筋间距/mm	加密区	107	100	是
			非加密区	141	150	是
	2 号凉水塔 3/A	主筋根数/根	南北向	2	2	是
			东西向	2	2	是
		箍筋间距/mm	加密区	108	100	是
			非加密区	143	150	是
	2 号凉水塔 4/A	主筋根数/根	南北向	2	2	是
			东西向	2	2	是
		箍筋间距/mm	加密区	93	100	是
			非加密区	160	150	是
	2 号凉水塔 2/E	主筋根数/根	南北向	2	2	是
			东西向	2	2	是
		箍筋间距/mm	加密区	95	100	是
			非加密区	156	150	是
	2 号凉水塔 3/E	主筋根数/根	南北向	2	2	是
			东西向	2	2	是
		箍筋间距/mm	加密区	93	100	是
			非加密区	145	150	是

续表 5.28

楼层	构件位置	检测项目		实测值	设计值	是否满足
三层	2 号凉水塔 5/E	主筋根数/根	南北向	2	2	是
			东西向	2	2	是
		箍筋间距/mm	加密区	105	100	是
			非加密区	147	150	是
	3 号凉水塔 4/A	主筋根数/根	南北向	2	2	是
			东西向	2	2	是
		箍筋间距/mm	加密区	95	100	是
			非加密区	151	150	是
	3 号凉水塔 5/A	主筋根数/根	南北向	2	2	是
			东西向	2	2	是
		箍筋间距/mm	加密区	103	100	是
			非加密区	142	150	是
	3 号凉水塔 2/E	主筋根数/根	南北向	2	2	是
			东西向	2	2	是
		箍筋间距/mm	加密区	92	100	是
			非加密区	159	150	是
	3 号凉水塔 4/E	主筋根数/根	南北向	2	2	是
			东西向	2	2	是
		箍筋间距/mm	加密区	91	100	是
			非加密区	154	150	是
	3 号凉水塔 2/A	主筋根数/根	南北向	2	2	是
			东西向	2	2	是
		箍筋间距/mm	加密区	91	100	是
			非加密区	160	150	是

表 5.29 混凝土梁钢筋配置检测结果

楼层	构件位置	检测项目		实测值	设计值	是否满足
一层	1 号凉水塔 1-2/B	主筋根数/根		2	—	—
		箍筋间距/mm	加密区	106	—	—
			非加密区	193	—	—

续表 5.29

楼层	构件位置	检 测 项 目		实测值	设计值	是否满足
一层	1 号凉水塔 2-3/D	主筋根数/根		2	—	—
		箍筋间距/mm	加密区	106	—	—
			非加密区	205	—	—
	1 号凉水塔 3-4/D	主筋根数/根		2	—	—
		箍筋间距/mm	加密区	101	—	—
			非加密区	191	—	—
	1 号凉水塔 4/A-B	主筋根数/根		2	—	—
		箍筋间距/mm	加密区	105	—	—
			非加密区	202	—	—
	1 号凉水塔 2/D-E	主筋根数/根		2	—	—
		箍筋间距/mm	加密区	92	—	—
			非加密区	203	—	—
	2 号凉水塔 1-2/D	主筋根数/根		2	—	—
		箍筋间距/mm	加密区	103	—	—
			非加密区	199	—	—
	2 号凉水塔 4-5/B	主筋根数/根		2	—	—
		箍筋间距/mm	加密区	107	—	—
			非加密区	206	—	—
	2 号凉水塔 3-4/D	主筋根数/根		2	—	—
		箍筋间距/mm	加密区	96	—	—
			非加密区	195	—	—
	2 号凉水塔 2/D-E	主筋根数/根		2	—	—
		箍筋间距/mm	加密区	90	—	—
			非加密区	209	—	—
	2 号凉水塔 4/A-B	主筋根数/根		2	—	—
		箍筋间距/mm	加密区	101	—	—
			非加密区	199	—	—
	3 号凉水塔 2-3/D	主筋根数/根		2	—	—
		箍筋间距/mm	加密区	106	—	—
			非加密区	196	—	—

续表 5.29

楼层	构件位置	检测项目		实测值	设计值	是否满足
一层	3 号凉水塔 3-4/B	主筋根数/根		2	—	—
		箍筋间距/mm	加密区	103	—	—
			非加密区	193	—	—
	3 号凉水塔 4-5/D	主筋根数/根		2	—	—
		箍筋间距/mm	加密区	107	—	—
			非加密区	203	—	—
	3 号凉水塔 2/D-E	主筋根数/根		2	—	—
		箍筋间距/mm	加密区	104	—	—
			非加密区	199	—	—
	3 号凉水塔 4/D-E	主筋根数/根		2	—	—
		箍筋间距/mm	加密区	99	—	—
			非加密区	197	—	—
二层	1 号凉水塔 2/A-B	主筋根数/根		2	—	—
		箍筋间距/mm	加密区	96	—	—
			非加密区	194	—	—
	1 号凉水塔 4/D-E	主筋根数/根		2	—	—
		箍筋间距/mm	加密区	96	—	—
			非加密区	194	—	—
	1 号凉水塔 4/A-B	主筋根数/根		2	—	—
		箍筋间距/mm	加密区	95	—	—
			非加密区	208	—	—
	1 号凉水塔 3-4/B	主筋根数/根		2	—	—
		箍筋间距/mm	加密区	92	—	—
			非加密区	193	—	—
	1 号凉水塔 1-2/D	主筋根数/根		2	—	—
		箍筋间距/mm	加密区	110	—	—
			非加密区	192	—	—
	2 号凉水塔 2/D-E	主筋根数/根		2	—	—
		箍筋间距/mm	加密区	93	—	—
			非加密区	192	—	—

续表 5.29

楼层	构件位置	检 测 项 目		实测值	设计值	是否满足
二层	2号凉水塔 4/D-E	主筋根数/根		2	—	—
		箍筋间距/mm	加密区	90	—	—
			非加密区	199	—	—
	2号凉水塔 2/A-B	主筋根数/根		2	—	—
		箍筋间距/mm	加密区	96	—	—
			非加密区	207	—	—
	2号凉水塔 1-2/D	主筋根数/根		2	—	—
		箍筋间距/mm	加密区	93	—	—
			非加密区	204	—	—
	2号凉水塔 4-5/B	主筋根数/根		2	—	—
		箍筋间距/mm	加密区	102	—	—
			非加密区	192	—	—
	3号凉水塔 1-2/B	主筋根数/根		2	—	—
		箍筋间距/mm	加密区	93	—	—
			非加密区	207	—	—
	3号凉水塔 2-3/B	主筋根数/根		2	—	—
		箍筋间距/mm	加密区	104	—	—
			非加密区	198	—	—
	3号凉水塔 3-4/D	主筋根数/根		2	—	—
		箍筋间距/mm	加密区	90	—	—
			非加密区	190	—	—
	3号凉水塔 2/A-B	主筋根数/根		2	—	—
		箍筋间距/mm	加密区	110	—	—
			非加密区	201	—	—
	3号凉水塔 4/D-E	主筋根数/根		2	—	—
		箍筋间距/mm	加密区	102	—	—
			非加密区	208	—	—
三层	1号凉水塔 1-2/A	主筋根数/根		2	—	—
		箍筋间距/mm	加密区	102	—	—
			非加密区	195	—	—

续表 5.29

楼层	构件位置	检测项目		实测值	设计值	是否满足
三层	1号凉水塔 3-4/A	主筋根数/根		2	—	—
		箍筋间距/mm	加密区	107	—	—
			非加密区	190	—	—
	1号凉水塔 2-3/E	主筋根数/根		2	—	—
		箍筋间距/mm	加密区	96	—	—
			非加密区	209	—	—
	1号凉水塔 1/A-B	主筋根数/根		2	—	—
		箍筋间距/mm	加密区	90	—	—
			非加密区	192	—	—
	1号凉水塔 5/A-B	主筋根数/根		2	—	—
		箍筋间距/mm	加密区	93	—	—
			非加密区	208	—	—
	2号凉水塔 2-3/A	主筋根数/根		2	—	—
		箍筋间距/mm	加密区	109	—	—
			非加密区	206	—	—
	2号凉水塔 4-5/A	主筋根数/根		2	—	—
		箍筋间距/mm	加密区	105	—	—
			非加密区	203	—	—
	2号凉水塔 3-4/E	主筋根数/根		2	—	—
		箍筋间距/mm	加密区	96	—	—
			非加密区	203	—	—
	2号凉水塔 1/A-B	主筋根数/根		2	—	—
		箍筋间距/mm	加密区	92	—	—
			非加密区	209	—	—
	2号凉水塔 3/A-B	主筋根数/根		2	—	—
		箍筋间距/mm	加密区	107	—	—
			非加密区	191	—	—
	3号凉水塔 1/D-E	主筋根数/根		2	—	—
		箍筋间距/mm	加密区	92	—	—
			非加密区	200	—	—

续表 5.29

楼层	构件位置	检测项目		实测值	设计值	是否满足
三层	3号凉水塔 2/D-E	主筋根数/根		2	—	—
		箍筋间距/mm	加密区	95	—	—
			非加密区	202	—	—
	3号凉水塔 5/D-E	主筋根数/根		2	—	—
		箍筋间距/mm	加密区	108	—	—
			非加密区	191	—	—
	3号凉水塔 3/A-B	主筋根数/根		2	—	—
		箍筋间距/mm	加密区	97	—	—
			非加密区	194	—	—
	3号凉水塔 4/A-B	主筋根数/根		2	—	—
		箍筋间距/mm	加密区	103	—	—
			非加密区	204	—	—
一层	1号凉水塔次梁 1-2/A-B	主筋根数/根		2	—	—
		箍筋间距/mm	加密区	—	—	—
			非加密区	203	—	—
	2号凉水塔次梁 4-5/A-B	主筋根数/根		2	—	—
		箍筋间距/mm	加密区	—	—	—
			非加密区	206	—	—
	3号凉水塔次梁 1-2/A-B	主筋根数/根		2	—	—
		箍筋间距/mm	加密区	—	—	—
			非加密区	206	—	—
二层	1号凉水塔次梁 1-2/1/A	主筋根数/根		2	2	是
		箍筋间距/mm	加密区	—	—	—
			非加密区	198	200	是
	2号凉水塔次梁 3-4/1/A	主筋根数/根		2	2	是
		箍筋间距/mm	加密区	—	—	—
			非加密区	205	200	是
	3号凉水塔次梁 2-3/1/A	主筋根数/根		2	2	是
		箍筋间距/mm	加密区	—	—	—
			非加密区	208	200	是

E　凉水塔钢筋保护层厚度检测

对凉水塔的框架柱、框架梁、板等混凝土构件的钢筋保护层厚度进行了检测，检测结果表明：一层柱混凝土保护层厚度推定区间为 14~15 mm，二层柱混凝土保护层厚度推定区间为 14~15 mm，三层柱混凝土保护层厚度推定区间为 17~18 mm；一层梁混凝土保护层厚度推定区间为 14~16 mm，二层梁混凝土保护层厚度推定区间为 14~16 mm，三层梁混凝土保护层厚度推定区间为 17~18 mm，三层板混凝土保护层厚度推定区间为 9~11 mm。

F　凉水塔混凝土密实度检测

项目所检混凝土构件超声检测结果见表 5.30，所抽检混凝土梁和柱的声速平均值为 3.3~4.0 km/s，未出现异常值，可知所检构件混凝土内部未造成损伤或可测量的强度下降。部分波形图如图 5.3~图 5.20 所示。

表 5.30　本工程所检构件混凝土超声检测结果

层　数	构件名称	构件位置	声速平均值/km · s^{-1}
一层	柱	1 号凉水塔 2/B	3.584
	柱	2 号凉水塔 4/D	3.852
	柱	3 号凉水塔 4/B	3.614
二层	柱	1 号凉水塔 2/D	3.732
	柱	2 号凉水塔 4/B	4.038
	柱	3 号凉水塔 2/B	4.027
三层	柱	1 号凉水塔 4/B	3.583
	柱	2 号凉水塔 4/D	4.074
	柱	3 号凉水塔 2/B	3.956
一层	梁	1 号凉水塔 1-2/B	3.832
	梁	2 号凉水塔 1-2/D	3.892
	梁	3 号凉水塔 2-3/D	3.593
二层	梁	1 号凉水塔 2/A-B	3.632
	梁	2 号凉水塔 2/D-E	3.521
	梁	3 号凉水塔 1-2/B	3.52
三层	梁	1 号凉水塔 1-2/A	3.515
	梁	2 号凉水塔 2-3/A	3.622
	梁	3 号凉水塔 1/D-E	3.676

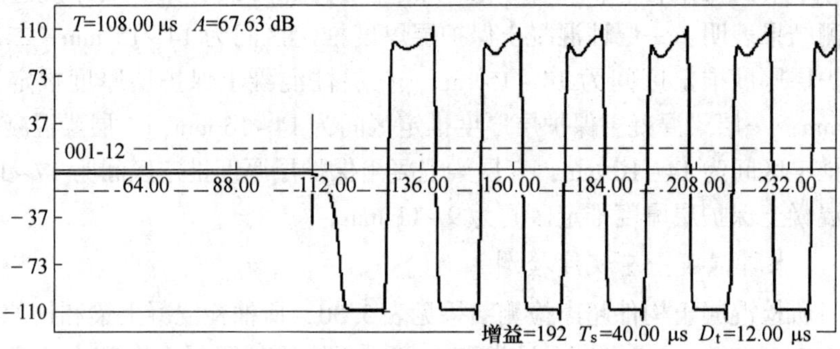

图5.3 一层柱1号凉水塔2/B测点3密实度检测图

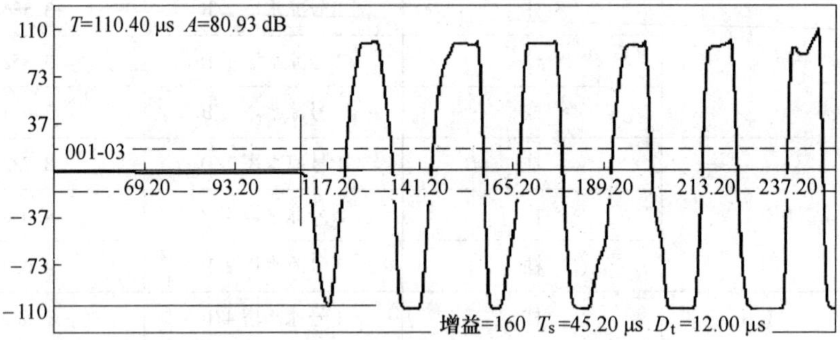

图5.4 一层柱2号凉水塔4/D测点4密实度检测图

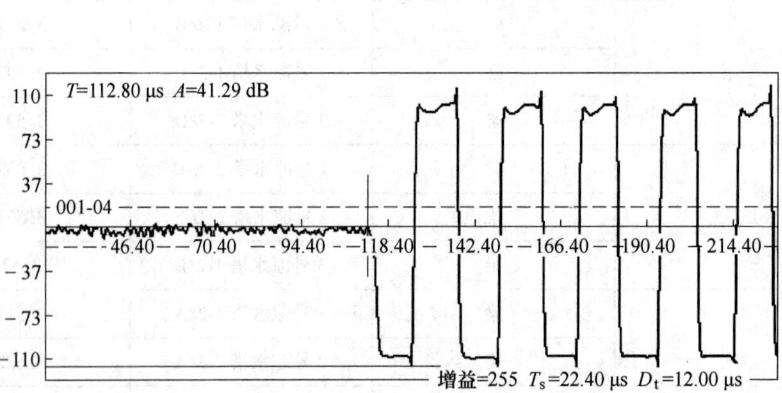

图5.5 一层柱3号凉水塔4/B测点3密实度检测图

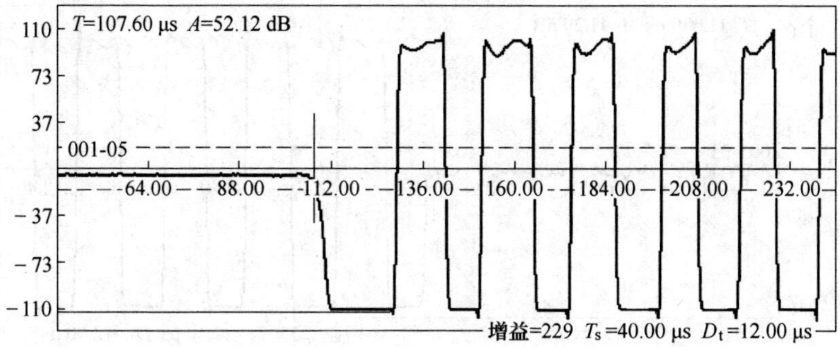

图 5.6 二层柱 1 号凉水塔 2/D 测点 2 密实度检测图

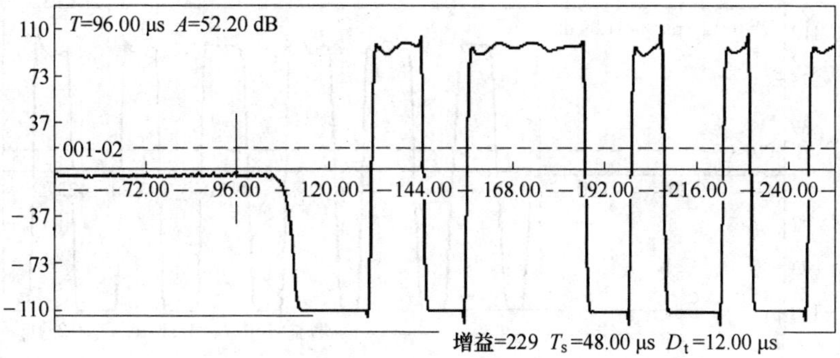

图 5.7 二层柱 2 号凉水塔 4/B 测点 6 密实度检测图

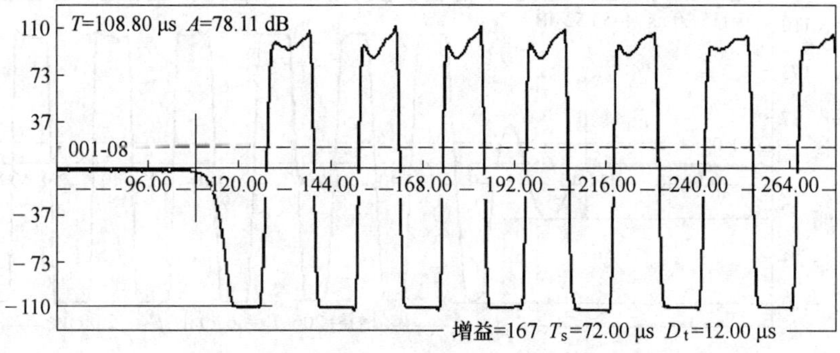

图 5.8 二层柱 3 号凉水塔 2/B 测点 4 密实度检测图

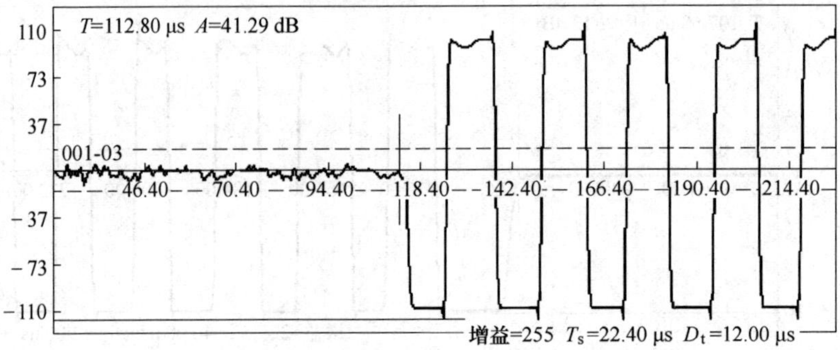

图 5.9　三层柱 1 号凉水塔 4/B 测点 3 密实度检测图

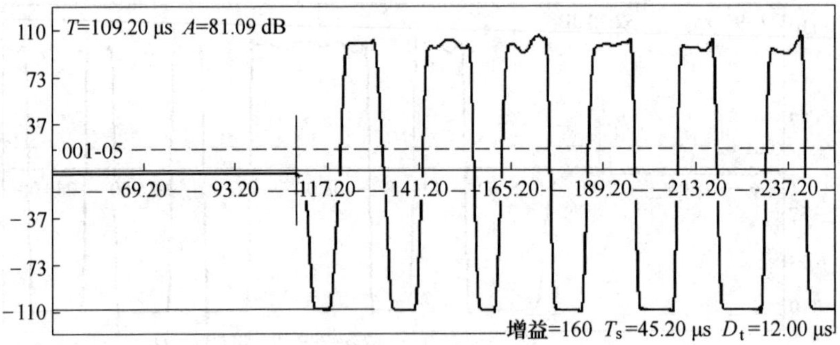

图 5.10　三层柱 2 号凉水塔 4/D 测点 5 密实度检测图

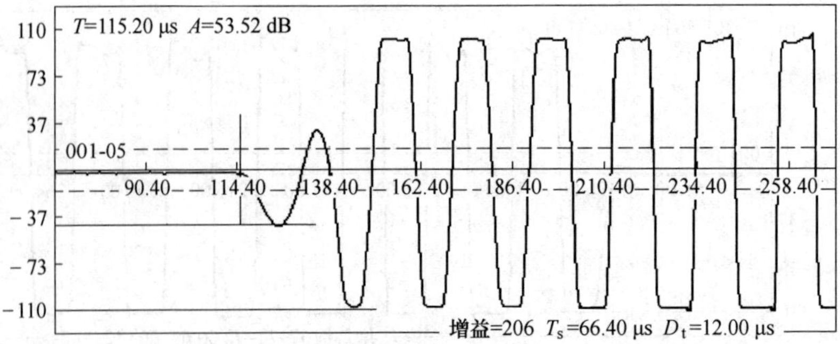

图 5.11　三层柱 3 号凉水塔 2/B 测点 7 密实度检测图

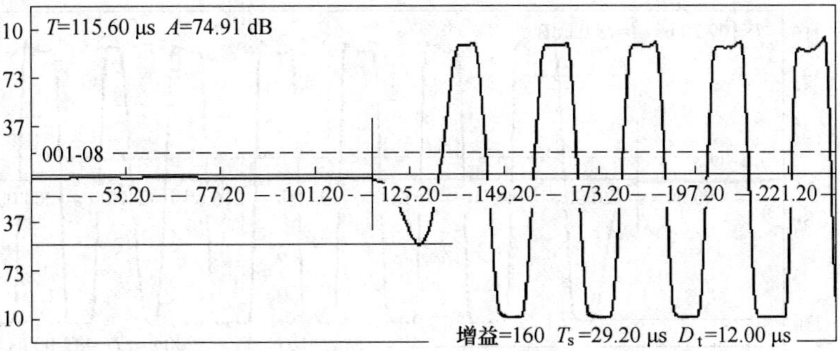

图 5.12　一层梁 1 号凉水塔 1-2/B 测点 9 密实度检测图

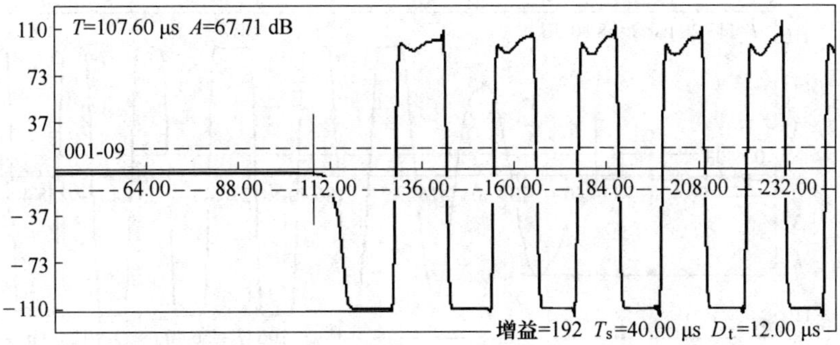

图 5.13　一层梁 2 号凉水塔 1-2/D 测点 5 密实度检测图

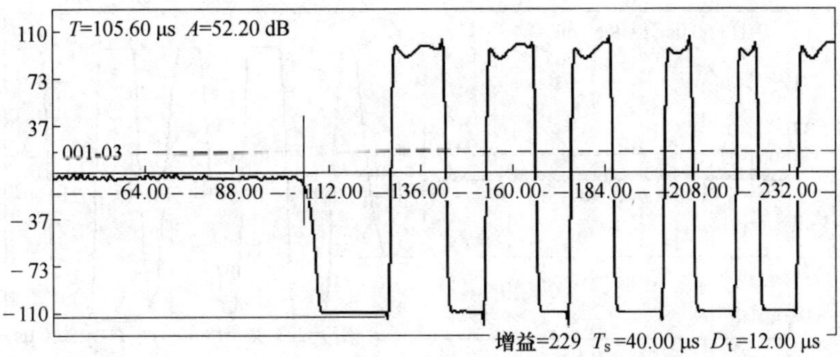

图 5.14　一层梁 3 号凉水塔 2-3/D 测点 4 密实度检测图

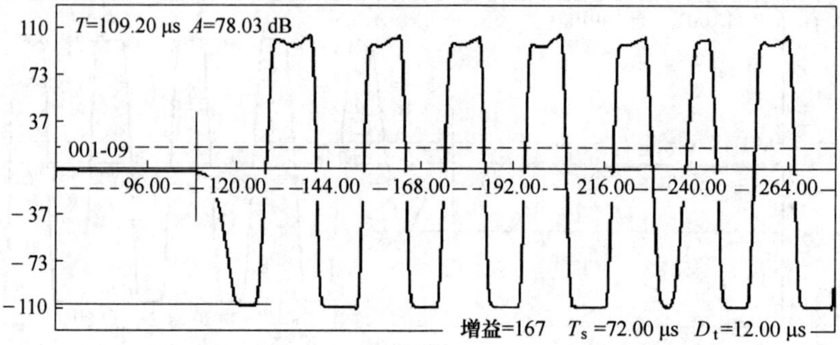

图 5.15 二层梁 1 号凉水塔 2/A-B 测点 3 密实度检测图

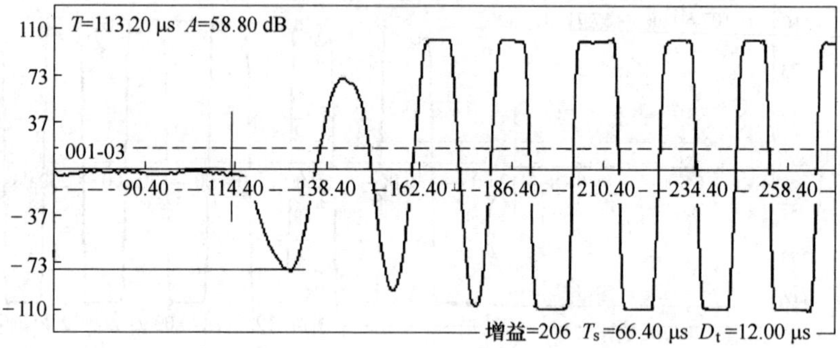

图 5.16 二层梁 2 号凉水塔 2/D-E 测点 8 密实度检测图

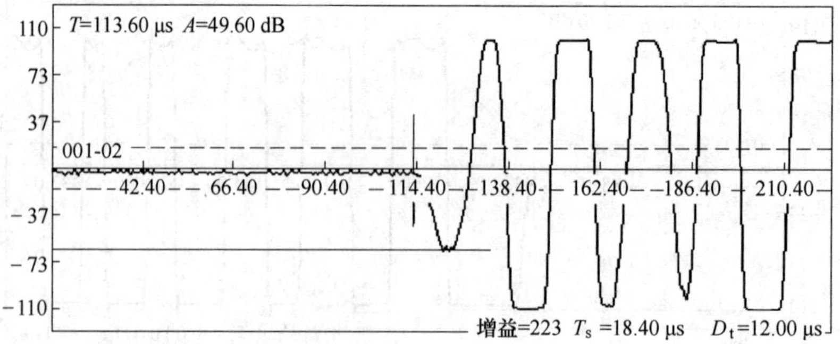

图 5.17 二层梁 3 号凉水塔 1-2/B 测点 4 密实度检测图

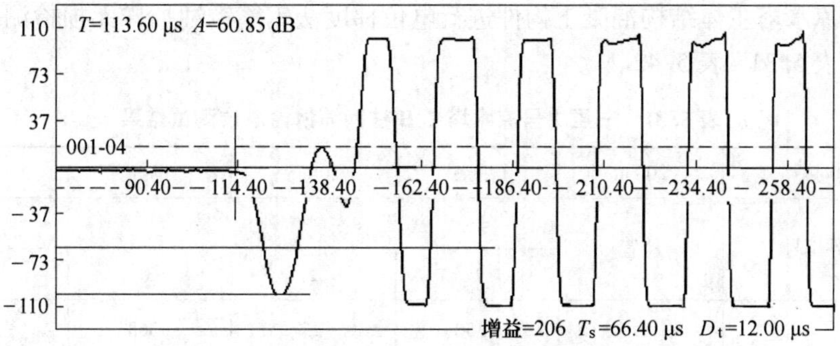

图 5.18 三层梁 1 号凉水塔 1-2/A 测点 6 密实度检测图

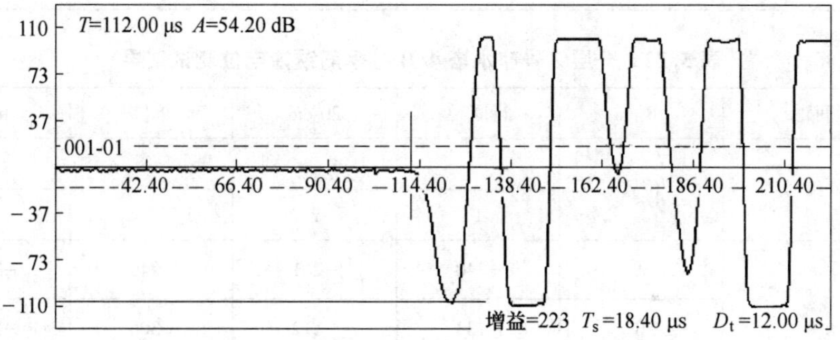

图 5.19 三层梁 2 号凉水塔 2-3/A 测点 5 密实度检测图

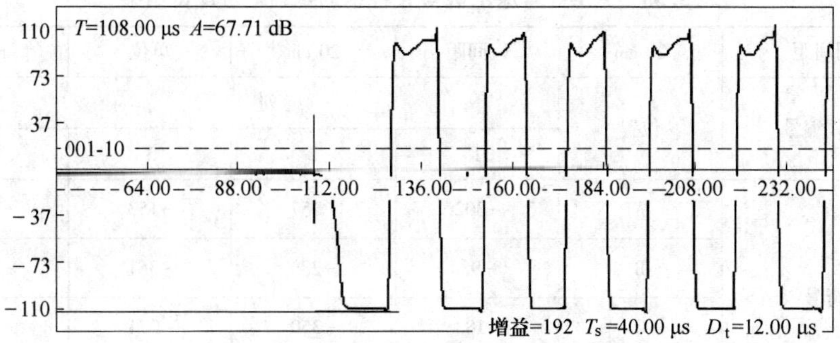

图 5.20 三层梁 3 号凉水塔 1/D-E 测点 7 密实度检测图

G 凉水塔钢筋锈蚀检测

对凉水塔主体结构混凝土构件进行电位梯度法钢筋锈蚀抽样无损检测，检测结果见表 5.31~表 5.42。

表 5.31 一层 1 号凉水塔 2/B 柱钢筋锈蚀电位测试结果

列间距	20 cm	行间距	20 cm	单位	mV
构件编号	位置	列号			
		1	2	3	4
行号	A	-350	-237	-368	-370
	B	-178	-125	-126	-101
	C	-130	-105	-166	-270
	D	-356	-230	-316	-322

表 5.32 一层 2 号凉水塔 4/D 柱钢筋锈蚀电位测试结果

列间距	20 cm	行间距	20 cm	单位	mV
构件编号	位置	列号			
		1	2	3	4
行号	A	-240	-261	-249	-312
	B	-133	-112	-306	-307
	C	-257	-200	-129	-142
	D	-356	-93	-207	-218

表 5.33 一层 3 号凉水塔 4/B 柱钢筋锈蚀电位测试结果

列间距	20 cm	行间距	20 cm	单位	mV
构件编号	位置	列号			
		1	2	3	4
行号	A	-302	-257	-153	-197
	B	-93	-285	-351	-131
	C	-183	-350	-271	-339
	D	-196	-170	-153	-316

表 5.34 二层 1 号凉水塔 2/D 柱钢筋锈蚀电位测试结果

列间距	20 cm	行间距	20 cm	单位	mV
构件编号	位置	列号			
		1	2	3	4
行号	A	−120	−261	−316	−294
	B	−324	−184	−157	−137
	C	−114	−192	−97	−265
	D	−339	−336	−148	−152

表 5.35 二层 2 号凉水塔 4/B 柱钢筋锈蚀电位测试结果

列间距	20 cm	行间距	20 cm	单位	mV
构件编号	位置	列号			
		1	2	3	4
行号	A	−324	−348	−278	−207
	B	−302	−253	−138	−335
	C	−247	−250	−190	−180
	D	−160	−110	−360	−231

表 5.36 二层 3 号凉水塔 2/B 柱钢筋锈蚀电位测试结果

列间距	20 cm	行间距	20 cm	单位	mV
构件编号	位置	列号			
		1	2	3	4
行号	A	−127	−149	−271	−187
	B	−309	−349	−254	−148
	C	−269	−250	−245	−176
	D	−321	−247	−248	−260

表 5.37 一层 1 号凉水塔 1-2/B 梁钢筋锈蚀电位测试结果

列间距	20 cm	行间距	20 cm	单位	mV
构件编号	位置	列号			
		1	2	3	4
行号	A	−126	−323	−135	−227
	B	−340	−359	−289	−325
	C	−191	−99	−173	−338
	D	−232	−132	−236	−205

表5.38 一层2号凉水塔1-2/D梁钢筋锈蚀电位测试结果

列间距	20 cm	行间距	20 cm	单位	mV
构件编号	位置	列号			
		1	2	3	4
行号	A	-134	-117	-132	-171
	B	-95	-187	-128	-93
	C	-310	-367	-199	-145
	D	-363	-263	-313	-199

表5.39 一层3号凉水塔2-3/D梁钢筋锈蚀电位测试结果

-列间距	20 cm	行间距	20 cm	单位	mV
构件编号	位置	列号			
		1	2	3	4
行号	A	-201	-135	-297	-161
	B	-131	-204	-288	-120
	C	-168	-353	-227	-151
	D	-272	-344	-306	-181

表5.40 二层1号凉水塔2/A-B梁钢筋锈蚀电位测试结果

列间距	20 cm	行间距	20 cm	单位	mV
构件编号	位置	列号			
		1	2	3	4
行号	A	-277	-272	-151	-125
	B	-104	-133	-344	-96
	C	-182	-105	-180	-324
	D	-211	-311	-227	-206

表5.41 二层2号凉水塔2/D-E梁钢筋锈蚀电位测试结果

列间距	20 cm	行间距	20 cm	单位	mV
构件编号	位置	列号			
		1	2	3	4
行号	A	-123	-143	-182	-265
	B	-310	-276	-114	-234
	C	-187	-303	-182	-98
	D	-365	-358	-114	-104

表 5.42 二层 3 号凉水塔 1-2/B 梁钢筋锈蚀电位测试结果

列间距	20 cm	行间距	20 cm	单位	mV
构件编号	位置	列号			
		1	2	3	4
行号	A	-174	-176	-185	-316
	B	-262	-216	-255	-352
	C	-161	-344	-200	-215
	D	-309	-337	-354	-297

《建筑结构检测技术标准》（GB 50344—2004）中关于钢筋电位与钢筋锈蚀状况的判别标准为：-200 mV 或高于-200 mV，无锈蚀活动性或锈蚀活动性不确定；-200～-350 mV，钢筋发生锈蚀的概率为 50%，可能存在坑蚀现象；-350～-500 mV，钢筋发生锈蚀的概率为 95%。

根据混凝土现状检查和电位梯度法钢筋锈蚀抽样无损检测，通过腐蚀图形可以判定本项目所检混凝土柱、梁存在轻微锈蚀。

5.2.3 凉水塔抗震构造措施鉴定

凉水塔设计于 1977 年，依据《建筑工程抗震设防分类标准》（GB 50223—2008）的规定，该建筑抗震设防分类为丙类；依据《建筑抗震设计规范》（GB 50011—2010）（2016 年版）的规定，该建筑抗震设防烈度为 8 度，设计基本地震加速度为 0.20*g*；依据《建筑抗震鉴定标准》（GB 50023—2009）的规定，该建筑按后续使用年限为 30 a 的 A 类建筑进行抗震性能鉴定。抗震构造措施具体情况见表 5.43。

表 5.43 抗震构造措施

一般规定		
总层数	10 层（结构类型：框架结构）	3 层，满足
外观和内在质量	一二层混凝土构件中钢筋存在轻微锈蚀，部分框架柱顶节点处混凝土剥落，钢筋锈蚀，三层部分梁与板底部钢筋锈蚀严重	不满足
	填充墙无明显开裂或与框架脱开	满足
	主体结构混凝土构件无明显变形、倾斜和歪扭	满足

续表 5.43

上部主体结构		
结构体系		
结构体系节点连接方式及跨数	框架结构宜为双向框架，装配式框架宜有现浇节点，不应为铰接节点。框架不宜为单跨框架	满足
结构布置的规则性	平面局部突出部分的长度不宜大于宽度，且不宜大于该方向总长度的30%；立面局部收进的尺寸不宜大于该方向水平总尺寸的25%；楼层刚度不宜小于其相邻上层刚度的70%，且连续三层总的刚度降低不宜大于50%；无砌体结构相连，且平面内的抗侧力构件及质量分布宜基本均匀对称	满足
	抗震墙之间无大洞口的楼盖，屋盖的长宽比不宜超过2.5，超过时应考虑楼盖平面内变形的影响	满足
	厚度不小于240 mm、砌筑砂浆强度等级不低于M2.5的抗侧力黏土砖填充墙，其平均间距应不大于17 m	满足
混凝土强度等级		
混凝土实际强度	梁、柱、墙不应低于C18	满足
框架梁柱的配筋与构造		
框架梁、柱	梁两端在梁高各1倍范围内的箍筋间距，8度时不应大于200 mm	满足
	在柱的上、下端，柱净高各1/6的范围内，丙类设防时，7度Ⅲ、Ⅳ类场地和8度时，箍筋直径不应小于ϕ6 mm，间距不应大于200 mm	满足
	净高与截面高度之比不大于4的柱，包括因嵌砌黏土砖填充墙形成的短柱，沿柱全高范围内的箍筋直径不应小于ϕ8 mm，箍筋间距，8度时不应大于150 mm	满足
	框架角柱纵向钢筋的总配筋率，8度时不宜小于0.8%，9度时不宜小于1.0%；其他各柱纵向钢筋的总配筋率，8度时不宜小于0.6%，9度时不宜小于0.8%	满足
	框架柱截面宽度不宜小于300 mm，8度Ⅲ、Ⅳ类场地和9度时不宜小于400 mm；9度时，柱的轴压比不应大于0.8	满足
框架-抗震墙的墙板配筋与构造		
框架-抗震墙	抗震墙的周边宜与框架梁柱形成整体或有加强的边框； 墙板的厚度不宜小于140 mm，且不宜小于墙板净高的1/30，墙板中竖向及横向钢筋的配筋率均不应小于0.15%； 墙板与楼板的连接，应能可靠地传递地震作用	不满足

续表 5.43

填充墙	
考虑填充墙抗侧力作用时，填充墙的厚度在 6~8 度时不应小于 180 mm，9 度时不应小于 240 mm；砂浆强度等级，6~8 度时不应低于 M2.5，9 度时不应低于 M5；填充墙应嵌砌于框架平面内； 填充墙沿柱高每隔 600 mm 左右应有 2б 拉筋伸入墙内，8、9 度时伸入墙内的长度不宜小于墙长的 1/5 且不小于 700 mm；当墙高大于 5 m 时，墙内宜有连系梁与柱连接；对于长度大于 6 m 的黏土砖墙或长度大于 5 m 的空心砖墙，8、9 度时墙顶与梁应有连接； 房屋的内隔墙应与两端的墙或柱有可靠连接；当隔墙长度大于 6 m，8、9 度时墙顶应与梁板连接	满足

抗震构造措施鉴定结果表明：一二层混凝土构件中钢筋存在轻微锈蚀，部分框架柱顶节点处混凝土剥落，钢筋锈蚀，三层部分梁与板底部钢筋锈蚀严重，不满足《建筑抗震鉴定标准》（GB 50023—2009）的规定。

5.2.4 凉水塔承载力计算说明

5.2.4.1 混凝土构件承载力验算（仅考虑竖向荷载）

经现场检测检查，大部分混凝土构件中钢筋存在轻微锈蚀，折减系数取 0.95，部分泛碱锈蚀构件折减系数取 0.90，部分混凝土脱落钢筋锈蚀构件折减系数取 0.85，经计算后可得：部分构件配筋不足，承载力不满足《混凝土结构设计规范》（GB 50010—2010）（2015 年版）要求，不满足构件详见表 5.44，验算结果如图 5.21~图 5.23 所示。

表 5.44 承载力不满足规范要求的构件列表

楼层	1 号凉水塔构件位置			
一层	2/A-B 梁	1/D-E 梁	4/D-E 梁	4/A-B 梁
二层	1-2/A 梁	2-3/A 梁	3-4/A 梁	4-5/A 梁
	5/A-B 梁	—	—	—
三层	1-2/B 梁	—	—	—
楼层	2 号凉水塔构件位置			
一层	2/A-B 梁	4/B-C 梁	2/C-D 梁	4/C-D 梁
二层	4-5/A 梁	—	—	—
三层	2/D-E 梁	—	—	—
楼层	3 号凉水塔构件位置			
一层	5/D-E 梁	1/D-E 梁	1-2/A 梁	5/A-B 梁
三层	3/D-E 梁	4/D-E 梁	2/A-B 梁	—

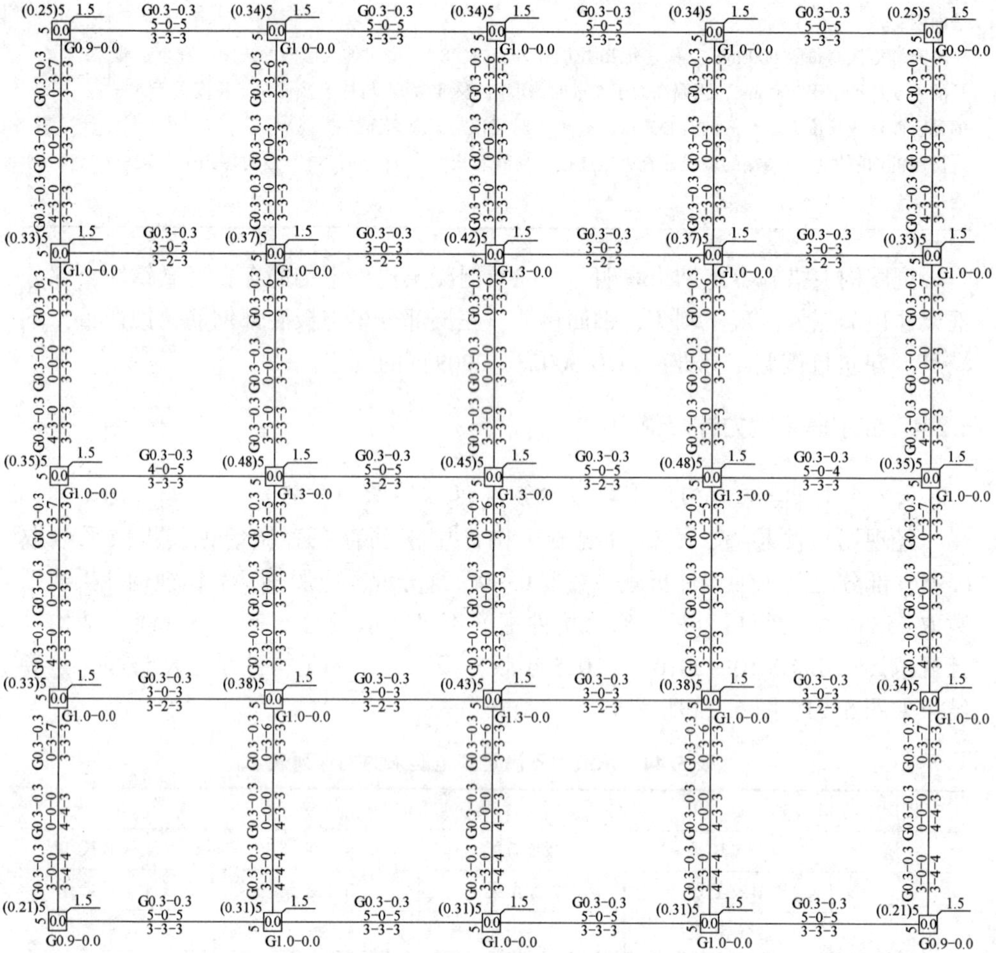

图 5.21　一层梁、柱配筋验算结果

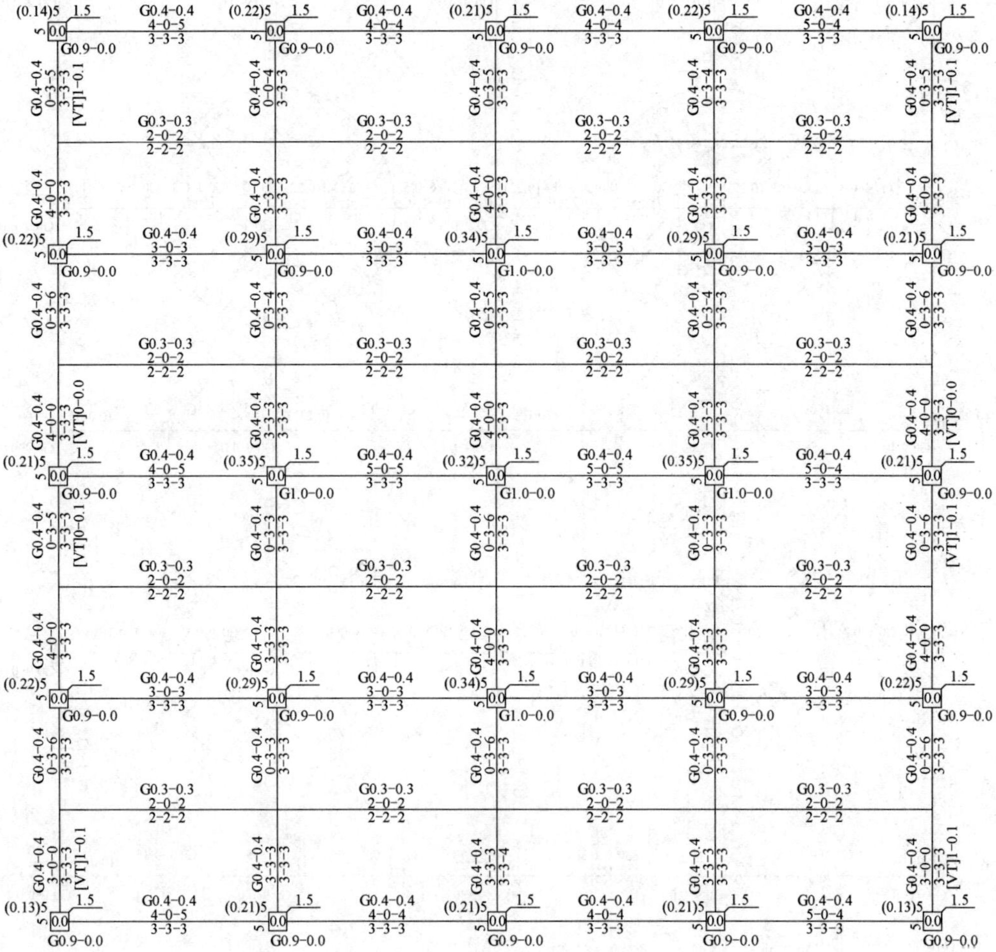

图 5.22 二层梁、柱配筋验算结果

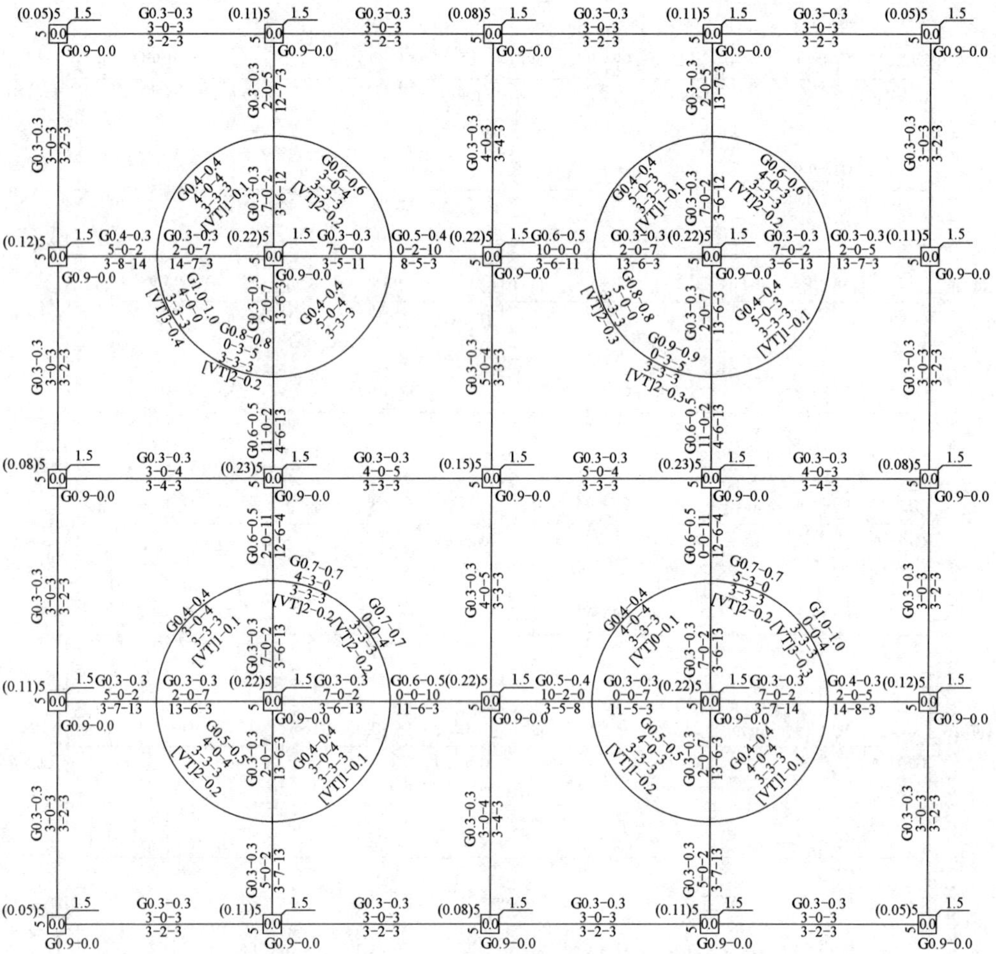

图 5. 23 三层梁、柱配筋验算结果

经现场检测检查，三层悬挑板底部钢筋锈蚀严重，考虑钢筋实际截面面积折减后（三层悬挑板折减系数取 0. 75，其余取 0. 85），三层悬挑板配筋不足，承载力均不满足《混凝土结构设计规范》（GB 50010—2010）（2015 年版）要求，验算结果如图 5. 24 所示。

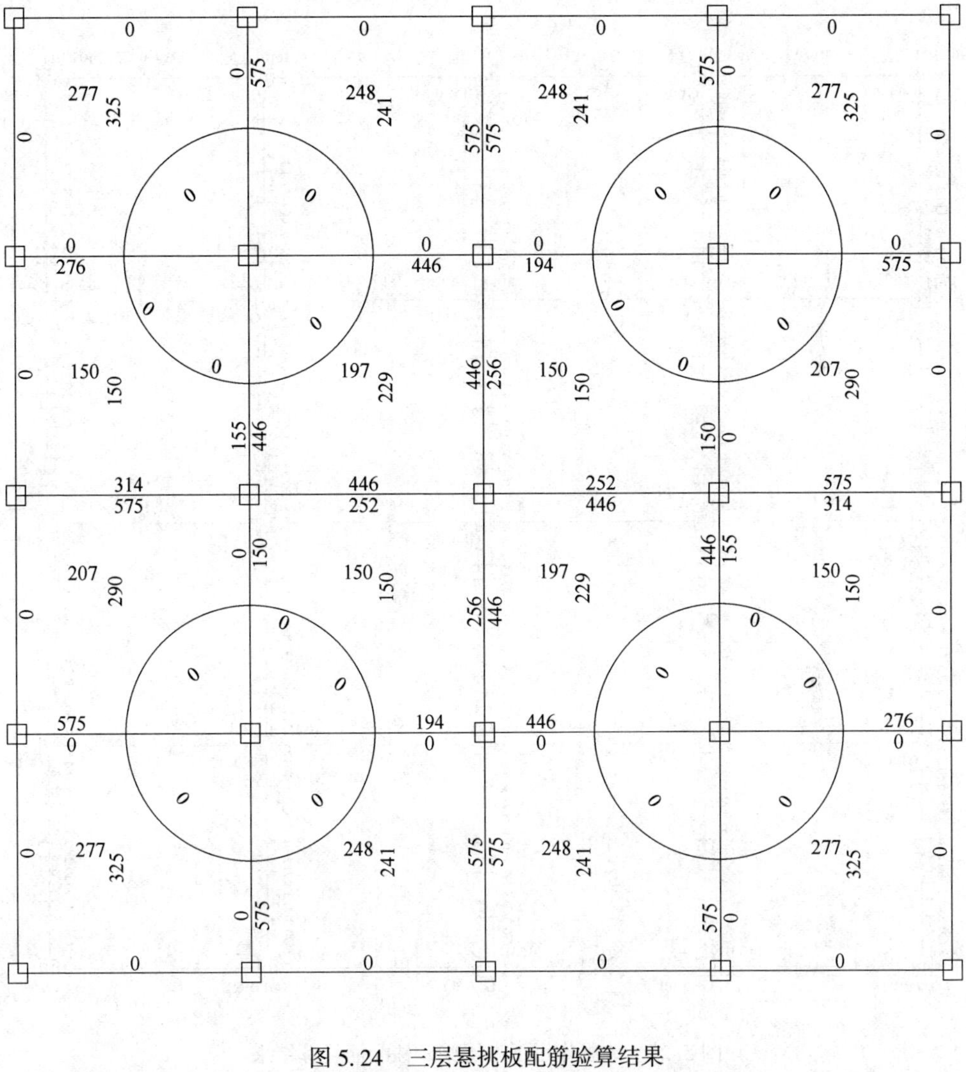

图 5.24 三层悬挑板配筋验算结果

5.2.4.2 混凝土构件承载力验算（考虑地震作用荷载）

考虑地震作用及结构损伤影响后，部分框架梁及一层框架柱承载力不满足要求，结构层间位移角超限，验算结果如图 5.25~图 5.27 所示。

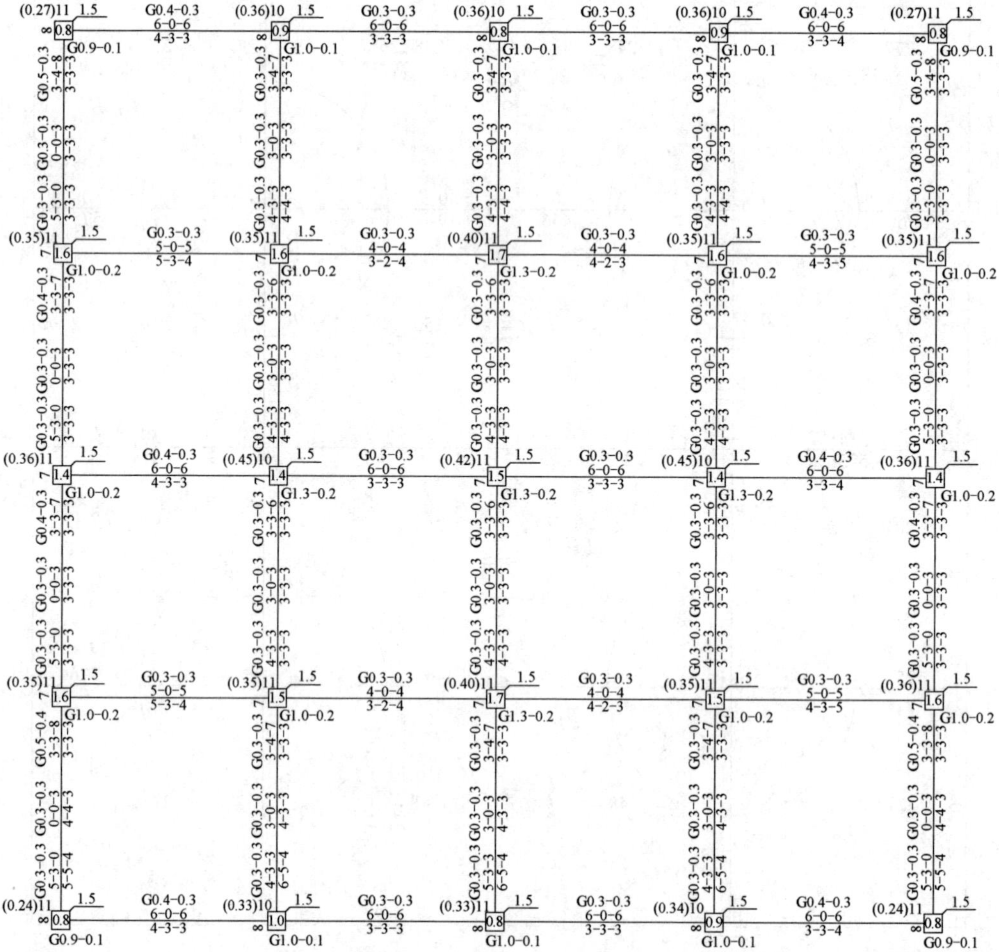

图 5.25　地震作用下一层梁、柱配筋验算结果

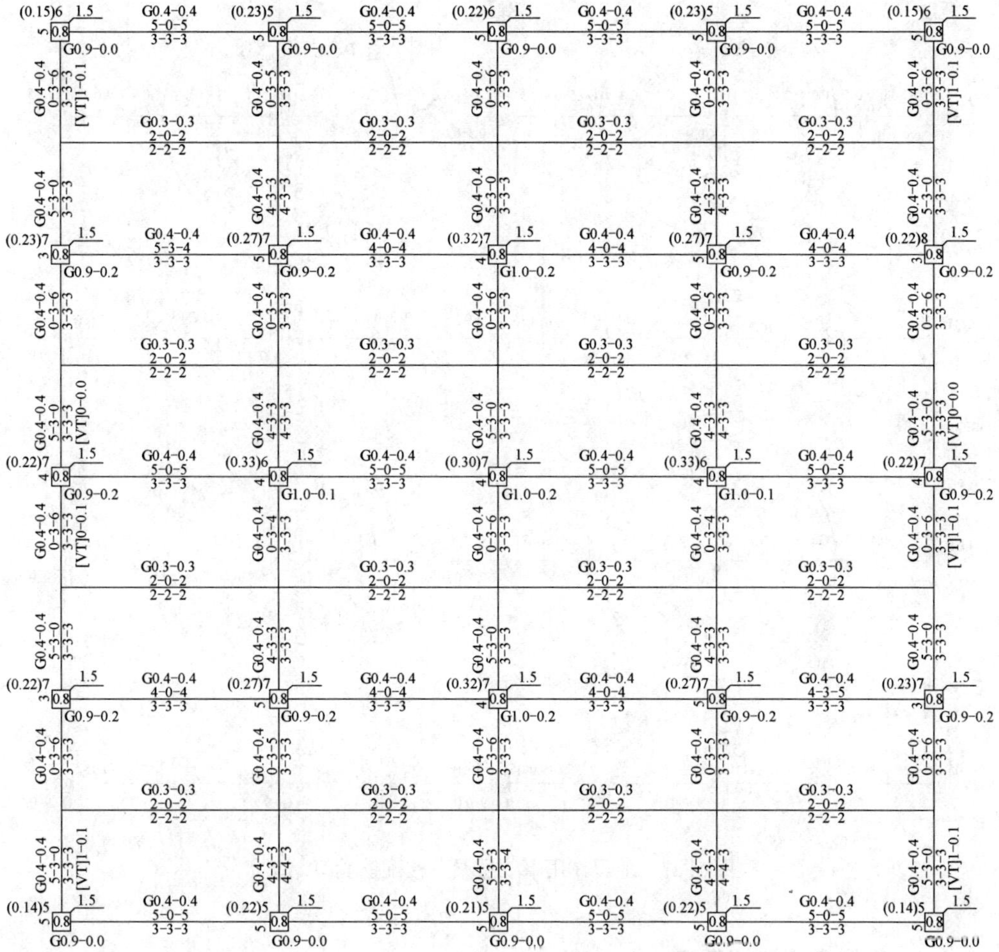

图 5.26 地震作用下二层梁、柱配筋验算结果

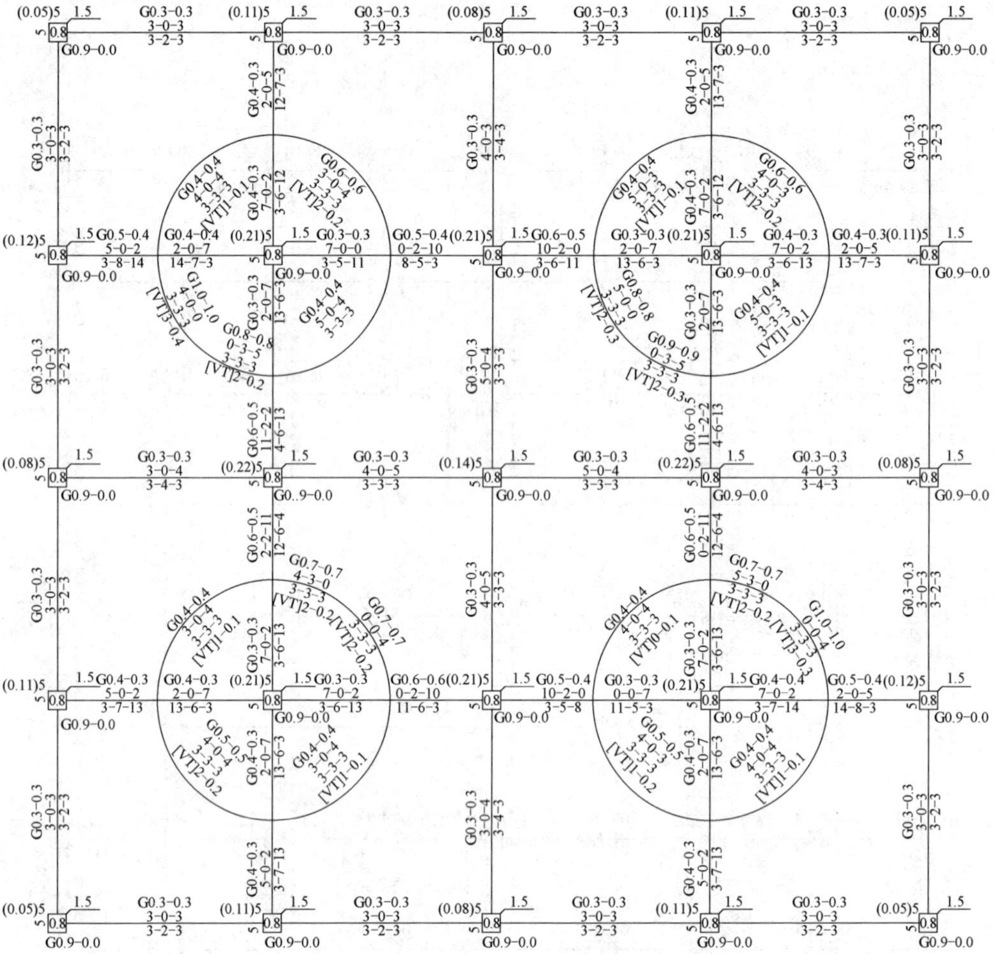

图 5.27 地震作用下三层梁、柱配筋验算结果

5.2.5 结构安全等级评定

5.2.5.1 构件评级

混凝土构件的安全性等级应按承载能力、构造和连接两个项目评定，并取其中最低等级作为构件的安全性等级。

(1) 混凝土柱构件。由现场检查及验算分析结果可知，1 号、2 号与 3 号凉水塔柱系统的承载能力能够满足现状要求，但 1 号、2 号凉水塔柱存在构件开裂缺陷，安全性评为 c 级，其余各层及 3 号凉水塔柱表面渗水腐蚀，局部破损，安全性均评为 b 级。

（2）混凝土梁构件。由现场检查及验算分析结果可知，1 号、2 号与 3 号凉水塔部分梁系统的承载能力不满足现状要求，安全性评为 d 级，其余梁表面渗水腐蚀，局部破损，安全性均评为 b 级。

（3）混凝土板构件。由现场检查及验算分析结果可知，1 号、2 号与 3 号凉水塔三层悬挑板底部混凝土普遍剥落，钢筋锈蚀严重，考虑钢筋截面面积折减后，三层悬挑板承载能力均不满足现状要求，安全性均评为 d 级。

5.2.5.2 结构系统评级

结构系统评级应按地基基础、上部承重结构和围护结构系统的承重部分划分为三个子单元进行评定。

（1）地基基础系统。1 号、2 号与 3 号凉水塔建筑物地基基础未出现变形和不均匀沉降。无静载缺陷，承载力满足使用要求。地基基础的安全性评定等级均为 A 级。

（2）上部承重结构系统。上部承重结构的安全性等级，应按结构整体性和承载功能两个项目评定，并取其中较低的评定等级作为上部承重结构的安全性等级，必要时应考虑过大水平位移或明显振动对该结构系统或其中部分结构安全性的影响。

1）结构整体性等级评定。1 号、2 号与 3 号凉水塔多处梁柱节点混凝土剥落钢筋锈蚀，因此，其整体性构造和连接不符合国家现行标准的规定，结构整体性等级评定为 C 级。

2）承载功能等级评定。根据现场检测、检查及验算分析结果，1 号、2 号与 3 号凉水塔上部结构承载功能等级均评定为 D 级，详见表 5.45~表 5.47。

表 5.45 1 号凉水塔上部结构承载功能等级评定 （%）

楼层	构件集	a 级构件占比	b 级构件占比	c 级构件占比	d 级构件占比	构件集评级	楼层评级	上部结构承载功能等级评定
一层	柱	0.0	100	0.0	0.0	B	D	D
	梁	0.0	90.0	0.0	10.0	D		
二层	柱	0.0	96.0	4.0	0.0	B	D	
	梁	0.0	87.5	0.0	12.5	D		
三层	柱	0.0	100	0.0	0.0	B	D	
	梁	0.0	98.2	0.0	1.8	C		
	板	0.0	0.0	0.0	100	D		

表 5.46　2号凉水塔上部结构承载功能等级评定　（%）

楼层	构件集	a级构件占比	b级构件占比	c级构件占比	d级构件占比	构件集评级	楼层评级	上部结构承载功能等级评定
一层	柱	0.0	100	0.0	0.0	B	D	D
	梁	0.0	90.0	0.0	10.0	D		
二层	柱	0.0	100	0.0	0.0	B	C	
	梁	0.0	97.5	0.0	2.5	C		
三层	柱	0.0	96.0	4.0	0.0	B	D	
	梁	0.0	98.2	0.0	1.8	C		
	板	0.0	0.0	0.0	100	D		

表 5.47　3号凉水塔上部结构承载功能等级评定

楼层	构件集	a级构件占比	b级构件占比	c级构件占比	d级构件占比	构件集评级	楼层评级	上部结构承载功能等级评定
一层	柱	0.0	100	0.0	0.0	B	D	D
	梁	0.0	90.0	0.0	10.0	D		
二层	柱	0.0	100	0.0	0.0	B	B	
	梁	0.0	100	0.0	0.0	B		
三层	柱	0.0	100	0.0	0.0	B	D	
	梁	0.0	94.6	0.0	5.4	C		
	板	0.0	0.0	0.0	100	D		

3）上部承重结构系统安全性评定。根据结构整体性和承载功能两个项目安全性评定结果，1号、2号与3号凉水塔上部承重结构系统安全性评定等级为D级，详见表5.48。

表 5.48　上部承重结构安全性等级评定

项目名称			项目评级结果	安全性评级结果
整体性	结构布置和构造	C	C	D
	支承系统	B		
承载功能			D	

（3）围护结构系统。围护结构系统的安全性等级，应按承重围护结构的承载功能和非承重围护结构的构造连接两个项目进行评定，并取两个项目中较低的评定等级作为该围护结构系统的安全性等级，详见表5.49。

表 5.49 围护结构系统安全性评级结果

<table>
<tr><th>项 目 名 称</th><th>项目评级结果</th><th>安全性评级结果</th></tr>
<tr><td>承重围护结构承载功能</td><td>D</td><td rowspan="2">D</td></tr>
<tr><td>非承重围护结构构造连接</td><td>C</td></tr>
</table>

5.2.5.3 鉴定单元安全性评级

应根据其地基基础、上部承重结构和围护结构系统的安全性等级进行评定，鉴定单位的安全性鉴定评级结果见表 5.50。

表 5.50 安全性评级结果

<table>
<tr><td colspan="2">层 次</td><td>二</td><td>三</td></tr>
<tr><td colspan="2">层 名</td><td>结构系统评定</td><td>鉴定单元评定</td></tr>
<tr><td rowspan="4">1号、2号与3号凉水塔安全性鉴定</td><td>等级</td><td>A、B、C、D</td><td>一、二、三、四</td></tr>
<tr><td>地基基础</td><td>A</td><td rowspan="3">四</td></tr>
<tr><td>上部承重结构</td><td>D</td></tr>
<tr><td>围护结构</td><td>D</td></tr>
</table>

根据《工业建筑可靠性鉴定标准》（GB 50144—2019）的评级要求，某供水厂凉水塔结构安全性等级评定为四级，即安全性极不符合国家现行标准的安全性要求，已严重影响整体安全。

5.2.6 鉴定结论及处理意见

5.2.6.1 鉴定结论

依据《工业建筑可靠性鉴定标准》（GB 50144—2019），经过对某供水厂凉水塔结构的现场检验、检测、计算及分析，得出检测鉴定结论如下：

（1）本项目建筑部分框架柱混凝土开裂，柱下部牛腿混凝土剥落，柱梁节点处混凝土破损、钢筋锈蚀。一层部分框架梁、次梁与地梁泛碱严重，存在混凝土脱落、钢筋外露锈蚀现象。三层部分梁板混凝土脱落、钢筋锈蚀，悬挑板混凝土普遍剥落，钢筋锈蚀严重。二层收水器预制构件剥落严重、钢筋锈蚀严重，检修钢梯与电缆棚存在构件锈蚀缺陷。

（2）所抽检混凝土柱、梁混凝土强度满足原设计强度 200 号强度等级的要求。抽检混凝土梁和柱的声速平均值在 3.3~4.0 km/s 之间，未出现异常值，可知本工程所检构件混凝土内部未造成损伤或可测量的强度下降。根据钢筋锈蚀抽样无损检测，可以判定本项目所抽检混凝土柱、梁存在轻微锈蚀现象。

（3）根据验算分析结果，不考虑地震作用时部分梁构件及三层板构件承载力不满足《混凝土结构设计规范》（GB 50010—2010）（2015年版）要求。考虑地震作用时，部分框架梁及一层框架柱承载力不满足要求，结构层间位移角超限。

综上，根据《工业建筑可靠性鉴定标准》（GB 50144—2019）及《建筑抗震鉴定标准》（GB 50023—2009）要求，某供水厂三座凉水塔结构安全性等级均评定为四级，即安全性极不符合国家现行标准的安全性要求，已严重影响整体安全。某供水厂凉水塔结构抗震性能不满足《建筑抗震鉴定标准》（GB 50023—2009）的要求。

5.2.6.2 处理意见

依据鉴定结论，结合现场的实际条件，建议对承载力不满足的构件采用粘贴钢板及外包型钢或增大截面等方式进行加固处理，并对结构整体进行抗震加固处理。加固处理由具备相应资质的加固设计单位对本工程进行加固设计，并对加固后的结构重新进行承载力验算；由具备相应资质的施工单位依据加固改造设计图进行加固施工。

5.3 某焦炉配套储煤仓工程17~24号段结构安全性检测

5.3.1 工程概况

某焦炉配套储煤仓工程17~24号储煤仓，共由8个钢筋混凝土圆形筒仓组成，其中单体筒仓4个，连体筒仓2处共4个。仓体采用钢筋混凝土结构，内径21 m，仓顶54.3 m，仓壁厚度为350 mm，混凝土设计强度等级C30；仓下支撑结构采用筒壁和内柱共同支撑，筒壁厚度为600 mm，内柱截面为1200 mm×1400 mm，混凝土设计强度等级C30，仓上建筑采用钢框架，主体高度为4 m，局部高15.7 m。

其功能为某焦化厂储存和输送原煤，是某焦化项目重要的组成部分。2015年某焦炉配套储煤仓工程19号储煤仓在生产过程中发生突然垮塌，垮塌部位为储煤仓标高8.30 m以上的仓壁部分。储煤仓垮塌堆积物呈扇形分布钢筋裸露，其中有断点钢筋发生缩颈延性断裂现象。为分析垮塌事故原因并查明其他储煤仓的状态，对17~24号储煤仓现有状态下的安全性、耐久性进行全面评价。

5.3.2 现场检查结果

5.3.2.1 作用调查

（1）恒荷载：包括构件自重，抹灰、装饰重量。

（2）活荷载：按照《建筑结构荷载规范》（GB 50009—2012）的要求进行取值。

（3）雪荷载：按照《建筑结构荷载规范》（GB 50009—2012）的要求进行取值。

（4）风荷载：按照《建筑结构荷载规范》（GB 50009—2012）的要求进行取值。

5.3.2.2 地基基础检查

对某焦炉配套储煤仓工程17~24号储煤仓地基基础为期3个月的沉降观测，未发现17~24号储煤仓的地基基础有明显沉降变化，四周地面均未发现明显开裂现象，未见因地基沉降等引起上部结构倾斜变形等缺陷。

储煤仓抢险检测报告分析：2015年2月17日至2015年4月23日，历时66天，沉降监测17次，倾斜监测16次。排除测量误差因素，变化值均在规范允许范围内。因此煤仓在监测期（2015年2月17日至2015年4月23日）内是稳定的。

5.3.3 现场检测结果

5.3.3.1 混凝土强度检测

依据《回弹法检测混凝土抗压强度技术规程》（JGJ/T 23—2011），采用混凝土回弹法对该17~24号储煤仓混凝土构件进行随机抽样检测，混凝土原设计强度等级均为C30，检测结果见表5.51。

表5.51 混凝土强度检测结果

位置	构件编号	混凝土抗压强度换算值/MPa			按批量推定强度值/MPa	原设计强度等级	是否符合设计
		平均值	标准差	最小值			
17号柱	20/K	34.9	2.10	31.7	$f_{cu,e}=30.12$ $m_{f_{cu}^{c}}=31.57$ $s_{f_{cu}^{c}}=0.88$	C30	符合
	21/H	33.8	1.42	32.9			
	21/J	34.8	2.00	33.1			
	22/L	33.9	2.08	32.8			
	22/H	34.1	2.11	31.4			
	23/J	35.1	2.25	31.9			
17号剪力墙	19/K-J	35.1	2.32	32.0			
	24/K-J	34.9	1.95	32.8			
17号梁	21-22/K	35.5	2.56	31.5			
	20/K-J	34.8	2.16	32.1			
	21-22/L	36.1	3.01	30.9			
	21-22/G	34.5	1.85	31.2			
17号漏斗	1号漏斗	36.4	1.92	34.2			
	4号漏斗	37.2	2.10	33.4			

续表 5.51

位置	构件编号	混凝土抗压强度换算值/MPa			按批量推定强度值/MPa	原设计强度等级	是否符合设计
		平均值	标准差	最小值			
18 号柱	14/J	35.7	2.79	33.1	$f_{cu,e}=30.03$ $m_{f_{cu}^c}=31.57$ $s_{f_{cu}^c}=0.93$	C30	符合
	17/J	35.8	2.67	32.8			
	15/K	36.8	1.75	33.7			
	16/L	35.9	3.10	32.5			
	14/H	34.6	2.16	30.5			
	15/L	34.7	2.26	31.4			
18 号剪力墙	15-16/M	35.6	2.13	33.6			
	15-16/G	35.4	2.68	32.3			
18 号梁	15-16/H	35.7	3.02	31.8			
	16/K-J	35.2	2.76	32.4			
	14/K-J	36.3	2.96	33.2			
	17/K-J	35.2	1.94	32.1			
18 号漏斗	2 号漏斗	36.0	1.84	34.1			
	3 号漏斗	35.3	2.12	33.2			
19 号柱	8/K	36.0	1.62	33.8	$f_{cu,e}=30.22$ $m_{f_{cu}^c}=31.61$ $s_{f_{cu}^c}=0.84$	C30	符合
	10/K	35.0	1.59	32.4			
	8/H	36.1	2.79	33.0			
	9/H	35.4	1.46	33.5			
	11/H	35.9	2.89	33.8			
	11/K	36.2	3.01	32.5			
19 号剪力墙	12/K-J	36.0	2.78	30.2			
	7/K-J	35.8	2.29	31.4			
19 号梁	9-10/K	35.4	2.65	31.3			
	10/K-J	36.5	3.12	33.3			
	9-10/M	34.8	2.51	33.1			
	9-10/G	35.2	3.01	32.3			
19 号漏斗	2 号漏斗	35.4	2.32	32.0			
	6 号漏斗	34.2	1.64	31.8			
20 号柱	2/K	34.6	2.12	31.3	$f_{cu,e}=30.49$ $m_{f_{cu}^c}=31.22$ $s_{f_{cu}^c}=0.44$	C30	符合
	3/L	35.1	2.88	30.2			
	3/J	35.9	3.02	31.5			
	4/J	36.7	3.15	32.3			
	4/H	34.6	2.17	32.5			
	5/J	34.9	2.49	32.8			

续表 5.51

位置	构件编号	混凝土抗压强度换算值/MPa			按批量推定强度值/MPa	原设计强度等级	是否符合设计
		平均值	标准差	最小值			
20号剪力墙	3-4/G	34.8	2.22	33.4	$f_{cu,e}=30.49$ $m_{f_{cu}^c}=31.22$ $s_{f_{cu}^c}=0.44$	C30	符合
	3-4/M	35.6	2.80	32.5			
20号梁	3-4/L	36.4	2.96	33.2			
	4-5/M-L	35.8	2.76	31.8			
	3-4/J	34.3	1.52	31.0			
	3/K-J	35.2	2.45	32.2			
20号漏斗	1号漏斗	36.0	2.32	32.3			
	5号漏斗	35.2	2.44	31.2			
21号柱	2/D	36.7	1.73	33.8	$f_{cu,e}=30.00$ $m_{f_{cu}^c}=31.59$ $s_{f_{cu}^c}=0.97$	C30	符合
	2/C	36.1	2.18	31.6			
	3/C	34.5	1.84	32.4			
	4/B	35.0	1.43	33.2			
	5/D	35.4	1.90	33.9			
	5/C	37.0	3.83	30.7			
21号剪力墙	3-4/F	37.1	3.36	32.7			
	3-4/A	34.9	2.59	31.0			
21号梁	3-4/C	35.2	2.55	32.4			
	3/B-C	34.9	2.33	31.5			
	2-3/B-C	36.0	3.12	32.8			
	4-5/B-C	35.8	3.21	33.2			
21号漏斗	3号漏斗	34.0	1.80	30.6			
	5号漏斗	35.4	2.00	32.3			
22号柱	8/B	35.2	3.00	31.4	$f_{cu,e}=30.32$ $m_{f_{cu}^c}=31.23$ $s_{f_{cu}^c}=0.55$	C30	符合
	9/C	36.7	3.45	32.2			
	9/D	34.9	2.30	33.3			
	10/D	37.4	4.00	32.1			
	10/C	36.6	2.89	33.7			
	11/B	35.1	2.09	32.0			
22号剪力墙	12/B-C	35.3	3.12	32.7			
	7/B-C	34.8	2.10	31.7			
22号梁	10/B-C	35.5	2.41	32.3			
	9-10/C	35.3	2.47	31.5			
	9-10/A	34.5	2.01	31.4			
	8-9/B-C	35.6	2.45	32.3			
22号漏斗	4号漏斗	34.4	1.90	30.6			
	6号漏斗	36.4	2.56	31.0			

续表 5.51

位置	构件编号	混凝土抗压强度换算值/MPa			按批量推定强度值/MPa	原设计强度等级	是否符合设计
		平均值	标准差	最小值			
23号柱	14/C	35.6	3.01	31.0	$f_{cu,e}=30.52$ $m_{f_{cu}^c}=31.73$ $s_{f_{cu}^c}=0.74$	C30	符合
	15/E	36.4	2.18	32.9			
	15/B	36.1	2.35	31.9			
	16/D	35.7	2.42	33.1			
	16/C	34.4	2.06	31.1			
	17/C	36.9	3.19	32.9			
23号剪力墙	15-16/A	35.4	2.73	32.4			
	15-16/F	36.9	2.25	33.1			
23号梁	15-16/C	35.7	2.62	33.4			
	16/B-C	34.9	1.77	31.0			
	14-15/B-C	35.3	1.98	32.2			
	16-17/B-C	36.2	3.21	32.8			
23号漏斗	2号漏斗	33.8	1.34	30.8			
	4号漏斗	35.4	2.00	31.4			
24号柱	20/D	36.1	2.13	31.9	$f_{cu,e}=30.32$ $m_{f_{cu}^c}=31.32$ $s_{f_{cu}^c}=0.67$	C30	符合
	21/E	34.9	2.17	30.8			
	21/B	36.1	3.08	33.3			
	22/B	35.9	3.07	32.6			
	22/D	34.1	1.47	32.7			
	23/C	34.6	2.10	31.9			
24号剪力墙	19/B-C	35.5	2.29	33.7			
	24/B-C	35.8	3.30	32.3			
24号梁	21-22/C	34.9	2.57	30.8			
	22/B-C	35.2	2.45	32.1			
	20-22/B-C	36.2	3.12	32.7			
	22-23/B-C	35.3	2.86	31.7			
24号漏斗	1号漏斗	37.3	2.88	33.2			
	3号漏斗	35.2	2.14	32.0			

检测批划分和抽样数量汇总：17~24号储煤仓每个筒仓内6根框架柱、2处剪力墙，环梁及井字梁共4处，2处漏斗等：$f_{cu,e}$为按批推定强度值；$m_{f_{cu}^c}$为按批推定平均值；$s_{f_{cu}^c}$为批标准差。从原设计图纸中可知，某配套储煤仓工程17~24号储煤仓工程框架柱、剪力墙、框架梁及环梁、漏斗等混凝土设计强度等级均为C30，依据17~24号储煤仓各筒仓混凝土随机抽样检测结果，按批量强度推定处理，均满足设计要求。

5.3.3.2　混凝土钻芯取样实验室检测

依据《钻芯法检测混凝土强度技术规程》（CECS 03：2007），对该仓体 17~24 号储煤仓混凝土主要承重构件进行随机钻芯抽样检测，检测芯样经标记后，检测结果见表 5.52，实验室检测混凝土芯样抗压强度试验如图 5.28~图 5.31 所示。

表 5.52　混凝土芯样抗压强度实验室检测结果

样品编号	芯样规格 直径×高度/mm×mm	截面面积 /mm²	破坏荷载 /kN	抗压强度 /MPa	原设计 强度等级	是否符合 原设计
17 号仓柱 Z7	75×75	4418	153.0	34.6	C30	符合
17 号仓墙 Q 内	98×102	—	—	38.1	C30	符合
18 号仓柱 Z7	75×75	4418	135.7	30.7	C30	符合
18 号仓墙 Q 内	75×75	4418	132.2	29.9	C30	符合
19 号仓柱 Z7	75×75	4418	131.2	29.7	C30	符合
19 号仓墙 Q 外	98×101	—	—	34.2	C30	符合
20 号仓柱 Z7	98×99.7	—	—	30.7	C30	符合
20 号仓墙 Q 内	75×75	4418	149.1	33.8	C30	符合
21 号仓柱 Z7	98×97.7	—	—	39.4	C30	符合
21 号仓墙 Q 外	98×99.6	—	—	37.6	C30	符合
22 号仓柱 Z3	98×99.2	—	—	38.3	C30	符合
22 号仓墙 Q 内	75×75	4418	162.6	36.8	C30	符合
23 号仓柱 Z6	75×75	4418	161.0	36.4	C30	符合
23 号仓墙 Q 内	98×100	—	—	38.7	C30	符合
24 号仓柱 Z10	98×100.8	—	—	32.5	C30	符合
24 号仓墙 Q 内	98×99.8	—	—	37.7	C30	符合

在实验室对随机抽样的混凝土进行抗压强度试验，结果表明：某焦炉配套储煤仓工程 17~24 号储煤仓主要承重构件混凝土强度满足原设计要求。

图 5.28　现场取样 1

图 5.29　现场取样 2

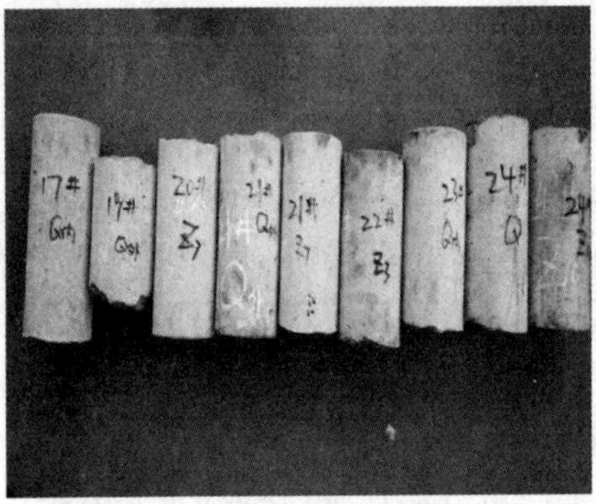

图 5.30　芯样

图 5.31　实验室芯样抗压现场

5.3.3.3　混凝土耐久性试验分析

17~24 号不同仓体，每一仓体选出 2 处主要承重构件做化学耐久性试验，主要测试混凝土中 Cl^- 与 SO_4^{2-} 的含量，具体检测结果见表 5.53。依据《混凝土结构设计规范》（GB 50010—2010）第 3.5.3 条设计使用年限为 50 a 的混凝土结构，结构耐久性材料应符合表 5.54 的规定。17~24 号储煤仓设计使用年限为 50 a，混凝土结构环境类别为二 a 类，经化学分析得到，该混凝土芯样耐久性化学成分 Cl^-、SO_4^{2-} 含量满足耐久性要求。

表 5.53　化学分析检验报告

样品编号	样品名称	原设计强度	检测项目	
			Cl^- 含量/%	SO_4^{2-} 含量/%
17 号仓柱 Z7	混凝土芯样	C30	0.042	0.78
17 号仓墙 Q 内	混凝土芯样	C30	0.040	0.88
18 号仓柱 Z7	混凝土芯样	C30	0.038	0.78
18 号仓墙 Q 内	混凝土芯样	C30	0.042	0.92
19 号仓柱 Z7	混凝土芯样	C30	0.032	0.77
19 号仓墙 Q 外	混凝土芯样	C30	0.034	0.96
20 号仓柱 Z7	混凝土芯样	C30	0.036	0.96
20 号仓墙 Q 内	混凝土芯样	C30	0.032	0.71
21 号仓柱 Z10	混凝土芯样	C30	0.038	0.84
21 号仓墙 Q 外	混凝土芯样	C30	0.030	0.68
22 号仓柱 Z3	混凝土芯样	C30	0.032	0.79

续表 5.53

样品编号	样品名称	原设计强度	检测项目	
			Cl^- 含量/%	SO_4^{2-} 含量/%
22 号仓墙 Q 内	混凝土芯样	C30	0.035	0.71
23 号仓柱 Z6	混凝土芯样	C30	0.034	0.77
23 号仓墙 Q 内	混凝土芯样	C30	0.028	0.66
24 号仓柱 Z10	混凝土芯样	C30	0.030	0.84
24 号仓墙 Q 内	混凝土芯样	C30	0.038	0.82

表 5.54 结构混凝土材料的耐久性基本要求

环境等级	最低强度等级	最大氯离子含量/%	最大碱含量/kg·m^{-3}
一	C20	0.30	不限制
二 a	C25	0.20	3.0
二 b	C30（C25）	0.15	
三 a	C35（C30）	0.15	
三 b	C40	0.10	

5.3.3.4 筒仓倾斜/变形（垂直度）检测

对建筑物的顶点侧向水平位移进行观测，具体的测点布置根据现场实际情况选择。因为该 8 个储煤仓为圆形构建筑，仪器的架设尽可能选择方便操作，易观察的位置，记录下 17~24 号储煤仓仓体的顶点侧向垂偏数据，具体的侧向水平位移值如图 5.32 所示。

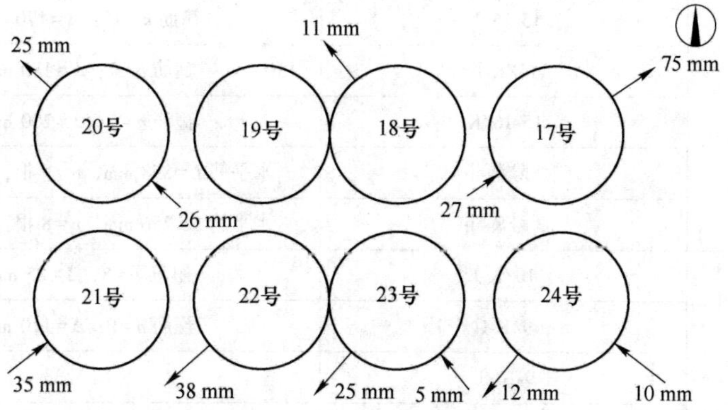

图 5.32 4F 顶点侧向水平位移

根据检测结果可知，该建筑物的水平侧向位移的最大值为 75 mm，本次检测的储煤仓仓体建筑混凝土结构顶点位移 $h/H=75\ mm/54300=0.00138$，倾斜小于0.002，应评定为a类。

5.3.3.5 筒仓内部（8.300 m以下）框架柱及环向剪力墙配筋情况检测

对17~24号筒仓（8.300 m以下）混凝土主要构件框架柱及环向剪力墙主筋、箍筋间距及保护层厚度进行随机抽样检测，检测结果表明：所检受力钢筋保护层厚度部分数值不满足《混凝土结构设计规范》（GB 50010—2010）及《混凝土结构工程施工质量验收规范》（GB 50204—2015）要求，但钢筋保护层厚度检验的合格点率在90%以上，应判为合格。

5.3.3.6 筒仓内部（8.300 m以下）环梁、井字梁及漏斗配筋情况检测

对17~24号筒仓（8.300 m以下）混凝土主要构件环梁、井字梁及漏斗主筋、箍筋间距及保护层厚度进行随机抽样检测，检测结果见表5.55和图5.33~图5.35。

表5.55 17~24号储煤仓仓体主要构件环梁、井字梁及漏斗主筋、箍筋间距

位置	构件编号	构件钢筋配置情况
17号仓	21-22/L	箍筋 $n=9$；$\Delta=160$ mm
	21-22/K	箍筋 $n=8$；$\Delta=130$ mm
	21/K-L	箍筋 $n=8$；$\Delta=140$ mm
	21-22/J	箍筋 $n=10$；$\Delta=120$ mm
	21/K-J	箍筋 $n=9$；$\Delta=110$ mm
	1号漏斗	水平筋 $L=760$ mm，$n=8$ 根，纵筋8根
	4号漏斗	水平筋 $L=852$ mm，$n=9$ 根，纵筋8根
18号仓	15-16/L	箍筋 $n=10$；$\Delta=170$ mm
	15/K-L	箍筋 $n=7$；$\Delta=180$ mm
	15-16/K	箍筋 $n=7$；$\Delta=200$ mm
	2号漏斗	水平筋 $L=858$ mm，$n=9$ 根，纵筋8根
	3号漏斗	水平筋 $L=756$ mm，$n=8$ 根，纵筋8根
19号仓	10/K-J	箍筋 $n=8$；$\Delta=85$ mm
	9/K-L	箍筋 $n=9$；$\Delta=110$ mm
	9-10/L	见图5.33
	9-10/J	见图5.34
	9-10/K	见图5.35

续表 5.55

位 置	构件编号	构件钢筋配置情况
19 号仓	2 号漏斗	水平筋 L=860mm，n=9 根，纵筋 8 根
	6 号漏斗	水平筋 L=851mm，n=9 根，纵筋 8 根
20 号仓	3-4/K	箍筋 n=7；Δ=220 mm
	4/K-L	箍筋 n=6；Δ=240 mm
	1 号漏斗	水平筋 L=871mm，n=9 根，纵筋 8 根
	5 号漏斗	水平筋 L=850mm，n=9 根，纵筋 8 根
21 号仓	3-4/C	箍筋 n=7；Δ=150 mm
	4/B-C	箍筋 n=8；Δ=160 mm
	3-4/B	箍筋 n=8；Δ=170 mm
	3 号漏斗	水平筋 L=870mm，n=9 根，纵筋 8 根
	5 号漏斗	水平筋 L=862mm，n=9 根，纵筋 8 根
22 号仓	9-10/C	箍筋 n=7；Δ=150 mm
	10/B-C	箍筋 n=6；Δ=160 mm
	9-10/B	箍筋 n=8；Δ=170 mm
	4 号漏斗	水平筋 L=762mm，n=8 根，纵筋 8 根
	6 号漏斗	水平筋 L=864mm，n=9 根，纵筋 8 根
23 号仓	15-16/C	箍筋 n=7；Δ=150 mm；梁底主筋 7 根
	16/B-C	箍筋 n=8；Δ=160 mm；梁底主筋 7 根
	15-16/B	箍筋 n=8；Δ=160 mm；梁底主筋 6 根
	2 号漏斗	水平筋 L=652mm，n=7 根，纵筋 8 根
	4 号漏斗	水平筋 L=858mm，n=9 根，纵筋 8 根
24 号仓	22/B-C	箍筋 n=9；Δ=160 mm；梁底主筋 6 根
	21/C-D	箍筋 n=8；Δ=120 mm；梁底主筋 6 根
	21-22/B	箍筋 n=8；Δ=140 mm；梁底主筋 6 根
	1 号漏斗	水平筋 L=762mm，n=8 根，纵筋 8 根
	3 号漏斗	水平筋 L=852mm，n=9 根，纵筋 8 根

5.3.3.7 筒壁、仓壁外侧箍筋配置情况检测及外观缺陷

对 17 号、18 号、20 号、21 号、22 号、23 号、24 号筒仓外侧筒壁、仓壁方

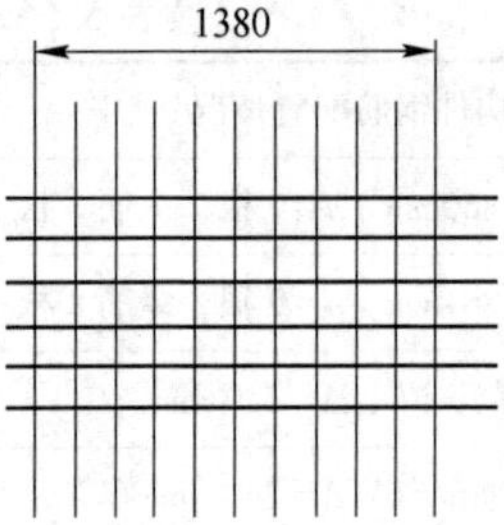

图 5.33 19 号仓 圈梁 9-10/L，箍筋 11 根，间距 138 mm

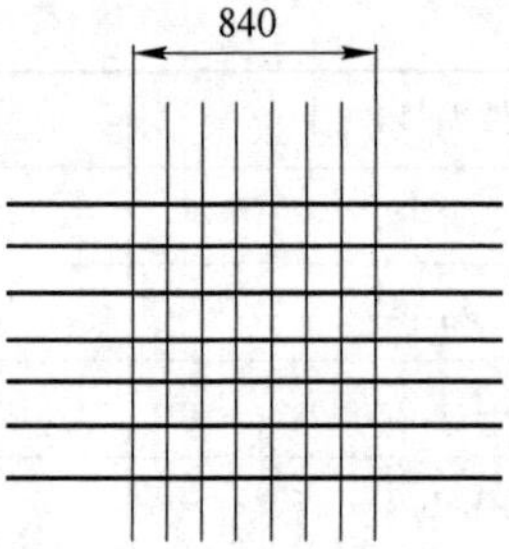

图 5.34 19 号仓 梁 9-10/J，箍筋 8 根，间距 120 mm

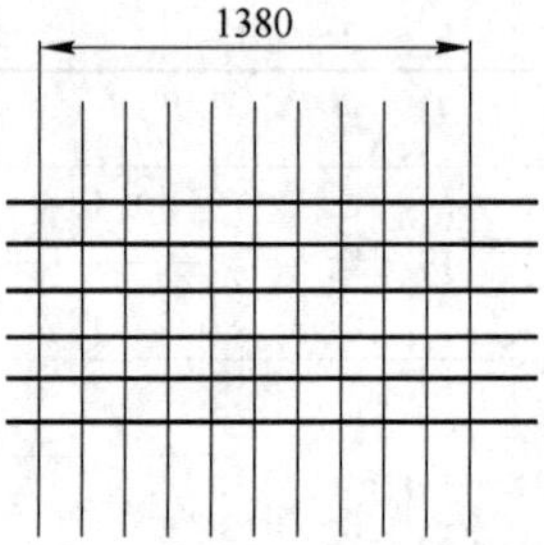

图 5.35 19 号仓 梁 9-10/K，箍筋 11 根，间距 138 mm

便检测的部位进行主要箍筋配筋间距随机抽样检测，同时在检测过程中，用粉笔及时记录下仓壁、筒壁外侧环向钢筋的分布情况，做上标记，17~24 号储煤仓外观缺陷（主要体现为纵向混凝土裂缝）具体检测结果见表 5.56 和表 5.57。

表 5.56 17 号、18 号、20 号储煤仓仓壁箍筋间距配筋情况

位置	高度/m	箍筋平均间距/mm	外观缺陷
17 号仓（西面）19/J-K	0.00~3.20	—	—
	3.20~7.10	205	
	7.10~9.38	228	
	9.38~11.56	218	
	11.56~14.02	246	
	14.02~16.14	212	
	16.14~18.54	240	
	18.54~20.51	203	
	20.51~22.91	234	
	22.91~25.37	246	
	25.37~27.87	250	
	27.87~30.45	258	
	30.45~33.02	257	
	33.02~35.44	242	
	35.44~37.90	246	
	37.90~40.34	244	
	40.34~42.38	204	
	42.38~44.48	210	
	44.48~47.07	259	
	47.07~48.99	192	
	48.99~51.44	245	
	51.44~52.24	200	
	52.24 至仓顶	—	

续表 5.56

位　置	高度/m	箍筋平均间距/mm	外观缺陷
18 号仓（东面）18/J-K	0.00~3.34	—	—
	3.34~5.99	265	
	5.99~7.87	268	
	7.87~10.01	238	
	10.01~12.41	267	
	12.41~14.58	310	
	14.58~16.46	313	
	16.46~18.60	267	
	18.60~20.74	214	
	20.74~22.83	261	
	22.83~24.87	291	
	24.87~26.88	223	
	26.88~29.08	314	
	29.08~31.32	280	
	31.32~33.55	318	
	33.55~35.75	367	
	35.75~37.90	307	
	37.90~40.04	267	
	40.04~41.94	271	
	41.94~44.05	263	
	44.05~46.07	288	
	46.07~47.72	206	
	47.72~49.47	250	
	49.47~52.11	264	
	52.21 至仓顶	—	
20 号仓（东面）6/J-K	0.00~4.58	—	—
	4.58~5.86	183	
	5.86~7.78	213	
	7.78~9.50	115	
	9.50~12.92	214	
	12.92~15.32	240	
	15.32~18.72	243	18.72~35.87 m 有 3 条竖向裂缝，多处混凝土脱落，蜂窝麻面较多，最大裂缝宽度 w = 1.0~3.0 mm，裂缝长度 L=5~8 m
	18.72~21.22	250	
	21.22~23.76	254	
	23.76~26.18	242	
	26.18~28.67	249	

续表 5.56

位 置	高度/m	箍筋平均间距/mm	外观缺陷
20号仓（东面）6/J-K	28.67~30.99	232	18.72~35.87 m 有3条竖向裂缝，多处混凝土脱落，蜂窝麻面较多，最大裂缝宽度 $w=1.0\sim3.0$ mm，裂缝长度 $L=5\sim8$ m
	30.99~33.71	272	
	33.71~35.87	216	
	35.87~38.44	257	
	38.44~40.64	220	
	40.64~43.38	274	
	43.38~47.03	260	
	47.03~49.61	287	
	49.61~53.01	200	
	53.01至顶	—	

表 5.57 21号、22号、23号、24号储煤仓仓壁箍筋间距配筋情况

位 置	高度/m	箍筋平均间距/mm	备 注
21号仓（东面）6/C-D	3.0~7.0	210	从窗台上檐开始 $h=3.0$ m， 28.9~31.6 箍筋间距 $\Delta=300$ mm 40.6~43.6 箍筋间距 $\Delta=330$ mm 43.6~46.65 箍筋间距 $\Delta=330$ mm 46.65~49.6 箍筋间距 $\Delta=330$ mm 49.6~52.3 箍筋间距 $\Delta=300$ mm 箍筋总数为209根
	7.0~9.5	270	
	9.5~11.5	220	
	11.5~13.5	220	
	13.5~15.9	210	
	15.9~18.0	270	
	18.0~20.1	210	
	20.1~22.2	230	
	22.2~24.0	200	
	24.0~26.5	280	
	26.5~28.9	270	
	28.9~31.6	300	
	31.6~33.7	230	
	33.7~35.9	240	
	35.9~38.5	290	
	38.5~40.6	230	
	40.6~43.6	330	
	43.6~46.65	330	
	46.65~49.6	330	
	49.6~52.3	300	

续表 5.57

位 置	高度/m	箍筋平均间距/mm	备 注
22 号仓（西面）7/C-D	3.0~5.1	260	从窗台上檐开始 $h=3.0$ m， 22.7~25.8 箍筋间距 $\Delta=340$ mm 41.3~44.0 箍筋间距 $\Delta=300$ mm 44.0~46.9 箍筋间距 $\Delta=320$ mm 46.9~49.9 箍筋间距 $\Delta=330$ mm 箍筋总数为 219 根
	5.1~7.2	230	
	7.2~9.3	230	
	9.3~11.2	210	
	11.2~13.4	240	
	13.4~15.0	180	
	15.0~17.3	260	
	17.3~19.2	210	
	19.2~20.8	180	
	20.8~22.7	210	
	22.7~25.8	340	
	25.8~28.2	270	
	28.2~29.8	180	
	29.8~32.2	270	
	32.2~34.5	260	
	34.5~36.7	240	
	36.7~38.8	230	
	38.8~41.3	280	
	41.3~44.0	300	
	44.0~46.9	320	
	46.9~49.9	330	
	49.9~52.3	270	
23 号仓（东面）18/C-D	2.8~6.8	210	从窗台上檐开始 $h=2.8$ m， 10.08~15.8 箍筋间距 $\Delta=300$ mm 25.0~30.5 箍筋间距 $\Delta=290$ mm 30.5~36.0 箍筋间距 $\Delta=290$ mm 36.0~42.0 箍筋间距 $\Delta=320$ mm 42.0~47.6 箍筋间距 $\Delta=300$ mm 47.6~50.5 箍筋间距 $\Delta=320$ mm 箍筋总数为 204 根
	6.8~10.08	170	
	10.08~15.8	300	
	15.8~20.4	240	
	20.4~25.0	240	
	25.0~30.5	290	
	30.5~36.0	290	
	36.0~42.0	320	
	42.0~47.6	300	
	47.6~50.5	320	
	50.5~52.5	150	

续表 5. 57

位 置	高度/m	箍筋平均间距/mm	备 注
24 号仓（西面）19/C-D	2. 8~6. 7	350	从窗台上檐开始 $h=2.8$ m，除 6. 7~10. 7 箍筋间距 $\Delta=210$ mm，其他箍筋间距均超 $\Delta=300$ mm 2. 8~6. 7 其中有的箍筋间距为 550 mm 34. 3~40. 4 其中有的箍筋间距为 600 mm 27. 8~34. 3 其中有的箍筋间距为 500 mm 箍筋总数为 172 根
	6. 7~10. 7	210	
	10. 7~16. 5	310	
	16. 5~22. 1	300	
	22. 1~27. 8	300	
	27. 8~34. 3	340	
	34. 3~40. 4	320	
	40. 4~46. 6	330	
	46. 6~49. 7	310	
	49. 7~52. 5	310	

5. 3. 3. 8 构件截面尺寸检测

对 17~24 号储煤仓混凝土构件截面尺寸进行抽样检测。根据现场具体检测结果，对比设计图纸，所检框架梁、柱、漏斗等截面尺寸存在三项不符合设计及《混凝土结构工程施工质量验收规范》（GB 50204—2015）的要求，详见表 5. 58。其他所检截面尺寸均满足设计要求。

表 5. 58 所测构件截面尺寸结果

轴线及位置		实测截面尺寸/mm	设计截面尺寸/mm	是否符合设计
17 号仓	K/21 柱	1202×1402	1200×1400	符合
	J/21 柱	1203×1401	1200×1400	符合
	L/21 柱	1200×1198×1201×1464	1200×1200×1200×1460	符合
	H/21 柱	1202×1201×1203×1462	1200×1200×1200×1460	符合
	K/20 柱	1600×1301×1600×799	1600×1301×1600×800	符合
	J/20 柱	1601×1301×1600×800	1600×1301×1600×800	符合
	L/21-22 环形梁	602×3605	600×3600	符合
	H/21-22 环形梁	600×3603	600×3600	符合
	21/K-J 井字梁	600×4205	600×4200	符合
	22/J-H 井字梁	604×4204	600×4200	符合
	K/20-21 井字梁	601×4200	600×4200	符合
	J/22-23 井字梁	600×4202	600×4200	符合
	20-21/K-J 漏斗	1802×1804	1800×1800	符合

续表 5.58

轴线及位置		实测截面尺寸/mm	设计截面尺寸/mm	是否符合设计
18 号仓	K/15 柱	1198×1401	1200×1400	符合
	J/16 柱	1200×1402	1200×1400	符合
	L/15 柱	1201×1200×1202×1463	1200×1200×1200×1460	符合
	H/15 柱	1200×1198×1202×1463	1200×1200×1200×1460	符合
	K/14 柱	1604×1300×1603×798	1600×1301×1600×800	符合
	J/17 柱	1600×1301×1600×804	1600×1301×1600×800	符合
	L/15-16 环形梁	600×3604	600×3600	符合
	H/15-16 环形梁	604×3600	600×3600	符合
	15/K-J 井字梁	600×4200	600×4200	符合
	16/J-H 井字梁	604×4202	600×4200	符合
	K/15-16 井字梁	604×4204	600×4200	符合
	J/15-16 井字梁	600×4200	600×4200	符合
	16-17/K-J 漏斗	1802×1802	1800×1800	符合
19 号仓	K/9 柱	1199×1400	1200×1400	符合
	J/9 柱	1200×1401	1200×1400	符合
	L/10 柱	1200×1200×1200×1462	1200×1200×1200×1460	符合
	H/9 柱	1204×1197×1202×1462	1200×1200×1200×1460	符合
	K/8 柱	1602×1301×1600×805	1600×1301×1600×800	符合
	J/11 柱	1600×1303×1600×799	1600×1301×1600×800	符合
	L/9-10 环形梁	597×3600	600×3600	符合
	H/9-10 环形梁	599×3604	600×3600	符合
	9/K-J 井字梁	600×4202	600×4200	符合
	10/J-H 井字梁	598×4200	600×4200	符合
	K/8-9 井字梁	600×4203	600×4200	符合
	J/9-11 井字梁	603×4200	600×4200	符合
	10-11/K-J 漏斗	1798×1804	1800×1800	符合
20 号仓	K/3 柱	1203×1400	1200×1400	符合
	H/4 柱	1200×1404	1200×1400	符合

续表 5.58

轴线及位置		实测截面尺寸/mm	设计截面尺寸/mm	是否符合设计
20号仓	L/3柱	1202×1199×1202×1460	1200×1200×1200×1460	符合
	H/4柱	1198×1203×1203×1463	1200×1200×1200×1460	符合
	J/2柱	1603×1304×1601×799	1600×1301×1600×800	符合
	J/5柱	1602×1301×1603×803	1600×1301×1600×800	符合
	L/3-4环形梁	600×3602	600×3600	符合
	H/3-4环形梁	596×3605	600×3600	符合
	4/K-J井字梁	600×4200	600×4200	符合
	3/J-H井字梁	597×4203	600×4200	符合
	K/2-3井字梁	600×4200	600×4200	符合
	J/2-3井字梁	602×4198	600×4200	符合
	2-3/K-J漏斗	1802×1800	1800×1800	符合
21号仓	D/3柱	1199×1400	1200×1400	符合
	B/4柱	1198×1400	1200×1400	符合
	E/3柱	1201×1200×1202×1460	1200×1200×1200×1460	符合
	B/4柱	1200×1195×1200×1462	1200×1200×1200×1460	符合
	C/2柱	1600×1301×1601×799	1600×1301×1600×800	符合
	D/5柱	1601×1197×1600×802	1600×1301×1600×800	符合
	E/3-4环形梁	602×3600	600×3600	符合
	B/3-4环形梁	598×3602	600×3600	符合
	4/D-C井字梁	604×4198	600×4200	符合
	3/C-B井字梁	600×4203	600×4200	符合
	D/2-3井字梁	602×4198	600×4200	符合
	C/2-3井字梁	600×4202	600×4200	符合
	D-C/2-3漏斗	1802×1806	1800×1800	符合
22号仓	D/9柱	1197×1400	1200×1400	符合
	C/9柱	1202×1400	1200×1400	符合
	E/10柱	1201×1203×1200×1462	1200×1200×1200×1460	符合
	B/9柱	1202×1196×1202×1462	1200×1200×1200×1460	符合

续表 5.58

轴线及位置		实测截面尺寸/mm	设计截面尺寸/mm	是否符合设计
22 号仓	D/8 柱	1600×1302×1602×800	1600×1301×1600×800	符合
	C/11 柱	1602×1301×1601×801	1600×1301×1600×800	符合
	E/9-10 环形梁	603×3602	600×3600	符合
	B/9-10 环形梁	600×3602	600×3600	符合
	9/E-D 井字梁	599×4202	600×4200	符合
	10/E-D 井字梁	599×4203	600×4200	符合
	D/8-9 井字梁	602×4198	600×4200	符合
	C/9-10 井字梁	600×4201	600×4200	符合
	D-C/8-9 漏斗	1803×1802	1800×1800	符合
23 号仓	C/15 柱	1197×1401	1200×1400	符合
	D/16 柱	1201×1400	1200×1400	符合
	B/15 柱	1198×1201×1201×1460	1200×1200×1200×1460	符合
	E/15 柱	1200×1197×1202×1461	1200×1200×1200×1460	符合
	D/14 柱	1602×1301×1602×799	1600×1301×1600×800	符合
	C/17 柱	1603×1304×1600×800	1600×1301×1600×800	符合
	E/15-16 环形梁	598×3600	600×3600	符合
	B/15-16 环形梁	602×3603	600×3600	符合
	15/D-C 井字梁	602×4201	600×4200	符合
	16/C-B 井字梁	599×4198	600×4200	符合
	C/15-16 井字梁	602×4202	600×4200	符合
	B/15-16 井字梁	600×4202	600×4200	符合
	D-C/16-17 漏斗	1802×1803	1800×1800	符合
24 号仓	C/21 柱	1195×1402	1200×1400	符合
	D/21 柱	1203×1402	1200×1400	符合
	E/21 柱	1202×1228×1228×1463	1200×1200×1200×1460	不符合
	B/21 柱	1200×1192×1200×1462	1200×1200×1200×1460	符合
	C/19 柱	1625×1293×1624×802	1600×1301×1600×800	不符合
	D/19 柱	1671×1293×1654×800	1600×1301×1600×800	不符合

续表 5.58

轴线及位置		实测截面尺寸/mm	设计截面尺寸/mm	是否符合设计
24号仓	E/21-22 环形梁	598×3601	600×3600	符合
	B/21-22 环形梁	601×3602	600×3600	符合
	21/D-C 井字梁	602×4203	600×4200	符合
	22/C-B 井字梁	604×4199	600×4200	符合
	C/20-21 井字梁	602×4202	600×4200	符合
	B/22-23 井字梁	601×4201	600×4200	符合
	漏斗 D-C/22-23	1798×1796	1800×1800	符合

注：梁、柱截面尺寸允许偏差为设计计算值的+8 mm，-5 mm。

5.3.3.9 主要承重构件钢筋直径检测及钢筋锈蚀检测

采用游标卡尺对本工程17～24号储煤仓混凝土框架柱及剪力墙钢筋配筋直径进行抽样检测。根据现场条件选择合适位置进行剔凿，所测框架柱、剪力墙主筋及箍筋直径检测结果见表5.59。

表5.59 17～24号储煤仓混凝土框架柱及剪力墙钢筋配筋直径检测

位 置	构件编号	主筋、箍筋直径
17号仓	21/L	主筋：26.20（27.1/25.1）mm，箍筋：8.10（8.1/8.1）mm
	21/K	主筋：27.00（27.1/26.9）mm，箍筋：8.20（8.2/8.2）mm
	20/K	主筋：27.15（27.1/27.2）mm，箍筋：8.10（8.1/8.1）mm
	21/M	主筋：22.65（23.2/22.1）mm，箍筋：8.20（8.3/8.1）mm
	剪力墙	主筋：20.65（19.2/22.1）mm，箍筋：18.55（18.2/18.9）mm
18号仓	15/K	主筋：26.00（26.5/25.5）mm，箍筋：8.15（8.1/8.2）mm
	16/H	主筋：26.65（25.1/28.2）mm，箍筋：8.15（8.2/8.1）mm
	14/K	主筋：26.75（28.1/25.4）mm，箍筋：8.10（8.1/8.1）mm
	15/M	主筋：27.10（27.9/26.3）mm，箍筋：8.15（8.1/8.2）mm
	剪力墙	主筋：15.15（15.1/15.2）mm，箍筋：14.15（14.2/14.1）mm
19号仓	11/K	主筋：27.00（27.2/26.8）mm，箍筋：8.15（8.2/8.1）mm
	10/J	主筋：27.60（27.4/27.8）mm，箍筋：8.10（8.2/8.0）mm
	7/H	主筋：27.30（27.4/27.2）mm，箍筋：8.20（8.3/8.1）mm
	剪力墙	主筋：20.10（20.4/19.8）mm，箍筋：15.25（15.1/15.4）mm

续表 5.59

位　置	构件编号	主筋、箍筋直径
20 号仓	3/K	主筋：26.80 mm，箍筋：8.50 mm
	4/H	主筋：25.50 mm，箍筋：9.00 mm
	5/K	主筋：25.90 mm，箍筋：8.40 mm
	1/H	主筋：23.80 mm，箍筋：8.20 mm
	剪力墙	主筋：20.30 mm，箍筋：19.70 mm
21 号仓	4/C	主筋：25.50 mm，箍筋：8.20 mm
	4/B	主筋：24.50 mm，箍筋：8.50 mm
22 号仓	9/C	主筋：25.00 mm，箍筋：9.50 mm
	10/C	主筋：24.50 mm，箍筋：8.50 mm
23 号仓	16/B	主筋：24.80 mm，箍筋：8.50 mm
	16/C	主筋：26.40 mm，箍筋：8.00 mm
	17/D	主筋：26.85（27.4/26.3）mm，箍筋：8.15（8.2/8.1）mm
	15/A	主筋：21.70 mm，箍筋：8.00 mm
	剪力墙	主筋：19.35（18.8/19.9）mm，箍筋：15.05（13.9/16.2）mm
24 号仓	22/B	主筋：26.35（27.4/25.3）mm，箍筋：8.15（8.2/8.3）mm
	22/C	主筋：27.15（27.1/27.2）mm，箍筋：8.05（8.0/8.1）mm
	23/C	主筋：27.75（28.1/27.4）mm，箍筋：8.25（8.2/8.3）mm
	21/A	主筋：28.15（27.4/28.9）mm，箍筋：8.10（8.2/8.0）mm
	剪力墙	主筋：18.40（18.3/18.5）mm，箍筋：19.00（19.1/18.9）mm

现场检测结果表明：随机抽检的 17~24 号储煤仓的主要承重构件的钢筋配筋直径满足设计要求。钢筋锈蚀程度经现场除锈检测，截面损失率均小于 5%。

5.3.3.10　垮塌的 19 号仓剩余部分

经过现场检测鉴定，以及 19 号储煤仓仓体的垮塌分析得出：19 号储煤仓垮塌剩余部分呈斜切面分布，垮塌截面处分布钢筋锈蚀严重，力学性能已衰减，经检测，外环 600 mm 厚的剪力墙环向配筋间距过大，不符合设计。对于混凝土强度，标高 6.8 m 以下还能达到混凝土设计强度 C30，19 号储煤仓 8.300 m 以上部分的垮塌，对下部的框架柱、框架梁、外环梁及漏斗等都造成不同的损伤，加固施工过程中要注意观察可能存在的缺陷，及时修复处理。对于 19 号储煤仓剩余的可利用部分，建议加固设计单位慎重考虑钢筋配筋不足的问题，并结合混凝土强度满足设计要求的位置进行合理安全计算。

5.3.4　结构可靠性评级

5.3.4.1　地基基础系统

（1）安全性等级。地基基础的安全性按照承载力项目评定，地基基础的承载力和构造满足现行国家标准《建筑地基基础设计规范》（GB 50007—2011）的要求，安全性评定等级为 A。

（2）正常使用性等级。地基基础的正常使用性按照上部承重结构和围护结构使用状况评定，经现场检查，上部承重结构和围护结构的正常使用性评定等级为 C。

5.3.4.2　上部承重结构系统

鉴定单元的上部承重结构的可靠性评级见表 5.60。

表 5.60　鉴定单元上部承重结构可靠性评级

鉴定单元	上部承重结构安全性评级	上部承重结构正常使用性评级	上部承重结构可靠性评级
17~24 号储煤仓	C	B	C

5.3.4.3　围护结构系统

根据围护结构系统中承重围护结构的承载功能和使用状况，非承重围护结构的构造连接和围护结构系统的使用功能，综合围护结构系统安全性和正常实用性的评定等级，该鉴定单元的围护结构可靠性评级见表 5.61。

表 5.61　鉴定单元围护结构可靠性评级

鉴定单元	围护结构安全性评级	围护结构正常使用性评级	围护结构可靠性评级
17~24 号储煤仓	B	B	B

5.3.4.4　可靠性评级结论

根据以上项目和结构系统评级结果，对某焦炉配套储煤仓工程 17~24 号储煤仓的可靠性评级结果汇总见表 5.62。

表 5.62　可靠性综合鉴定评级

鉴定单元	结构系统名称	结构系统评级			鉴定单元可靠性评级
		安全性	使用性	可靠性	
		A、B、C、D	A、B、C	A、B、C、D	一、二、三、四
17~24 号储煤仓	地基基础	A	B	B	三
	上部承重结构	C	B	C	
	围护结构系统	C	B	C	

根据对某焦炉配套储煤仓工程17~24号储煤仓的现状检查、检测及分析结果，在现有筒仓的结构体系、现有荷载状况及结构施工质量等条件下，可靠性评定等级为三级，不符合国家现行标准规范的可靠性要求，影响整体安全，在目标使用年限内明显影响整体正常使用，应采取加固措施，且可能有极少数构件必须立即采取措施。

5.3.5 鉴定结论及处理意见

5.3.5.1 鉴定结论

经过对某焦炉配套储煤仓工程17~24号储煤仓结构整体的现场检查、检测，计算，得出鉴定结论如下：某焦炉配套储煤仓工程17~24号储煤仓可靠性鉴定评级为三级，即可靠性不符合鉴定标准对一级的要求，显著影响整体承载功能和使用功能，应采取加固处理措施。

5.3.5.2 处理意见

依据鉴定结论，应对某焦炉配套储煤仓工程17~24号储煤仓进行整体加固处理：

（1）储煤仓自仓底至仓顶部分，环向钢筋配筋不足，缺失严重，建议重新加固时一定要弥补原结构的配筋不足缺陷。

（2）由于现场检测条件的限制，部分检测内容无法采集到数据，建议给加固设计单位提供有效的原始竣工资料作为加固设计计算的依据。

（3）各个储煤仓不同程度的存在裂缝，钢筋锈蚀等外观缺陷，建议在加固方案确认后，对外观缺陷（裂缝、钢筋锈蚀）进行处理，防止裂缝的存在进一步加深对钢筋的锈蚀程度。

（4）对于19号储煤仓，建议加固设计单位慎重考虑钢筋配筋不足的问题，并结合混凝土强度满足设计要求的位置进行合理安全计算。

（5）整个加固过程，必须让具备专业加固设计资质单位和施工单位来完成，以确保17~24号储煤仓的后期安全使用。

5.4 某焦化厂制酸钢烟囱检测鉴定

5.4.1 工程概况

某制酸钢烟囱，全高为60 m，独立基础。该钢烟囱底部1.8 m为锥形筒体（内径ϕ1200~1800 mm，壁厚32 mm），上部钢烟囱由5节等截面圆形筒体对接焊接而成，自下而上各节为：（1）高度8150 mm，内径ϕ1200 mm，壁厚24 mm；（2）高度10042 mm，内径ϕ1194 mm，壁厚20 mm；（3）高度20000 mm，内径ϕ1194 mm，壁厚16 mm；（4）高度13998 mm，内径ϕ1194 mm，壁厚12 mm；

(5) 高度6000 mm，内径 ϕ1194 mm，壁厚 8 mm。该烟囱在高度 11.5 m 位置接气体入口水平筒体（ϕ1000 mm×8 mm），气体入口对面为 ϕ600 mm 人孔，下方700 mm为斜底。钢烟囱无内衬。地震烈度 7 度。基本风压 0.4 kN/m^2，地面粗糙度 B 类。

5.4.2 现场检查结果

5.4.2.1 地基基础

经查阅图纸和现场调查，该钢烟囱基础形式为独立基础。根据现场检查结果，该烟囱的地基基础未发现明显的静载缺陷，未发现由于地基基础不均匀沉降造成的烟囱周边地表开裂、烟囱上部结构连接破坏的情况，使用过程中未发现有地基基础的损坏维修历史。烟囱筒身未发现明显影响结构承载力的较大倾斜变形，基础也未发生短期加速沉降的现象。综合考虑检测、检查结果及类似工程的鉴定经验，该钢烟囱使用至今近 13 a，地基基础现状较好，基础沉降已趋于稳定。

5.4.2.2 筒身

该钢烟囱筒身的外观检查结果如下：锥形筒体外表面出现不同程度的防腐涂层剥落、钢板锈蚀，范围面积约 8.5 m^2；上部竖向圆形筒体外面包裹保温层，无明显涂层剥落和钢板锈蚀；高度 11.5 m 位置的水平圆形筒体为新更换的，但连接法兰未涂刷防腐层。筒身现场检查情况见表 5.63。

5.4.2.3 内衬

该钢烟囱无内衬，筒体内侧钢板无防腐涂层，内表面钢板浮锈。

5.4.2.4 焊缝和螺栓

对该钢烟囱的焊缝和连接螺栓的检查结果如下：各节筒身及其他焊接处未见有焊缝开裂现象；基础环板、盖板及之间的连接螺栓螺母和竖向肋板防腐涂层成块脱落、表面锈蚀现象普遍存在，但未见钢板变形，螺栓松动、缺失。焊缝和螺栓现场检查情况见表 5.64。

5.4.2.5 附属设施

对该烟囱附属设施的现场检查结果如下：囱帽无明显涂层剥落和钢板锈蚀；爬梯、信号平台、避雷装置等设施齐全，爬梯构件局部锈蚀、变形；该钢烟囱在高度 11.5 m 位置接气体入口水平筒体，且在水平筒体两侧分别增加了槽钢，将烟囱与周边制酸装置结构相连。附属设施现场检查情况见表 5.65。

5.4.3 现场检测结果

5.4.3.1 筒体钢板壁厚检测

根据《烟囱设计规范》（GB 50051—2013）中规定，自立式无隔热层钢烟囱

表 5.63　筒身现场检查情况

现场照片			
构件或节点损伤描述	锥形筒体现状	锥形筒体现状	锥形筒体现状
现场照片			
构件或节点损伤描述	锥形筒体现状	锥形筒体现状	竖向筒体现状

续表5.63

现场照片			
构件或节点损伤描述	竖向筒体现状	竖向筒体现状	竖向筒体现状
现场照片			
构件或节点损伤描述	水平圆形筒体现状	水平圆形筒体现状	水平圆形筒体现状

表 5.64 焊缝和螺栓现场检查情况

现场照片			
构件或节点损伤描述	基础环板、盖板、竖向加劲肋、地脚螺栓现状	基础环板、盖板、竖向加劲肋、地脚螺栓现状	基础环板、盖板、竖向加劲肋、地脚螺栓现状
现场照片			
构件或节点损伤描述	基础环板、盖板、竖向加劲肋、地脚螺栓现状	基础环板、盖板、竖向加劲肋、地脚螺栓现状	基础环板、盖板、竖向加劲肋、地脚螺栓现状

表 5.65 附属设施现场检查情况

现场照片			
构件或节点损伤描述	囱帽及信号平台现状	爬梯现状	槽钢支撑加固现状
现场照片			
构件或节点损伤描述	槽钢支撑加固现状	槽钢支撑加固现状	槽钢支撑加固现状

($h>20$ m）壁厚最小厚度不小于9 mm。对该钢烟囱钢板壁厚进行抽检，由检测结果可知，该钢烟囱实测钢板壁厚满足设计和规范要求，因此烟囱筒体内外表面的锈蚀仅为浮锈，钢板截面厚度无损失。钢烟囱筒体钢板壁厚检测结果见表5.66。

表5.66 钢烟囱筒体钢板壁厚检测结果

检测位置		壁厚实测值/mm						设计值/mm	是否符合
		1	2	3	4	5	6		
1号制酸钢烟囱	锥形筒体	31.8	31.9	31.8	32.6	32.3	32.3	32	是
	自下而上第1节圆形筒体	24.2	24.1	24.2	24.2	24.1	24.2	24	是

5.4.3.2 筒体钢板抗拉强度检测

对该钢烟囱筒体钢板抗拉强度进行抽检。表面硬度法是间接推定钢材强度的方法，可以将所测得的钢烟囱筒体钢板表面里氏硬度换算为钢材的抗拉强度值。由检测结果可知，该钢烟囱实测钢板抗拉强度满足Q345材质要求。钢烟囱筒体钢板抗拉强度检测结果见表5.67。

表5.67 钢烟囱筒体钢板抗拉强度检测结果

检测位置		里氏硬度						里氏硬度平均值	换算强度	钢材牌号
		1	2	3	4	5	6			
1号制酸钢烟囱	锥形筒体	449	415	429	457	453	416	437	537	Q345
	自下而上第1节圆形筒体	433	465	441	456	417	442	442	546	Q345

5.4.3.3 钢烟囱倾斜检测

对钢烟囱筒身倾斜进行了检测。根据《工业建筑可靠性鉴定标准》（GB 50144—2019）的规定，当烟囱高度50 m<H≤100 m时，倾斜率≤1.2‰，烟囱筒身及支承结构倾斜评为a级；倾斜变形稳定，或者目标使用年限内倾斜发展不会大于5‰，烟囱筒身及支承结构倾斜评为b级。由检测结果可知，该钢烟囱的向西倾斜率为2.90‰，不符合标准要求，该钢烟囱筒身及支承结构倾斜应评为b级。钢烟囱倾斜检测结果见表5.68。

表5.68 钢烟囱倾斜检测结果

南北向				东西向			
测点	测高/mm	平距/mm	偏向	测点	测高/mm	平距/mm	偏向
1	19198	30671	偏北，倾斜率0.73‰	1	24506	38230	偏西，倾斜率2.90‰
2	26749	30650		2	32269	38247	
3	41786	30647		3	43308	38259	
4	53449	30646		4	54163	38316	

5.4.3.4 筒体温度检测

根据《烟囱设计规范》（GB 50051—2013）的规定，碳素结构钢用于沸腾钢，其最高受热温度为250 ℃。该钢烟囱设计温度250 ℃，工作温度193 ℃，未超过钢烟囱筒壁所规定的最高受热温度。

5.4.4 钢烟囱强度验算

5.4.4.1 计算说明

该钢烟囱钢板材质按Q345取值；烟囱筒体直径、壁厚按设计取值；恒载包括烟囱筒壁自重、各层平台自重等；活荷载包括各层平台活荷载等；基本风压0.4 kN/m²，地面粗糙度B类；地震烈度7度。

5.4.4.2 计算内容

弯矩轴力作用下，钢烟囱强度按下式进行计算：

$$\frac{N_i}{A_{ni}} \pm \frac{M_i}{W_{ni}} \leqslant f_t \text{ 及 } \sigma_{crt}$$

式中，M_i 为钢烟囱水平计算截面 i 的最大弯矩设计值（包括风弯矩和水平地震作用弯矩），N·mm；N_i 为与 M_i 相应轴向压力或轴向拉力设计值（包括结构自重和竖向地震作用），N；A_{ni}为计算截面处的净截面面积，mm²；W_{ni}为计算截面处的净截面抵抗矩，mm；f_t 为温度作用下钢材抗拉、抗压和抗弯强度设计值，N/mm²。

筒局部稳定的临界应力值为：

$$\sigma_{crt} = 0.4\frac{E_t}{k}\frac{t}{d_i}$$

式中，E_t 为温度作用下钢材的弹性模量，N/mm²；σ_{crt}为筒局部稳定的临界应力值，N/mm²；k 为局部抗压强度调整系数，对应于风荷载，$k=1.50$，对应于地震作用，$k=1.20$；t 为钢筒壁厚，m；d_i 为钢筒外直径，m。

5.4.4.3 验算结果

经钢烟囱筒体强度验算，该钢烟囱强度符合要求。该钢烟囱基础底板下部钢筋采用径环向配筋。经验算，底板下部径向配筋及环向配筋均满足要求，基础底板的抗冲切及地基基础的沉降均满足要求。

5.4.5 可靠性鉴定评级

5.4.5.1 结构系统评级

A 地基基础

(1) 安全性等级。地基基础的安全性按照承载力项目评定。经计算，地基基础的承载力和构造满足现行国家标准《建筑地基基础设计规范》（GB 50007—2011）的要求，安全性评定等级为A。

（2）使用性等级。地基基础的使用性按照上部承重结构和围护结构使用状况评定。经现场检查，上部承重结构和围护结构的使用状况基本正常，使用性评定等级为A。

B　筒壁及支承结构系统

（1）安全性等级。筒壁及支承结构系统的安全性按照承载力项目评定，筒壁构件的安全性评定等级为a，筒壁及支承结构系统的安全性评定等级为A。

（2）使用性等级。筒壁及支承结构系统的使用性等级按损伤、裂缝和倾斜三个项目分别进行评定，以三个项目的最低评定等级确定，其使用性评定等级为B。

C　隔热层与内衬

（1）安全性等级。隔热层与内衬的安全性应根据构造连接和损坏情况评定，该钢烟囱无隔热层和内衬，不参与本次可靠性评级。

（2）使用性等级。隔热层与内衬的使用性等级按使用功能的实际状况进行评定，该钢烟囱无隔热层和内衬，不参与本次可靠性评级。

5.4.5.2　鉴定单元可靠性综合评级

根据以上项目和结构系统评级结果，对某制酸钢烟囱的可靠性鉴定综合评级结果见表5.69。某制酸钢烟囱的可靠性评定等级为二级，即略低于国家现行标准规范的可靠性要求，尚不明显影响整体安全，不影响正常使用。

表5.69　鉴定单元可靠性综合评级结果

<table>
<tr><td colspan="2">层　次</td><td>Ⅱ</td><td>Ⅰ</td></tr>
<tr><td colspan="2">层　名</td><td>结构系统评定</td><td>鉴定单元综合评定</td></tr>
<tr><td rowspan="4">安全性鉴定</td><td>等级</td><td>A、B、C、D</td><td>一、二、三、四</td></tr>
<tr><td>地基基础</td><td>A</td><td rowspan="7">二</td></tr>
<tr><td>筒壁及支承结构</td><td>A</td></tr>
<tr><td>隔热层和内衬</td><td>—</td></tr>
<tr><td rowspan="4">使用性鉴定</td><td>等级</td><td>A、B、C</td></tr>
<tr><td>地基基础</td><td>A</td></tr>
<tr><td>筒壁及支承结构</td><td>B</td></tr>
<tr><td>隔热层和内衬</td><td>—</td></tr>
</table>

5.4.6　钢烟囱晃动摇摆原因分析

（1）从该钢烟囱倾斜检测结果分析，其倾斜值超出规定范围，且钢烟囱因长期处于高温使用状态，加之钢烟囱无内衬，使钢板受热变形、腐蚀变薄。因此，钢烟囱各节筒体垂直线不处于同一圆心位置，重心偏离，使其容易左右摇摆不均匀。

（2）当风以一定的速度绕流圆筒形的钢烟囱时，将使钢烟囱在两个方向上产生振动。一种是顺风向的振动，振动的方向与风的流向一致；另一种是横风向的振动，振动的方向与风的方向垂直，也称风的诱发振动。在一定速度范围内，风在圆筒形的钢烟囱背后的两侧周期性交替地形成旋涡并以相当确定的频率从筒体表面上脱落，在尾流中有规律地交错排列成两行，这就是“卡曼旋涡”理论。当旋涡的频率等于或接近钢烟囱固有频率时，便会产生共振，这便是风力诱发的振动。该钢烟囱的固有频率与平时有风力情况下的“卡曼旋涡”频率接近或相一致时，其摇晃摆动便会被加大。

5.4.7 检测鉴定结论及处理意见

5.4.7.1 鉴定结论

（1）根据《工业建筑可靠性鉴定标准》（GB 50144—2019），某制酸钢烟囱的可靠性评定等级为二级，即略低于国家现行标准规范的可靠性要求，尚不明显影响整体安全，不影响正常使用。

（2）该钢烟囱使用至今近 13 a，对该钢烟囱各个结构系统的检查结果为：1）地基基础：地基基础现状较好，基础沉降已趋于稳定。2）筒身：锥形筒体表面涂刷的防腐涂层剥落、钢板锈蚀；上部竖向圆形筒体外面包裹保温层，无明显涂层剥落和钢板锈蚀；高度 11. 5 m 位置的水平圆形筒体为新更换的，但连接法兰未涂刷防腐层。3）内衬：该钢烟囱无内衬。4）焊缝和螺栓：各节筒身及其他焊接处未见有焊缝开裂现象；基础环板、盖板及之间的连接螺栓螺母和竖向肋板防腐涂层成块脱落、表面锈蚀现象普遍存在，但未见钢板变形，螺栓松动、缺失。5）附属设施：囱帽无明显涂层剥落和钢板锈蚀；爬梯、信号平台、避雷装置等设施齐全，爬梯构件局部锈蚀、变形；该钢烟囱在高度 11. 5 m 位置的水平筒体两侧分别增加了槽钢，将钢烟囱与周边制酸装置结构相连。

（3）对该钢烟囱的现场检测结果为：1）该钢烟囱筒身实测各节高度、直径、钢板壁厚均满足设计要求。2）该钢烟囱实测钢板抗拉强度满足 Q345 材质要求。3）该钢烟囱的向西倾斜率为 2. 90‰，不符合标准要求，该钢烟囱筒身及支承结构倾斜应评为 b 级。4）该钢烟囱设计温度 250 ℃，工作温度 193 ℃，未超过钢烟囱筒壁所规定的最高受热温度。

（4）经计算，该钢烟囱筒体强度符合要求；底板下部径向配筋及环向配筋均满足要求，基础底板的抗冲切及地基基础的沉降均满足要求。

5.4.7.2　处理建议

（1）在锥形筒体和盖板增加竖向加劲肋，新增的加劲肋位置同盖板下原加劲肋位置。

（2）对所有锈蚀的金属件进行除锈、防锈处理，如果条件许可，对钢烟囱内壁涂刷 FVC 耐高温防腐涂料（可耐温 200 ℃和 400 ℃等系列），这可有效延长钢烟囱的使用寿命。

（3）在钢烟囱上部的适当位置处设置浪风绳加固，以控制钢烟囱因重心偏离所产生的筒身摇晃状况。

（4）在钢烟囱顶部 $H/3$ 高度范围内的外壁焊接螺旋翅片，以增加钢烟囱的阻尼，从而破坏“卡曼旋涡”或者改变钢烟囱的固有频率，最大限度避免共振现象，从而有效地防止对钢烟囱的破坏，这将有助于避免严重事故的发生。

6　线状工业构筑物结构安全性分析与控制

6.1　某龙门架结构承载力验算与方案评估

6.1.1　工程概况

某地铁站文明过大年拟设置三处龙门架，方案有两种，均采用钢桁架横梁与方钢组合格构式立柱，区别在于其中方案一为组合立柱包原地铁站结构柱，方案二为组合立柱底部加配重块。文明过大年龙门架效果图如图 6.1（a）所示，方案一如图 6.1（b）所示，方案二如图 6.1（c）所示。

(a)

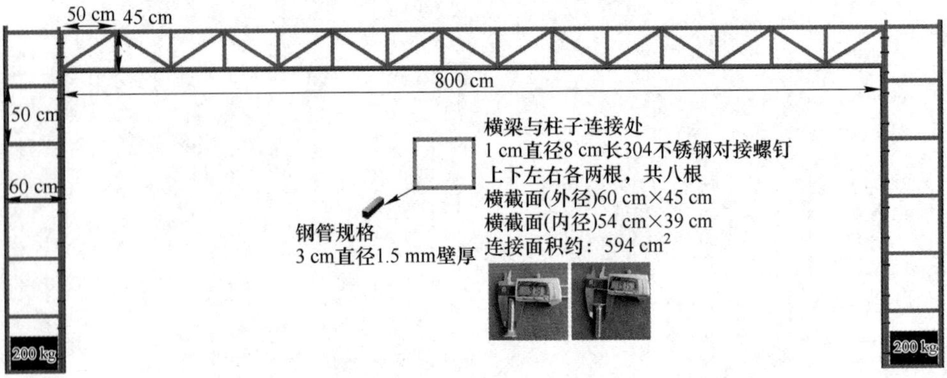

(b)

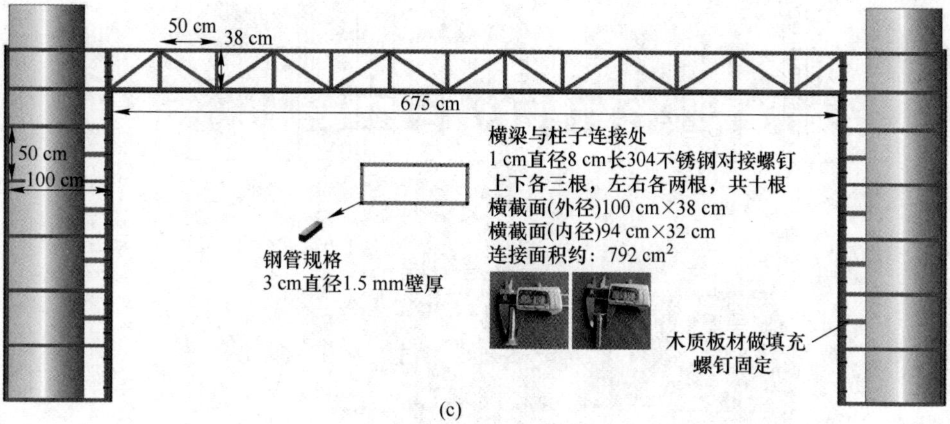

(c)

图 6.1　龙门架

(a) 文明过大年龙门架效果图；(b) 方案一；(c) 方案二

6.1.2　计算参数

横梁为钢结构桁架，立柱为四根方钢管组成的截面，三维整体模型及模型立面如图 6.2 和图 6.3 所示。桁架与立柱钢管均为截面 3 cm×3 cm 壁厚 1.5 mm 的方钢。横梁钢结构梁、柱节点采用直径 10 mm 的螺丝对接连接。立柱的四个立面上均布置约 1.5 cm 厚的木板，横梁在 2 个侧面和底面布置有木板，计算在上述自重荷载作用下结构的变形和应力。

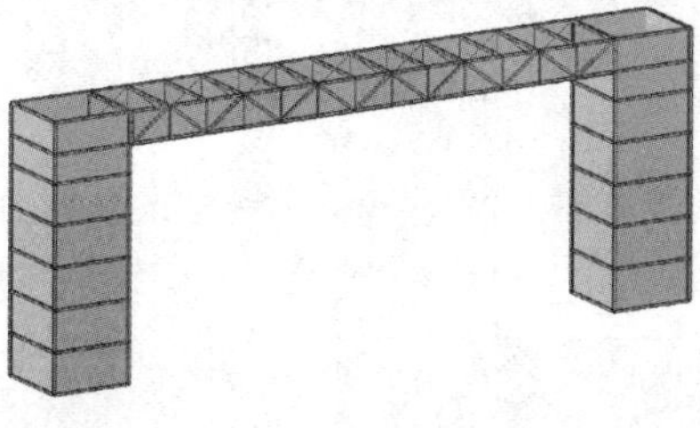

图 6.2　三维整体模型

图 6.3　模型立面

6.1.3　计算结果

变形验算。根据计算结果可知，在计算荷载作用下，最大变形发生在横梁跨中，最大竖向变形为 0.30 mm，满足限值要求（$L/500$），整体变形分布示意图如图 6.4 所示。

应力验算。根据计算结果可知，在假定立柱连接可靠、桁架焊接满足要求的情况下，结构的最大应力出现在横梁与立柱连接处，最大应力为 11.7 MPa，满足要求，结构整体应力分布示意图如图 6.5 所示。

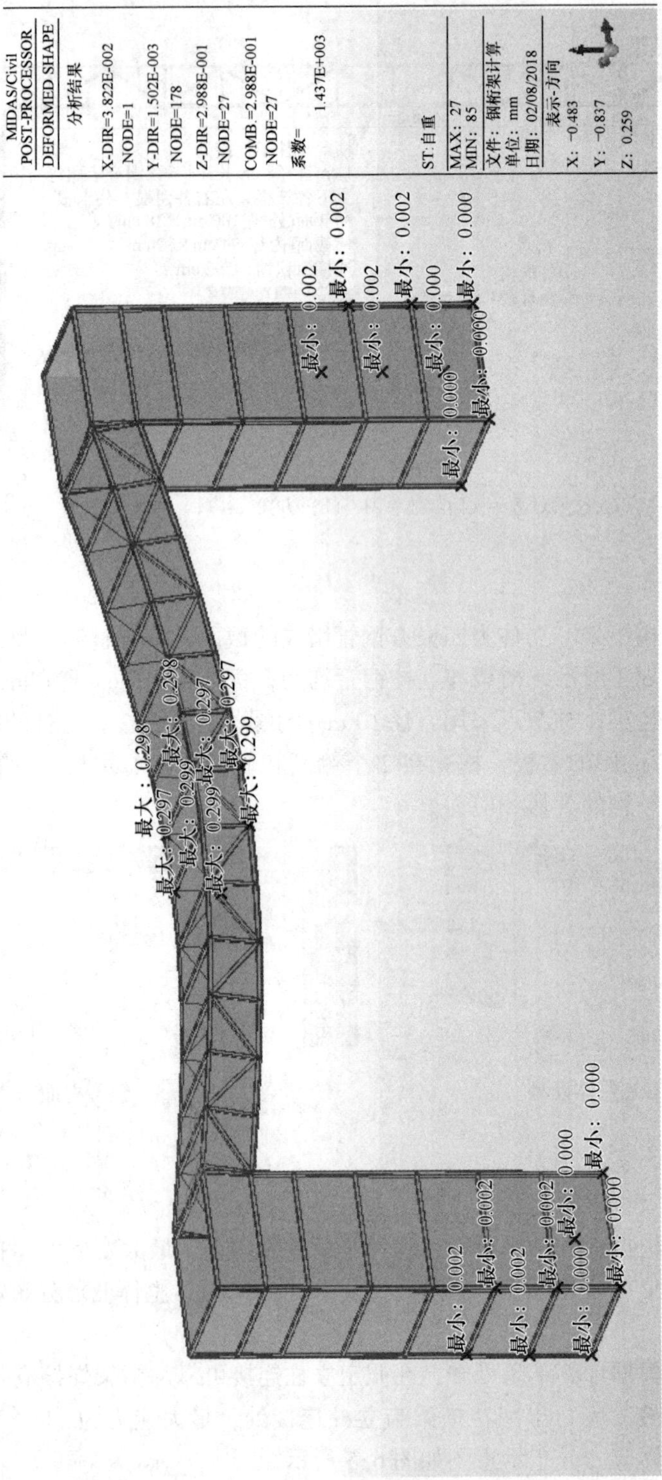

图 6.4 整体变形分布示意图（计算荷载）

图 6.5 结构整体应力分布示意图（弯曲正应力）

6.1.4 方案评估

考虑自重荷载作用下龙门架结构体系变形与承载力均满足要求。由于钢结构方钢组合立柱截面小，整体刚度小，稳定性较差，底部需要斜向支撑或与地面进行固结来提高稳定性，加重块受底部空间所限且楼板上局部荷载不能加过大，不能保证桁架体系整体受冲击时不倾覆，加重块方案不可行，即不建议采用方案二。方案一立柱内包原结构混凝土柱，抗侧力性能较好，稳固可靠，方案可行。

6.2 某玻璃观景平台结构检测鉴定

6.2.1 工程概况

某玻璃观景平台于 2016 年建成并投入使用，由于玻璃老化及景区升级改造，为保障景区人员安全，满足玻璃观景平台结构正常安全使用的要求，依照国家相关规范要求对该结构进行检验，根据现场检测、检查结果以及结构安全性复核验算，得出现阶段该工程是否具备安全使用要求。某玻璃观景平台平面布置图及现状如图 6.6~图 6.8 所示。

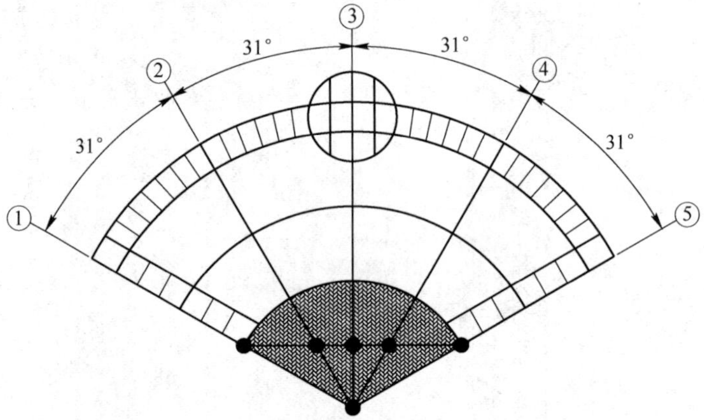

图 6.6 某玻璃观景平台结构平面简图

6.2.2 结构检查与检测

6.2.2.1 现场检查结果

（1）某玻璃观景平台为单层地埋式锚桩承台外挑工字钢框架钢混结构，直埋式平台基层厚度 1.5 m，外露平台高 1.6 m，平台外挑最大挑长 19.0 m，由 5 根主悬挑梁支承，扇形角度 124°，最大弧长 40.0 m。

图 6.7 某玻璃观景平台 3 轴观景台

图 6.8 某玻璃观景平台 1 轴通道

(2) 通过对某玻璃观景平台进行外观检查，检查结果表明：上部结构未发现由于地基不均匀沉降造成的显著结构构件开裂和变形，地基和基础无静载缺陷，地基基础基本完好；钢构件外观良好，未见钢结构锈蚀、漆面脱落等现象。螺栓无松动或滑移现象。

6.2.2.2 现场检测结果

A 构件截面尺寸检测

对某玻璃观景平台钢梁的截面尺寸情况进行抽样检测，依据《建筑结构检测技术标准》(GB/T 50344—2004) 的有关规定，检测结果表明：所抽检梁截面尺寸与原设计一致。抽检构件截面尺寸检测结果见表 6.1。

表 6.1 抽检构件截面尺寸检测结果

构件类型	构件位置	构件尺寸 ($b \times h$)/mm×mm		是否符合设计要求
		实测平均值	设计值	
框架梁	1-1/G-H	378×1598	380×1600	符合
	1-2/G-H	377×1598	380×1600	符合
	1-3/G-H	378×1597	380×1600	符合
	1-4/G-H	377×1596	380×1600	符合
	1-1/1-2	318×599	320×600	符合

B 胶缝宽度及厚度检测结果

使用游标卡尺对某玻璃观景平台玻璃间胶缝宽度进行了检测，依据《玻璃幕墙工程质量检验标准》(JGJ/T 139—2001) 的有关规定，检测结果表明：玻璃间胶缝宽度为 12.75~25.95 mm，满足规范要求的宽度不小于 7 mm。某玻璃观景平台玻璃胶缝检测结果见表 6.2。

表6.2 某玻璃观景平台玻璃胶缝宽度检测结果

玻璃编号	密封胶方位	宽度实测值/mm			宽度平均值/mm	宽度检验标准/mm	是否满足设计要求
		左	中	右			
2	东侧	13.70	14.52	15.52	14.58	≥7	是
	西侧	12.86	12.71	12.77	12.78	≥7	是
	南侧	16.37	16.62	16.65	16.55	≥7	是
	北侧	15.43	16.04	17.32	16.26	≥7	是
10	东侧	15.56	17.40	18.80	17.25	≥7	是
	西侧	19.77	19.95	23.36	21.03	≥7	是
	南侧	17.86	17.94	17.47	17.76	≥7	是
	北侧	17.65	16.51	15.50	16.55	≥7	是
18	东侧	15.01	14.54	13.72	14.42	≥7	是
	西侧	15.22	14.98	14.64	14.95	≥7	是
	南侧	16.73	16.18	14.92	15.94	≥7	是
	北侧	17.24	14.00	10.97	14.07	≥7	是
26	东侧	17.85	18.07	18.13	18.02	≥7	是
	西侧	18.58	18.25	17.87	18.23	≥7	是
	南侧	18.57	18.26	18.24	18.36	≥7	是
	北侧	16.30	16.48	16.79	16.52	≥7	是
32	东侧	16.94	16.25	15.73	16.31	≥7	是
	西侧	18.37	17.44	16.55	17.45	≥7	是
	南侧	12.91	14.46	15.86	14.41	≥7	是
	北侧	16.19	16.07	15.82	16.03	≥7	是
40	东侧	16.33	19.72	17.51	17.85	≥7	是
	西侧	16.32	16.81	16.47	16.53	≥7	是
	南侧	23.42	26.36	28.07	25.95	≥7	是
	北侧	22.84	23.85	19.83	22.17	≥7	是
47	东侧	19.06	18.81	18.31	18.73	≥7	是
	西侧	14.87	15.83	17.02	15.91	≥7	是
	南侧	15.23	15.97	16.65	15.95	≥7	是
	北侧	15.69	16.09	16.85	16.21	≥7	是

续表 6.2

玻璃编号	密封胶方位	宽度实测值/mm			宽度平均值/mm	宽度检验标准/mm	是否满足设计要求
		左	中	右			
52	东侧	19.96	19.09	18.31	19.12	≥7	是
	西侧	22.14	23.34	25.17	23.55	≥7	是
	南侧	17.95	18.51	18.99	18.48	≥7	是
	北侧	17.10	18.34	19.51	18.32	≥7	是

C 钢结构加载试验测量结果

本次原位加载试验采用荷载标准组合进行检验。按《建筑结构检测技术标准》（GB/T 50344—2019）的规定进行，该玻璃观景平台永久荷载结构已经施工完成，本次试验仅堆加可变荷载。设计方提供玻璃观景平台活荷载为 3.5 kN/m^2。依据该玻璃观景平台活荷载设计值计算试验最大加载值，现场采用 50 kg/袋的沙袋进行加载，采用分 7 级加载方式。每级加载完毕持荷 10 min，采集各项数据，数据记录完毕后按照要求增加下一级别荷载。重复上述操作直至加载完成后分级卸载。

依据结构受力特点，选取东侧 5 轴和北侧 3 轴区域分别进行原位加载试验。加载试验测试点布置分别如图 6.9 和图 6.10 所示，加载试验测量结果见表 6.3 和表 6.4。检测结果表明：在试验全过程未产生超过规范限值的挠度变形、结构节点无损伤，钢梁承载能力满足 3.5 kN/m^{2}活荷载使用要求。

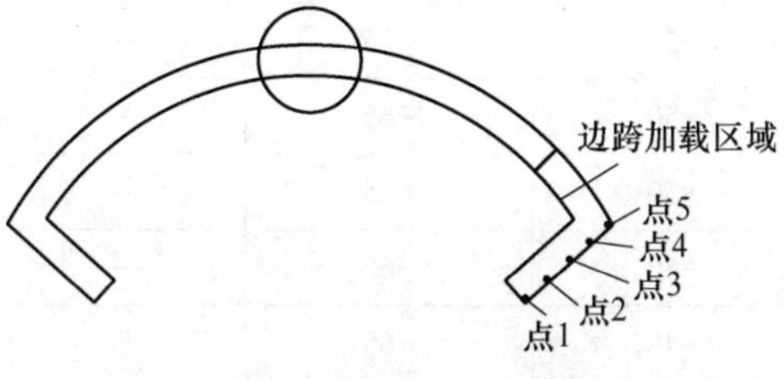

图 6.9 东侧 5 轴悬挑梁加载区域与测点布置图

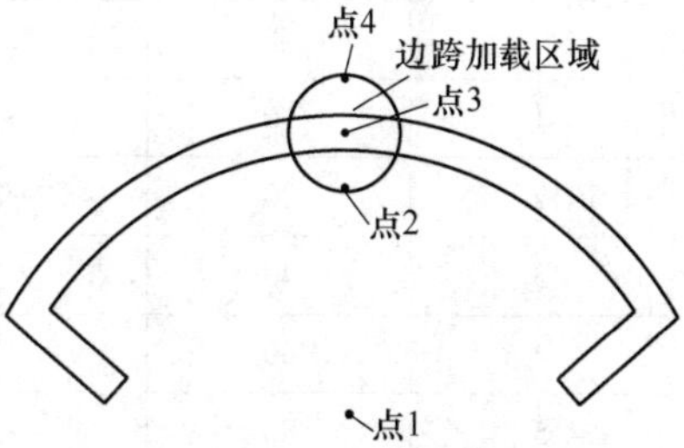

图 6.10 北侧 3 轴悬挑梁圆形加载区域与测点布置图

表 6.3 5 轴悬挑梁监测数据

加载分级	荷载比例/%	挠度值/mm				备注
		点 2	点 3	点 4	点 5	
空载	0	-33	-45	-66	-99	—

续表 6.3

加载分级	荷载比例/%	挠度值/mm				备注
		点 2	点 3	点 4	点 5	
1	10	-33	-45	-66	-99	—
2	20	-33	-45	-65	-98	—
3	40	-33	-44	-65	-98	—
4	60	-34	-45	-66	-98	—
5	80	-34	-45	-65	-97	—
6	90	-32	-44	-64	-96	—
7	100	-34	-46	-65	-97	—
-1	80	-34	-46	-65	-98	—
-2	60	-33	-46	-65	-97	—
-3	40	-34	-46	-66	-98	—
-4	20	-33	-45	-66	-99	—
-5	0	-33	-45	-66	-99	—

表 6.4　3 轴悬挑梁监测数据

加载分级	荷载比例/%	挠度值/mm			备注
		点 2	点 3	点 4	
空载	0	-35	-53	-65	—
1	10	-33	-51	-65	—
2	20	-32	-50	-65	—
3	40	-31	-50	-65	—
4	60	-30	-50	-65	—
5	80	-30	-48	-65	—
6	90	-29	-47	-65	—
7	100	-29	-47	-65	—
-1	80	-29	-48	-65	—
-2	60	-30	-49	-65	—
-3	40	-31	-51	-65	—
-4	20	-33	-51	-65	—
-5	0	-35	-53	-65	—

D 玻璃加载试验测量结果

为确保本工程的安全运营，本次对已安装完成的玻璃进行原位加载试验，按《建筑结构检测技术标准》（GB/T 50344—2004）的规定进行，本次试验仅堆加可变荷载。参考原设计局部承载计算时活荷载取值 5.0 kN/m^2。现场采用 50 kg/袋的沙袋进行加载，最大堆载量为 1.5 倍活荷载标准值。过程采用分 7 级加载方式，每级加载完毕持荷 10 min，数据记录完毕后按照要求增加下一级别荷载。重复上述操作直至加载完成后分级卸载。

选取第 30 号、第 38 号和第 51 号分别进行原位加载试验，考虑活荷载作用效应，现场按照 7.5 kN/m^2 进行堆载。观景平台玻璃布置情况如图 6.11 所示，单块玻璃监测点布置示意图如图 6.12 所示，加载试验测量结果见表 6.5~表 6.7。检测结果：在最大加载量为 1.5 倍活荷载标准值的试验全过程中玻璃面板挠度未超过 $L/200$，玻璃夹胶无脱开现象，依据上述结果可知，玻璃面板承载能力能够满足 5.0 kN/m^2 活荷载使用要求。

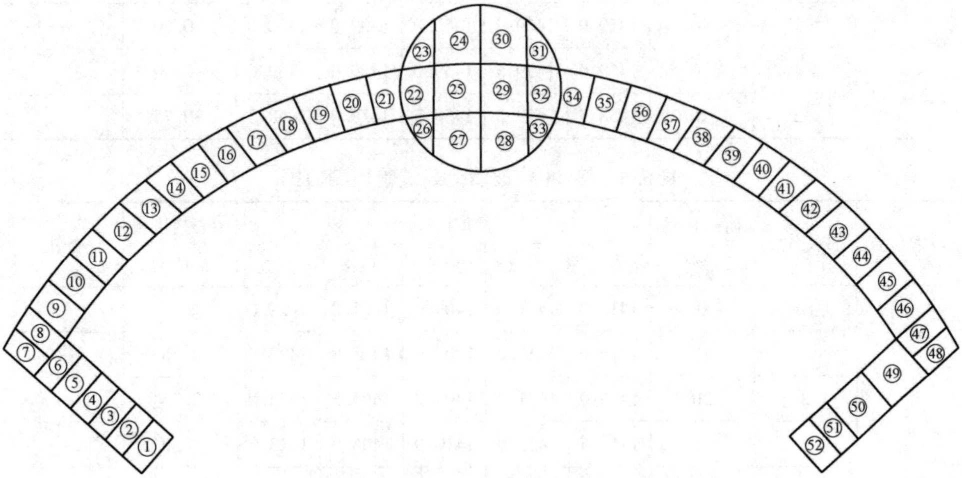

图 6.11 观景平台玻璃布置平面图

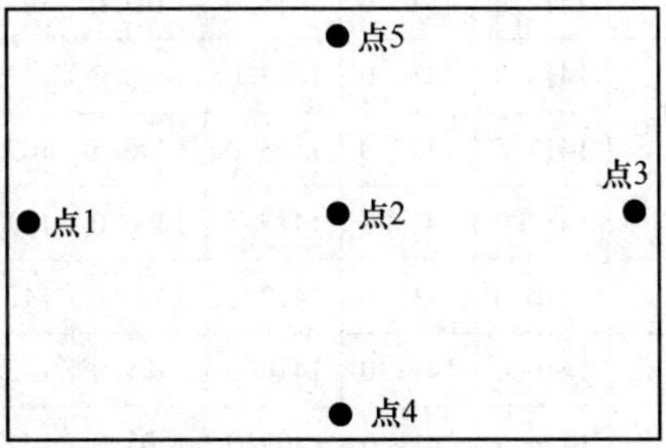

图 6.12 单块玻璃监测点布置示意图

表 6.5 第 30 号玻璃荷载试验监测数据

玻璃位置	加载分级	荷载比例 /%	测量值/mm					中心挠度值 /mm	备注
			点 1	点 2	点 3	点 4	点 5		
第 30 号	空载	0	1458. 5	1459. 0	1458. 5	1458. 5	1458. 0	−0. 75	—
	1	10	1459. 0	1459. 0	1459. 0	1459. 0	1458. 5	−0. 25	—
	2	20	1459. 0	1459. 0	1459. 5	1459. 5	1459. 5	0. 50	—
	3	40	1459. 0	1459. 5	1460. 0	1459. 5	1460. 0	0. 25	—
	4	60	1459. 5	1460. 0	1460. 0	1459. 5	1460. 0	−0. 25	—
	5	80	1460. 0	1461. 0	1461. 0	1460. 0	1460. 0	−1. 00	—
	6	90	1460. 5	1463. 5	1462. 0	1460. 5	1462. 0	−2. 25	—
	7	100	1460. 5	1463. 5	1462. 0	1460. 5	1463. 0	−1. 75	—
	−1	80	1459. 5	1463. 0	1461. 0	1459. 5	1462. 0	−2. 25	—
	−2	60	1459. 5	1462. 0	1460. 0	1459. 5	1461. 0	−1. 75	—
	−3	40	1459. 0	1460. 0	1460. 0	1459. 0	1460. 0	−0. 50	—
	−4	20	1459. 0	1459. 5	1459. 0	1459. 0	1459. 0	−0. 50	—
	−5	0	1458. 5	1459. 5	1458. 5	1459. 0	1458. 5	−0. 75	—

表 6.6 第 38 号玻璃荷载试验监测数据

玻璃位置	加载分级	荷载比例 /%	测量值/mm					中心挠度值 /mm	备注
			点 1	点 2	点 3	点 4	点 5		
第 38 号	空载	0	1415. 0	1411. 0	1409. 0	1405. 0	1422. 0	2. 5	—
	1	10	1416. 0	1411. 0	1409. 0	1405. 0	1422. 5	2. 75	—
	2	20	1416. 0	1411. 5	1409. 0	1405. 5	1423. 0	2. 75	—
	3	40	1416. 5	1413. 0	1410. 0	1406. 0	1423. 0	1. 50	—
	4	60	1417. 0	1415. 0	1411. 0	1406. 0	1423. 5	−0. 25	—
	5	80	1417. 0	1416. 0	1413. 0	1406. 0	1424. 0	−1. 00	—
	6	90	1417. 0	1416. 0	1413. 0	1407. 0	1424. 5	−0. 25	—
	7	100	1418. 0	1416. 0	1413. 0	1408. 0	1425. 0	0. 50	—
	−1	80	1417. 5	1414. 0	1413. 0	1406. 5	1423. 5	1. 00	—
	−2	60	1417. 0	1413. 0	1412. 5	1406. 0	1423. 5	1. 75	—
	−3	40	1416. 0	1412. 0	1410. 0	1406. 0	1423. 5	2. 75	—
	−4	20	1416. 0	1411. 0	1410. 0	1405. 0	1422. 5	2. 75	—
	−5	0	1416. 0	1411. 0	1409. 0	1405. 0	1422. 0	2. 50	—

表 6.7 第 53 号玻璃荷载试验监测数据

玻璃位置	加载分级	荷载比例/%	测量值/mm					中心挠度值/mm	备注
			点 1	点 2	点 3	点 4	点 5		
第 53 号	空载	0	1505.0	1505.0	1502.0	1498.0	1516.0	-1.50	—
	1	10	1505.0	1505.5	1502.5	1498.5	1516.5	-1.75	—
	2	20	1505.5	1506.0	1503.0	1499.0	1518.0	-1.75	—
	3	40	1506.0	1507.0	1503.5	1499.0	1518.0	-2.25	—
	4	60	1506.0	1507.0	1503.5	1500.0	1518.5	-2.25	—
	5	80	1506.5	1507.5	1503.5	1500.0	1519.0	-2.50	—
	6	90	1507.0	1508.0	1504.0	1500.5	1519.0	-2.50	—
	7	100	1507.5	1508.5	1504.0	1501.0	1519.5	-2.75	—
	-1	80	1507.0	1507.5	1504.0	1500.5	1519.0	-2.00	—
	-2	60	1506.0	1507.0	1504.0	1499.0	1519.0	-2.00	—
	-3	40	1506.0	1505.5	1503.5	1499.0	1518.0	-0.75	—
	-4	20	1505.0	1505.0	1502.5	1498.0	1516.5	-1.25	—
	-5	0	1505.0	1505.0	1502.5	1498.0	1516.5	-1.25	—

6.2.3 结构计算分析

6.2.3.1 结构计算说明

采用建筑工程计算软件 PKPM 进行了结构承载力复核验算，计算的主要流程如下：建立计算模型；输入结构整体信息、荷载作用信息和其他结构设计参数等；按照实测值调整结构计算控制参数（如几何尺寸、强度等），以保证结构计算分析结果可以真实反映结构现状；分别对东侧边跨悬挑梁和北侧中跨悬挑梁单独进行结构计算，并对计算结果进行总结归纳。构件材料按设计图纸的给定值进行计算。计算模型如图 6.13 和图 6.14 所示。

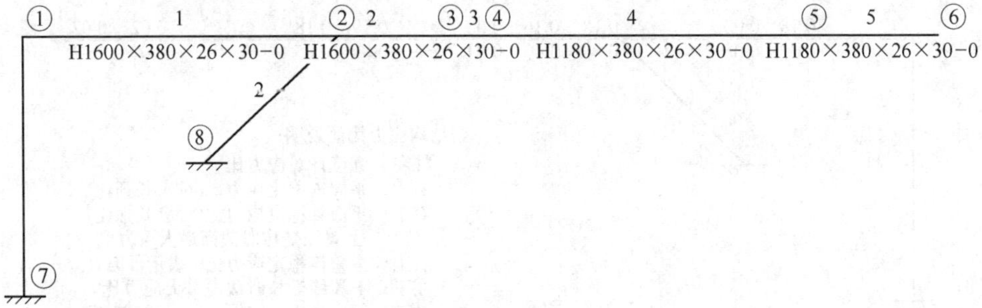

图 6.13 东侧 5 轴悬挑梁结构简图

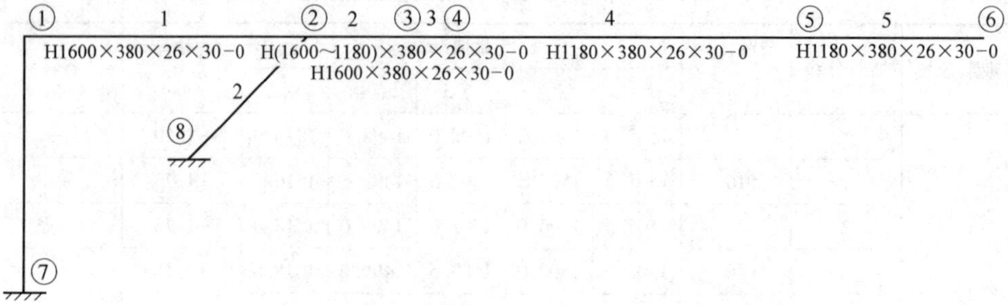

图 6.14 北侧 3 轴悬挑梁结构简图

6.2.3.2 计算荷载

荷载种类：（1）恒载：包括构件自重，栏杆扶手重量；（2）活荷载：平台活荷载。

荷载取值：（1）按原设计和使用要求，活荷载标准值取 5.0 kN/m^2，恒载标准值取 2.0 kN/m^2；（2）其余荷载按《建筑结构荷载规范》（GB 50009—2012）取值。

荷载效应组合计算荷载：荷载基本组合公式如下：

$$S = \gamma_G S_{G_k} + \gamma_{Q_1} S_{Q_{1k}} + \sum_{i=2}^{n} \gamma_{Q_i} \psi_{C_i} S_{Q_{ik}}$$

式中，γ_G 为永久荷载的分项系数；γ_{Q_1}、γ_{Q_i} 分别为第一个和第 i 个可变荷载的分项系数；S_{G_k} 为永久荷载标准值的效应；$S_{Q_{1k}}$ 为在基本组合中起控制作用的一个可变荷载标准值的效应；$S_{Q_{ik}}$ 为第 i 个可变荷载标准值的效应；ψ_{C_i} 为第 i 个可变荷载的组合值系数。进行承载力验算时，分项系数分别取为 $\gamma_G = 1.3$，$\gamma_{Q_i} = 1.5$。

6.2.3.3 验算结果

承载能力验算结果表明：在最不利荷载组合作用下，该钢结构应力及稳定性满足规范要求。具体计算结果如图 6.15 和图 6.16 所示。

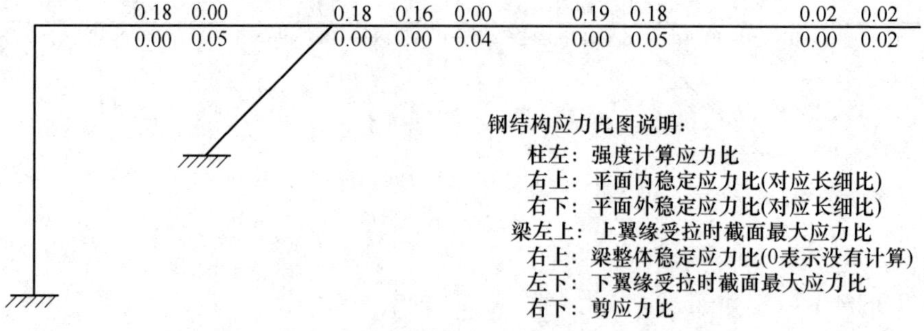

图 6.15 东侧 5 轴悬挑梁钢结构应力比计算结果图

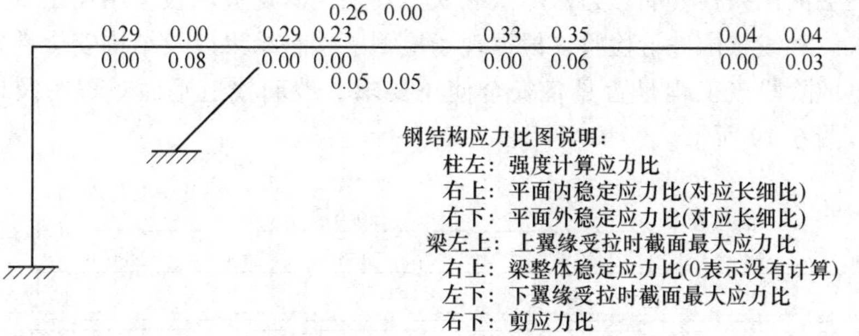

图 6.16 北侧 3 轴悬挑梁钢结构应力比计算结果图

6.2.4 检验结论及处理建议

6.2.4.1 检验结论

经对某玻璃观景平台玻璃更换项目现场检查、检测、计算分析、钢结构原位加载试验，以及玻璃加载试验，得出检测鉴定结论如下：

（1）某玻璃观景平台钢结构主体现状完好，未发现明显影响结构承载的结构变形或损伤，构件表面防腐涂层完好。

（2）新更换平台玻璃安装良好，胶缝宽度满足规范要求。

（3）经计算分析，更换玻璃后的观景平台结构承载能力满足原设计使用荷载要求。

（4）在边跨及中跨悬挑梁原位荷载试验过程中，全过程未产生超过规范限值的挠度变形，钢梁承载能力满足 3.5 kN/m^{2}活荷载使用要求。

（5）玻璃面板加载试验：在最大加载量为 1.5 倍活荷载标准值的试验全过程中玻璃面板挠度未超过 $L/200$、玻璃夹胶无脱开现象，依据上述结果可知，玻璃面板承载能力能够满足 5.0 kN/m^{2}活荷载使用要求。

6.2.4.2 处理建议

某玻璃观景平台在后续使用过程中，应对其定期进行安全性检查和维护。在有条件的情况下应建立结构健康监测数据库。

6.3 某风景区玻璃栈道结构检测鉴定

6.3.1 工程概况

某风景区玻璃栈道长 330 m，设有特效玻璃栈道体验区 17 m，3D 玻璃栈道体验区 80 m，透明玻璃栈道体验区 60 m，透明玻璃栏杆 330 m。玻璃栈道为混凝土框架结构的悬挑栈道，悬挑梁与岩壁采用锚杆连接，立柱为不锈钢立柱，行人面板为三层钢化夹胶玻璃。为保障景区人员安全，满足玻璃栈道结构正常安全使用的要求，对该结构进行检验，根据现场检测、检查结果以及结构安全性复核验算，得出现阶段该工程是否具备安全使用要求。玻璃栈道平面布置图及现状如图 6. 17~图 6. 19 所示。

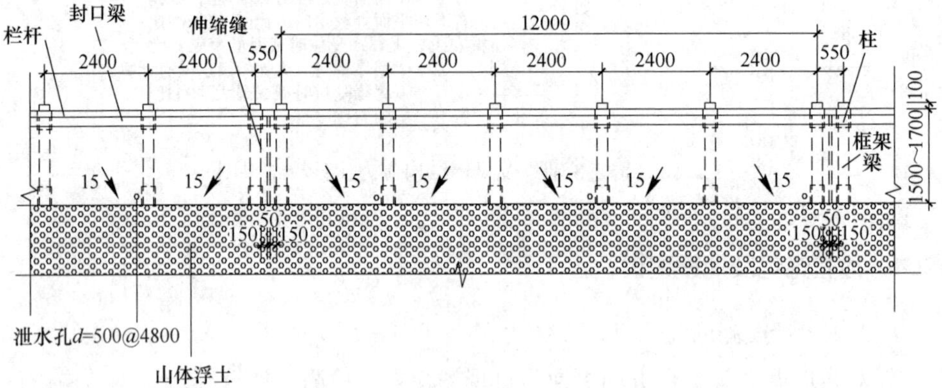

图 6. 17　玻璃栈道结构平面简图

图 6. 18　玻璃栈道整体现场

图 6. 19　玻璃栈道扶手栏杆现场

6.3.2　结构检查与检测

6. 3. 2. 1　现场检查结果

A　结构体系核查

玻璃栈道由钢筋混凝土悬挑梁以及上部钢框架组成，玻璃面板铺在钢框架上，玻璃栈道悬挑梁为变截面梁，截面尺寸为 200 mm×400 mm（近端）/300 mm（远端），长度约 1500 mm。铺板采用三层钢化玻璃，最大尺寸 1500 mm×

2400 mm，梁间间距约为 2400 mm。混凝土设计强度 C30。悬臂梁配筋如图 6.20 所示。

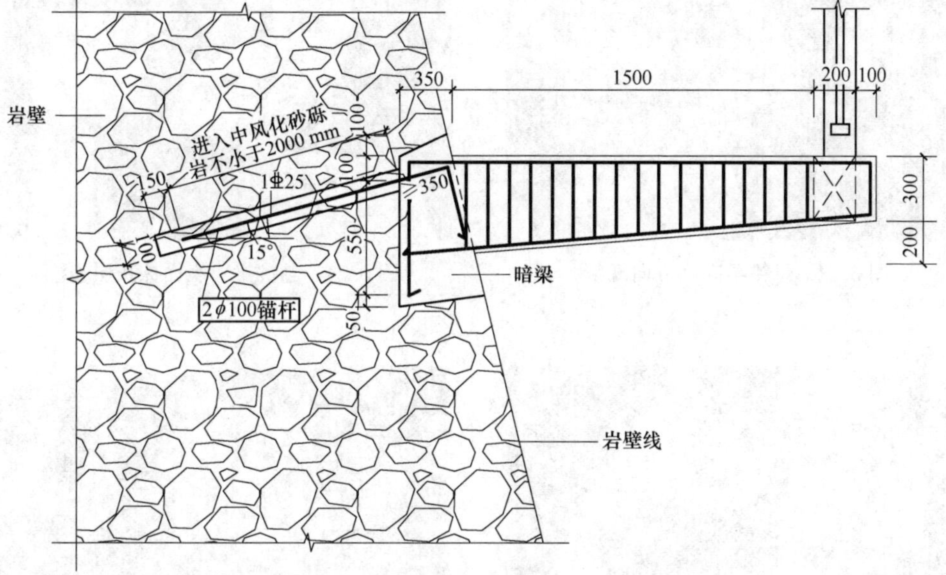

图 6.20 悬臂梁配筋图

B 检查结果

对某风景区玻璃栈道进行外观检查，检查结果表明：栈道上部结构未发现由于岩壁不均匀沉降造成的显著结构构件开裂和变形，岩壁防护完好；个别混凝土梁表面抹灰层开裂，侧面观察结构完好，栏杆螺栓无松动或滑移现象。检查现状如图 6.21～图 6.26 所示。

图 6.21 岩壁防护及现状

图 6.22 栈道玻璃现状

图 6.23　悬挑梁高度方向现状

图 6.24　悬挑梁上表面抹灰层裂缝

图 6.25　悬挑梁间伸缩缝现状

图 6.26　栏杆扶手现状

6.3.2.2　现场检测结果

A　栏杆水平推力试验

由于栏杆具有纵向连续整体性，为减少相邻栏杆对测试栏杆的约束影响作用，本次栏杆水平推力试验选择连续 2 跨栏杆同时进行检测，这样可以减少对其整体性的影响，得到可靠的检测结果。

检测内容包括：栏杆顶部的平面外水平位移。选择其中两根栏杆立柱处布置固定支架，采用电子位移计测试栏杆顶部的水平位移量。栏杆水平推力试验采用导链、钢丝绳及滑轮系统对栏杆水平杆模拟均布加载，用钢丝绳连接栏杆顶部然后集中加载，使其同时作用，在主牵引钢丝绳上安置荷载传感器，对加载数值进行控制。检测加载等级分为 5 级加载和 5 级卸载，持荷时间为 15 min。

水平推力试验过程中栏杆在最大水平推力作用下（2 kN/m），最大水平位移约为 8.92 mm，栏杆外观无破损；卸载后位移 0.16 mm，试验测量结果见表 6.8。

检测结果表明：在设计活荷载作用下杆件处于弹性工作范围。

表 6.8 推力试验水平位移

加载分级	荷载比例/%	位移/mm
空载	0	0.00
1	20	1.08
2	40	2.25
3	60	3.45
4	80	5.63
5	100	8.92
−1	80	6.35
−2	60	3.64
−3	40	2.95
−4	20	1.33
−5	0	0.16

B 悬挑结构加载试验测量结果

本次原位加载试验采用荷载标准组合进行检验。按《建筑结构检测技术标准》（GB/T 50344—2019）的规定进行，该玻璃栈道永久荷载结构已经施工完成，本次试验仅堆加可变荷载。设计方提供玻璃栈道活荷载为 3.5 kN/m^2。依据该玻璃栈道活荷载设计值计算试验最大加载值，现场采用 30kg/袋的水袋进行加载，采用分 7 级加载方式。每级加载完毕持荷 10 min，采集各项数据，数据记录完毕后按照要求增加下一级别荷载。重复上述操作直至加载完成后分级卸载。

依据结构受力特点，选取岩壁缓坡悬挑栈道和岩壁陡坡悬挑栈道各一跨分别进行原位加载试验。加载试验测点布置分别如图 6.27 和图 6.28 所示，加载试验测量结果见表 6.9 和表 6.10。检测结果表明：在试验全过程未产生超过规范限值的挠度变形、结构节点无损伤，混凝土梁承载能力满足 3.5 kN/m^2 活荷载使用要求。

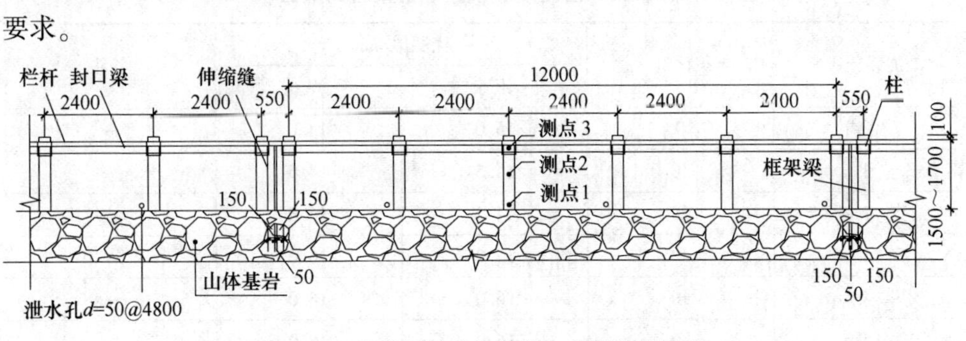

图 6.27 岩壁缓坡悬挑栈道加载测点布置图

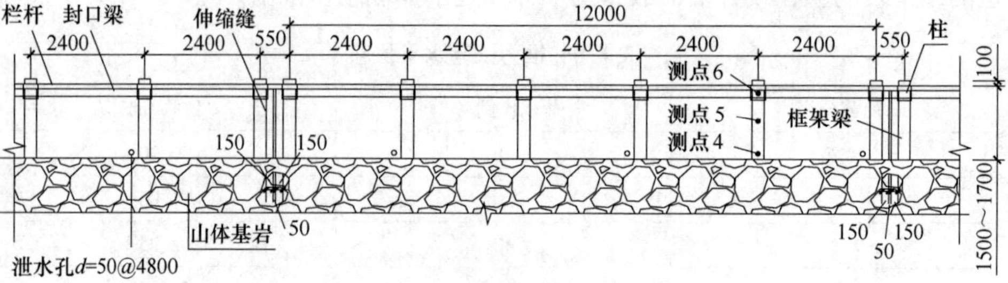

图6.28 岩壁陡坡悬挑栈道加载测点布置图

表6.9 岩壁缓坡栈道悬挑梁监测数据

加载分级	荷载比例/%	挠度值/mm		备注
		点2	点3	
空载	0	9.5	14.5	—
1	10	9.0	15.0	—
2	20	9.0	15.0	—
3	40	10.5	15.0	—
4	60	10.5	15.0	—
5	80	10.3	15.0	—
6	90	10.0	15.0	—
7	100	10.5	15.5	—
-1	80	10.0	15.5	—
-2	60	9.5	14.5	—
-3	40	9.0	15.0	—
-4	20	8.5	15.0	—
-5	0	7.5	13.5	—

表6.10 岩壁陡坡栈道悬挑梁监测数据

加载分级	荷载比例/%	挠度值/mm		备注
		点5	点6	
空载	0	15.0	14.0	—
1	10	14.5	14.5	—
2	20	14.5	16.0	—
3	40	15.0	16.0	—
4	60	16.0	16.0	—
5	80	16.0	16.0	—

续表 6.10

加载分级	荷载比例/%	挠度值/mm		备注
		点 5	点 6	
6	90	16.5	16.0	—
7	100	17.0	16.5	—
−1	80	15.5	16.5	—
−2	60	15.0	15.5	—
−3	40	14.5	16.0	—
−4	20	14.0	16.0	—
−5	0	13.0	13.5	—

C　玻璃加载试验测量结果

为确保本工程的安全运营，本次对已安装完成的玻璃进行原位加载试验，按《建筑结构检测技术标准》（GB/T 50344—2004）的规定进行，本次试验仅堆加可变荷载。参考原设计，局部承载计算活荷载取值 3.5 kN/m^2。现场采用 30 kg/袋的沙袋进行加载，最大堆载量为 1.0 倍活荷载标准值。过程采用分 7 级加载方式，每级加载完毕持荷 10 min，数据记录完毕后按照要求增加下一级别荷载。重复上述操作直至加载完成后分级卸载。

选取三处玻璃分别进行原位加载试验，考虑活荷载作用效应，现场按照 3.5 kN/m^2进行堆载。单块玻璃测点布置如图 6.29 和图 6.30 所示，加载试验测

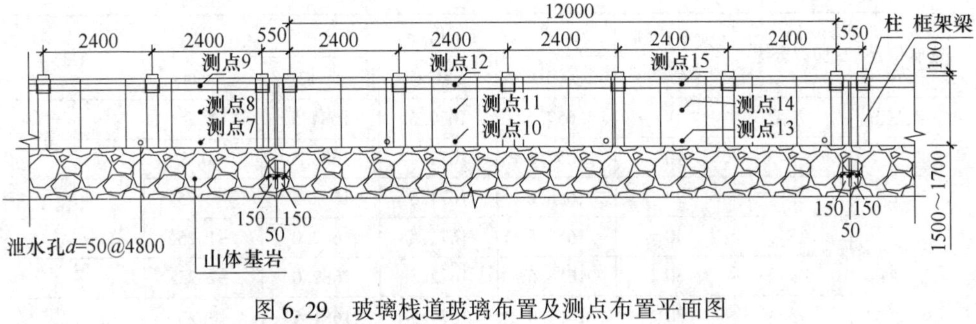

图 6.29　玻璃栈道玻璃布置及测点布置平面图

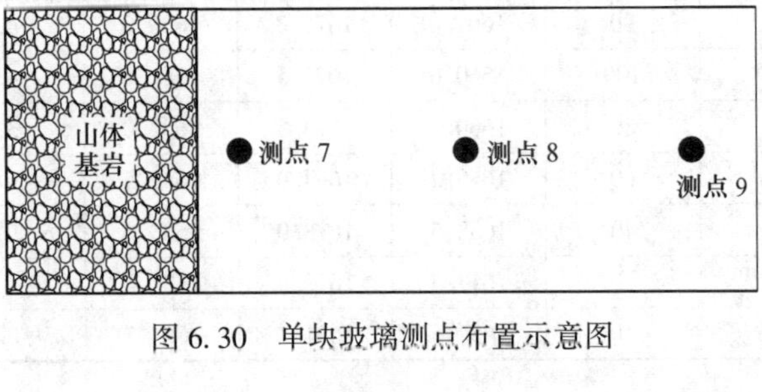

图 6.30　单块玻璃测点布置示意图

量结果见表 6. 11 ~ 表 6. 13。检测结果表明：在试验全过程玻璃面板挠度未超过 $L/200$、玻璃无裂纹、夹胶无脱开现象，玻璃承载能力满足 3. 5 kN/m^2 活荷载使用要求。

表 6. 11　第 1 号玻璃荷载试验监测数据

玻璃位置	加载分级	荷载比例 /%	测量值/mm			中心挠度值 /mm	备注
			点 7	点 8	点 9		
第 1 号	空载	0	1694. 0	1705. 5	1713. 5	−1. 75	—
	1	10	1694. 5	1705. 5	1714. 0	−1. 25	—
	2	20	1695. 5	1706. 0	1713. 5	−1. 5	—
	3	40	1698. 0	1708. 0	1715. 0	−1. 5	—
	4	60	1697. 8	1709. 0	1716. 0	−2. 1	—
	5	80	1698. 5	1709. 5	1715. 0	−2. 75	—
	6	90	1698. 5	1709. 5	1715. 0	−2. 75	—
	7	100	1699. 0	1710. 0	1716. 0	−2. 5	—
	−1	80	1698. 0	1709. 0	1715. 0	−2. 5	—
	−2	60	1697. 0	1708. 5	1714. 5	−2. 75	—
	−3	40	1696. 5	1708. 0	1714. 0	−2. 75	—
	−4	20	1695. 0	1706. 5	1714. 0	−2	—
	−5	0	1694. 0	1705. 5	1714. 0	−1. 5	—

表 6. 12　第 2 号玻璃荷载试验监测数据

玻璃位置	加载分级	荷载比例 /%	测量值/mm			中心挠度值 /mm	备注
			点 10	点 11	点 12		
第 2 号	空载	0	1657. 5	1670. 5	1684. 5	0. 5	—
	1	10	1657. 5	1671. 0	1683. 5	−0. 5	—
	2	20	1658. 0	1671. 5	1683. 5	−0. 75	—
	3	40	1658. 5	1671. 5	1682. 0	−1. 25	—
	4	60	1658. 5	1672. 5	1682. 0	−2. 25	—
	5	80	1661. 0	1674. 5	1681. 5	−3. 25	—
	6	90	1661. 0	1675. 0	1680. 0	−4. 5	—
	7	100	1660. 0	1675. 5	1682. 0	−4. 5	—
	−1	80	1660. 0	1674. 5	1682. 0	−3. 5	—
	−2	60	1659. 2	1674. 0	1682. 5	−3. 15	—
	−3	40	1658. 5	1673. 0	1683. 0	−2. 25	—
	−4	20	1657. 5	1672. 0	1684. 0	−1. 25	—
	−5	0	1657. 5	1671. 5	1684. 5	−0. 5	—

表 6.13　第 3 号玻璃荷载试验监测数据

玻璃位置	加载分级	荷载比例/%	测量值/mm			中心挠度值/mm	备注
			点 13	点 14	点 15		
第 3 号	空载	0	1712.5	1726.0	1739.5	0	—
	1	10	1712.5	1726.0	1738.5	-0.5	—
	2	20	1713.0	1726.5	1738.5	-0.75	—
	3	40	1713.5	1726.5	1738.0	-0.75	—
	4	60	1713.5	1727.0	1737.5	-1.5	—
	5	80	1716.0	1728.0	1736.0	-2	—
	6	90	1716.0	1728.5	1736.0	-2.5	—
	7	100	1715.0	1729.0	1736.5	-3.25	—
	-1	80	1715.0	1729.5	1737.0	-3.5	—
	-2	60	1714.2	1729.0	1737.5	-3.15	—
	-3	40	1713.5	1728.0	1738.0	-2.25	—
	-4	20	1712.5	1727.0	1739.0	-1.25	—
	-5	0	1712.5	1726.5	1739.5	-0.5	—

6.3.3　结构计算分析

6.3.3.1　结构基本信息

混凝土：C30，$f_c = 14.30\ \mathrm{N/mm^2}$，$f_t = 1.43\ \mathrm{N/mm^2}$；受弯计算：HRB400，$f_y = 360.00\ \mathrm{N/mm^2}$，$E_s = 2.0\times10^5\ \mathrm{N/mm^2}$；箍筋：HRB400，$f'_y = 360\ \mathrm{N/mm^2}$，肢数 = 2；尺寸：$b\times h = 200\ \mathrm{mm}\times500\ \mathrm{mm}$，$h_0 = h-a_s = 460\ \mathrm{mm}$；弯矩设计值：$M=22.25\ \mathrm{kN\cdot m}$；剪力设计值：$V = 9.20\ \mathrm{kN}$；构件类型：普通梁；计算部位：支座；计算跨度：$l_0 = 3000\ \mathrm{mm}$；受弯计算方法：双筋算法；弯矩准永久值：$M_q = 8.7\ \mathrm{kN\cdot m}$。计算截面配筋图及岩壁悬挑栈道结构梁设计图如图 6.31 和图 6.20 所示。

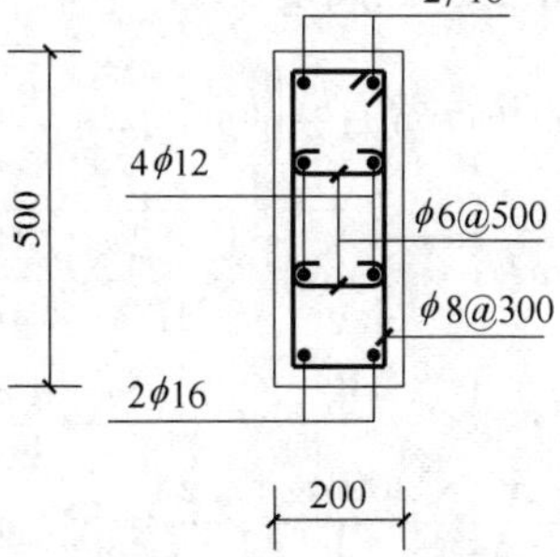

图 6.31　计算截面配筋图

6.3.3.2　计算荷载

（1）恒载：台面玻璃 0.8 kN/m²，栏杆扶手 0.5 kN/m；（2）活荷载：设计活载 3.5 kN/m²；（3）进行承载力验算时，分项系数分别取为 $\gamma_G=1.3$，$\gamma_{Q_i}=1.5$。

6.3.3.3　验算结果

依据结构设计信息，按计算简图对悬挑梁支座处弯矩和剪力作用效应进行计算，得出弯矩设计值 $M=22.25\ \text{kN·m}$，剪力设计值 $V=9.20\ \text{kN}$，弯矩准永久值 $M_q=8.7\ \text{kN·m}$。依据《混凝土结构设计规范》（GB 50010—2010）（2015 年版）分别对悬挑梁受弯、受剪进行验算，各项验算结果均满足规范要求，验算过程如下。

A　受弯计算

a　相对界限受压区高度 x_b

$$e_{cu}=0.0033-(f_{cu,k}-50)\times10^{-5}=0.0033-(30-50)\times10^{-5}$$
$$=0.0035>0.0033$$

$$\text{取 } e_{cu}=0.0033,\ x_b=\frac{b_1}{1+\dfrac{f_y}{E_s e_{cu}}}=\frac{0.80}{1+\dfrac{360}{2.0\times10^5\times0.0033}}=0.52$$

b　受压区高度 x

令 $x=x_b h_0$，得 $x=0.52\times460=238.1\ \text{mm}$。

c　钢筋截面积

$$A'_p=0,\ M=a_1 f_c bx\left(h_0-\frac{x}{2}\right)+f'_yA'_s(h_0-a'_s)$$

$$A'_s=\frac{M-a_1f_cbx\left(h_0-\dfrac{x}{2}\right)}{f'_y(h_0-a'_s)}=\frac{22.25\times10^6-1.00\times14.30\times200\times238.1\times\left(460-\dfrac{238.1}{2}\right)}{360\times(460-40.0)}$$
$$=-1388\ \text{mm}^2$$

因为 $A'_s\leqslant0$，说明不需要配置受压受力筋，可按单筋算法计算 A_s。

按照规范公式，重新计算受压区高度 x。$A'_s=0$，$A'_p=0$。

$$M=a_1f_cbx\left(h_0-\frac{x}{2}\right)$$

$$x=h_0-\sqrt{h_0^2-\frac{2M}{a_1f_cb}}=460-\sqrt{460^2-\frac{2\times22.25\times10^6}{1.00\times14.30\times200}}=17.2\ \text{mm}$$

按照规范公式：$a_1f_cbx=f_yA_s$，得

$$A_s=\frac{a_1f_cbx}{f_y}=\frac{1.00\times14.30\times200\times17.2}{360}=137\ \text{mm}^2,\ \text{取 } A'_s=101\ \text{mm}^2$$

d 验算配筋率

验算最小配筋率时取 $r = \frac{A_s}{bh} = \frac{137}{200 \times 500} \times 100\% = 0.14\%$，根据《混凝土结构设计规范》（GB 50010—2010）（2015 年版）：

$$\left.\begin{aligned} r_{\min} &= 0.200\% \\ r_{\min} &= 0.45 f_t f_y = 0.45 \times 1.43/360 = 0.18\% \end{aligned}\right\} r_{\min} = 0.200\%$$

按最小配筋率要求，$A_s = r_{\min} \times b \times h = 0.200\% \times 200 \times 500 = 200\ \text{mm}^2$；

按构造要求，$A_s' = 101\ \text{mm}^2$；

实配受拉钢筋（梁顶）第一排：$3\phi 20$；$A_s = 942\ \text{mm}^2$；

实配受压钢筋（梁底）第一排：$2\phi 16$；$A_s' = 402\ \text{mm}^2$。

B 受剪计算

a 复核截面条件

按规范第 6.3.1 条，$V = 9.2\ \text{kN} \leqslant 0.25\beta_c f_c b h_0 = 0.25 \times 1.00 \times 14.30 \times 200 \times 460 = 328.9\ \text{kN}$，截面尺寸满足要求。

b 验算构造配筋条件

按规范公式（6.3.7），$N_{p0} = 0$，$a_{cv} f_t b h_0 = 0.70 \times 1.43 \times 200 \times 460 = 92.1 \times 10^3\ \text{N} \geqslant V = 9.2\ \text{kN}$，按构造配置箍筋。

c 求箍筋截面面积及间距

根据构造配置，最终配置双肢箍筋：

$$8@300\left(\frac{A_{sv}}{s} = \frac{2 \times 50.3}{300} = 0.3351\ \text{mm}^2/\text{mm}\right)$$

6.3.4 检验结论及处理建议

6.3.4.1 检验结论

经对某风景区玻璃栈道现场检查、检测、计算分析、原位加载试验，以及玻璃加载试验，得出检测鉴定结论如下：

（1）某风景区玻璃栈道上部结构未发现由于岩壁不均匀沉降造成的显著结构构件开裂和变形，岩壁防护完好；个别混凝土梁表面抹灰层开裂，侧面观察结构完好；栏杆螺栓无松动或滑移现象。

（2）经计算分析，玻璃栈道结构承载能力满足设计使用荷载要求。

（3）在岩壁缓坡悬挑栈道和岩壁陡坡悬挑栈道分别进行原位加载试验，全过程未产生超过规范限值的挠度变形，混凝土梁未出现可见裂缝，承载能力满足 $3.5\ \text{kN/m}^2$ 活荷载使用要求。

（4）在对单块玻璃进行现场原位荷载试验过程中，全过程玻璃未产生超过规范限值的挠度变形、玻璃无裂纹、夹胶无脱开，玻璃承载能力满足 3.5 kN/m² 活荷载使用要求。

6.3.4.2 处理建议

某风景区玻璃栈道在后续使用过程中，应对其定期进行安全性检查和维护，在有条件的情况下应建立结构健康监测数据库。

6.4 某玻璃观景台及玻璃栈道结构安全验收

6.4.1 工程概况

某野生动物世界玻璃观景台、玻璃栈道项目为人行景观设施，其中玻璃观景台为钢箱梁拉索悬挑结构，玻璃栈道为空间异型钢结构。为确保项目建成后可以安全使用，依照国家相关规范要求对该结构进行检验。项目实勘如图 6.32 和图 6.33 所示。

图 6.32 玻璃观景台

图 6.33 玻璃栈道

6.4.2 结构检查与检测

6.4.2.1 现场检查结果

A 玻璃观景台结构体系核查

该项目为钢箱梁拉索悬挑结构。玻璃台面行人荷载为 3.0 kN/m²。索塔高 12 m，平台总悬挑长度为 30 m。拉索采用 ϕ30 mm 镀锌钢丝绳，单根破断拉力为 599 kN。钢箱梁纵梁截面为 500 mm×300 mm×18(14) mm，横梁截面为 300 mm×200 mm×10 mm，圆环景观台纵梁截面为 500 mm×200 mm×10 mm，横梁截面为 400 mm×200 mm×10 mm。平台玻璃采用三层夹胶钢化玻璃，宽度为 2 m。索塔截面尺寸为 1200 mm×800 mm，混凝土设计强度为 C30。玻璃观景台结构简图如图 6.34 所示。

图 6.34 玻璃观景台结构简图

B 玻璃栈道结构体系核查

玻璃栈道分为两部分，第一部分为空间异型钢结构，第二部分为悬挑钢梁承重结构。第一段最大跨度为 22 m，第二段悬挑梁间距 3 m。玻璃栈道宽 1.7 m，纵横梁均采用 200 mm×6.0 mm 矩形管。台面采用三层夹胶钢化玻璃。栈道结构简图如图 6.35 和图 6.36 所示。

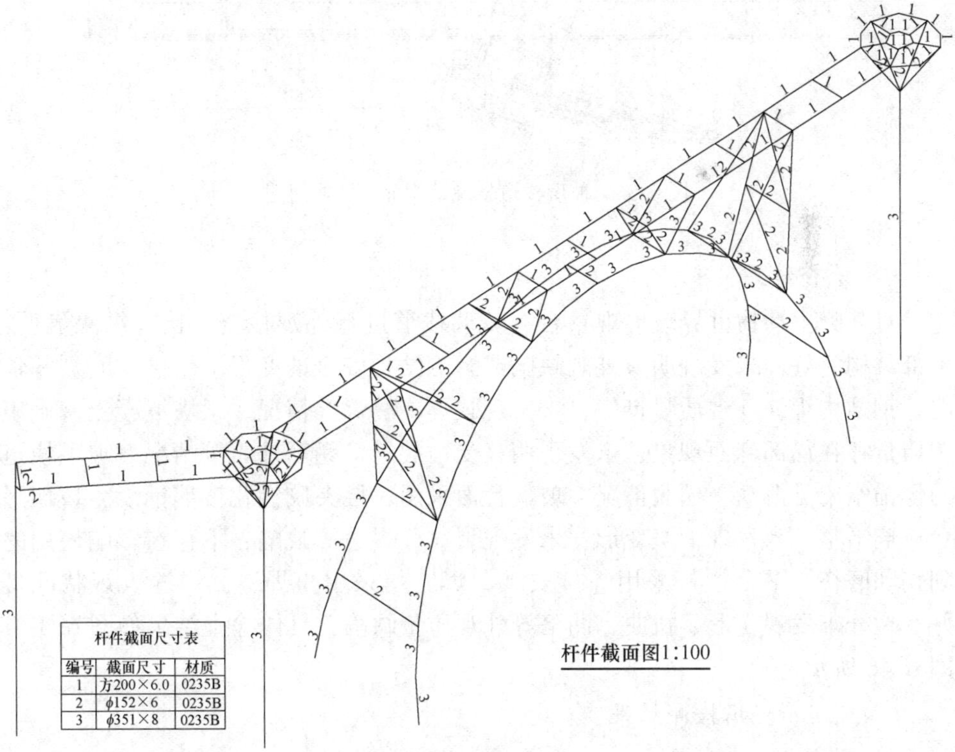

杆件截面尺寸表

编号	截面尺寸	材质
1	方200×6.0	Q235B
2	ϕ152×6	Q235B
3	ϕ351×8	Q235B

图 6.35 玻璃栈道异型钢结构部分结构简图

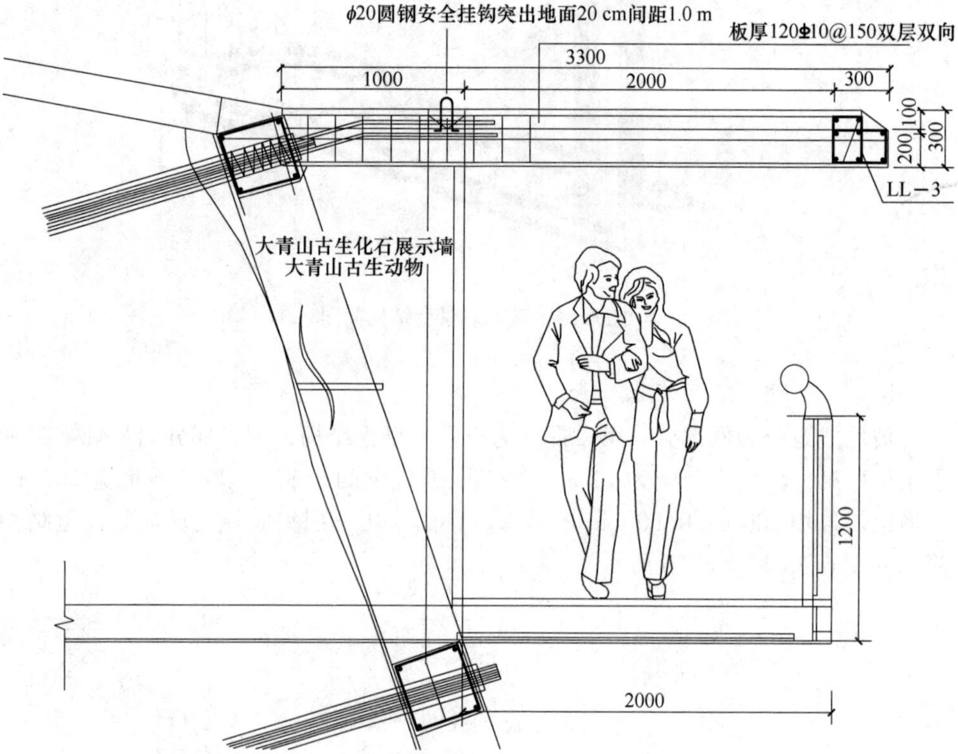

图 6.36　玻璃栈道悬挑结构部分结构简图

C　检查结果

对某野生动物世界玻璃观景台、玻璃栈道进行外观检查，检查结果表明：上部结构完好，未发现明显外观缺陷或影响结构安全的变形、锈蚀、开裂等情况。钢结构焊缝外观质量良好，未发现缺焊、漏焊等情况。索塔混凝土基础表观质量存在局部麻面现象，未发现明显受力裂缝、钢筋外露等情况。玻璃栈道山体锚索未见滑动、松脱情况。玻璃台面采用三层夹胶钢化玻璃铺设，玻璃平台玻璃平整，未发现下挠变形，未发现裂纹、爆边等缺陷，不存在影响使用的划伤和磨伤。平台栏杆采用焊接安装，焊缝均采用角焊缝，焊缝表观状况良好。栏杆未发现变形、扭曲、凹陷等外观质量缺陷，具体检查结果如图 6.37～图 6.46 所示。

6.4.2.2　现场检测结果

A　混凝土强度检测

对混凝土构件材料强度进行回弹法强度检测，检测结果表明：该项目混凝土强度满足设计要求。混凝土强度检测结果见表6.14。

图6.37 玻璃观景台前视现状

图6.38 玻璃观景台后视现状

图6.39 后锚锭与拉索现状

图6.40 平台通道现状

图6.41 钢结构节点与
锁具连接现状(一)

图6.42 钢结构节点与
锁具连接现状(二)

图 6.43 玻璃栈道钢结构异型段

图 6.44 玻璃栈道钢结构异型段

图 6.45 玻璃栈道玻璃台面

图 6.46 玻璃栈道悬挑结构段

表 6.14 混凝土强度检测结果

构件名称	碳化深度/mm	混凝土抗压强度换算值/MPa			
		平均值	标准差	最小值	换算值
索塔 B	2.0	33.1	0.86	32.0	31.7
索塔 C	1.5	35.9	0.77	34.6	34.6
后锚锭	1.0	37.5	0.95	36.6	35.9
栈道基础 1	2.0	28.4	1.69	26.4	25.6
栈道基础 2	2.0	30.8	2.28	27.6	27.0
栈道基础 3	2.0	29.8	1.56	27.9	27.2

B 钢材强度检测

采用里氏硬度计对本工程钢结构主要钢构件的材料强度进行抽样检测，检测结果见表 6.15。

表 6.15　钢材强度检测结果

构件名称	构件位置	测区里氏硬度(HL)	测区换算抗拉强度最小值$f_{b,min}$/N·m^{-2}	构件抗拉强度特征值/N·m^{-2}	构件抗拉强度特征值平均值/N·m^{-2}	推定材料强度
观景台箱梁	3/A	386	388	396	404	Q235
		394	399			
		397	402			
观景台箱梁	3/B	393	397	401		
		396	401			
		398	404			
观景台箱梁	5/A	404	413	412		
		402	410			
		405	414			
观景台箱梁	6/B	395	400	402		
		395	400			
		400	407			
观景台箱梁	10/D	405	414	406		
		406	416			
		386	388			
栈道钢柱	1/A	386	388	401	405	Q235
		400	407			
		401	408			
栈道钢柱	2/A	402	410	411		
		402	410			
		404	413			
栈道钢柱	4/B	396	401	403		
		397	402			
		400	407			
栈道钢梁	3/A-B	404	413	414	411	Q235
		406	416			
		404	413			
栈道钢梁	1-2/B	393	397	403		
		404	413			
		395	400			
栈道钢梁	2-3/B	409	421	417		
		415	430			

续表 6.15

构件名称	构件位置	测区里氏硬度(HL)	测区换算抗拉强度最小值$f_{b,min}$/N·m^{-2}	构件抗拉强度特征值/N·m^{-2}	构件抗拉强度特征值平均值/N·m^{-2}	推定材料强度
栈道钢梁	2-3/B	409	421	417	411	Q235
		415	430			
		394	399			
栈道钢悬挑梁	1/A-B	375	387	407		
		402	410			
		411	424			
栈道钢悬挑梁	2/A-B	393	398	415		
		403	412			
		419	436			
栈道钢悬挑梁	3/A-B	418	434	413		
		398	404			
		395	400			

C　构件截面尺寸检测

应用数显卡尺、超声波测厚仪、钢尺等对本项目构件的截面尺寸进行抽样检测，检测结果见表 6.16。

表 6.16　抽检结构构件截面尺寸检测结果

项目及构件名	截面尺寸实测值/mm	设计截面尺寸/mm	是否合格
观景台索塔 B	1206×803	1200×800	是
观景台索塔 C	1205×801	1200×800	是
观景台箱梁 1-2/A	501×300×17.6	500×300×18	是
观景台箱梁 1-2/B	500×300×17.6	500×300×18	是
观景台箱梁 3/A-B	300×200×9.8	300×200×10	是
观景台箱梁 4/A-B	300×200×9.8	300×200×10	是
栈道钢柱 2/A	ϕ352×7.7	ϕ351×8.0	是
栈道钢柱 2/B	ϕ351×7.7	ϕ351×8.0	是
栈道钢柱 3/A	ϕ351×7.7	ϕ351×8.0	是
栈道钢梁 2-3/A	□200×200×5.7	□200×200×6	是
栈道钢梁 2-3/B	□200×200×5.7	□200×200×6	是
栈道钢梁 3-4/B	□200×200×5.7	□200×200×6	是

续表 6.16

项目及构件名	截面尺寸实测值/mm	设计截面尺寸/mm	是否合格
栈道挑梁 4/A-B	工 200×100×6.9×11.1	工 200×100×7.0×11	是
栈道挑梁 5/A-B	工 200×100×6.9×11.2	工 200×100×7.0×11	是
栈道挑梁 6/A-B	工 200×100×6.9×11.2	工 200×100×7.0×11	是

D 钢构件涂层厚度检测

根据《钢结构工程施工质量验收规范》（GB 50205—2001）的规定，室内钢构件涂层厚度应为 125 μm，允许偏差为 -25 μm；室外钢构件涂层厚度应为 150 μm，允许偏差为 -25 μm。由检测结果可知：结构钢构件防腐涂层厚度基本满足规范要求，检测结果见表 6.17。

表 6.17 钢构件涂层厚度检测结果

构件位置	涂层厚度测量值/μm					平均值/μm
玻璃观景台 XL1-2/A	160	148	150	158	152	154
玻璃观景台 XL1-2/B	160	151	152	152	148	153
玻璃观景台 XL2-3/A	159	165	169	158	155	161
玻璃观景台 XL2-3/B	156	158	151	151	159	155
玻璃观景台 XL5/A-B	162	160	156	150	148	155
玻璃观景台 XL6/A-B	151	154	147	165	151	154
玻璃观景台 XL5-6/A	165	170	151	159	164	162
玻璃观景台 XL5-6/B	150	157	151	160	148	153
栈道 GZ2/A	151	169	165	145	159	158
栈道 GZ2/B	141	152	161	144	159	151
栈道 GZ3/A	157	151	155	158	148	154
栈道 GZ3/B	159	157	163	151	160	158
栈道 ZL1-2/A	162	152	151	156	156	155
栈道 ZL1-2/B	168	154	163	142	154	156
栈道 ZL2-3/A	161	161	160	152	167	160
栈道 ZL2-3/B	158	159	157	160	159	159
栈道 XTL4/A-B	155	168	167	154	149	158
栈道 XTL6/A-B	153	162	153	150	149	154

续表 6.17

构件位置	涂层厚度测量值/μm					平均值/μm
栈道 XTL7/A-B	147	166	154	157	157	156
栈道 XTL9/A-B	159	157	151	166	158	158

E 台面玻璃检测

依据设计文件，玻璃观景台使用 3×10 mm 三层夹胶钢化玻璃，玻璃栈道使用 3×12 mm 三层夹胶钢化玻璃，现场采用超声波测厚仪对表层玻璃厚度进行了抽样检测，抽检玻璃厚度满足设计要求。玻璃厚度检测结果见表 6.18。

表 6.18 玻璃厚度检测结果

构件位置	实测厚度/mm	设计厚度/mm	备 注
观景台 1-2/A-B	10.0/10.0/10.0	10	满足
观景台 2-3/A-B	10.0/10.0/9.9	10	满足
观景台 2-3/C-D	10.0/10.0/10.1	10	满足
栈道 1-2/A-B	12.0/11.9/12.0	12	满足
栈道 2-3/A-B	12.0/12.0/12.0	12	满足
栈道 6-7/A-B	12.0/11.9/12.0	12	满足

F 观景台索塔垂直度检测

现场采用全站仪对 2 座索塔垂直度进行了检测，索塔总高 12m，检测结果显示，索塔垂直度偏差未超规范限值，检测结果见表 6.19。

表 6.19 顶点侧向位移检测结果

序号	构件位置	东西向		南北向	
		测量高度/mm	侧向位移/mm	测量高度/mm	侧向位移/mm
1	索塔 A	12000	-13	12000	-36
2	索塔 B	12000	8	12000	-32

注：东、北偏为正；西、南偏为负。

6.4.3 检验结论及处理建议

6.4.3.1 检查结论

（1）混凝土结构检查。本工程基础混凝土结构表观质量良好，未发现蜂窝麻面等状况。基础与立柱连接节点使用仿生装饰层保护，现状良好。

（2）钢结构检查。所检钢结构构件未发现机械损伤、明显挠曲变形。油漆防护层厚度均匀，未发现起皮、破损情况，钢柱钢梁未出现锈蚀，钢梁内未发现积水。

（3）围护结构。平台台面采用三层夹胶钢化玻璃铺设，玻璃平台玻璃平整，未发现下挠变形，未发现裂纹、爆边等缺陷，不存在影响使用的划伤和磨伤。平台栏杆采用焊接安装，焊缝均采用角焊缝，焊缝表观状况良好。栏杆未发现变形、扭曲、凹陷等外观质量缺陷。

6.4.3.2 检测结论

（1）混凝土强度。实测混凝土强度满足设计要求。

（2）钢构件强度回弹检测。钢构件的抗拉强度实测结果满足设计 Q235 等级要求。

（3）钢构件尺寸、厚度复核。钢构件实测厚度、尺寸与设计相符，满足设计及《钢结构工程施工质量验收规范》（GB 50201—2020）要求。

（4）钢构件防腐涂层厚度。钢构件防腐涂层厚度满足规范要求。

（5）台面玻璃检测。台面采用三层夹胶钢化玻璃，观景台单层玻璃实测厚度为 10 mm，栈道单层玻璃实测厚度为 12 mm，与设计要求一致。

6.4.3.3 处理建议

本工程各项检测结果均符合设计及规范要求，具备竣工验收条件。在后续运营过程中，应经常对玻璃平台进行检查和维护，定期对玻璃平台各连接部件进行常规性检查和巡视，如发生异常情况，立即停止使用。

7　面状工业构筑物结构安全性分析与控制

7.1　某加油站网架受撞击后钢结构检测鉴定

7.1.1　工程概况

某加油站网架结构整体为规则矩形平面顶棚，正方四角锥焊接球节点网架结构。钢网架采用下弦柱点支撑方式，共设四根格构柱支撑。因为失控车辆直接撞击支撑格构柱后，格构柱受损严重，网架整体出现大角度倾斜，为了保证该网架结构的安全性，对钢结构进行主体结构检测，并评估其安全性。

7.1.2　现场检测结果

7.1.2.1　结构平面布置检测

现场采用激光测距仪、卷尺对网架结构平面布置、轴距和建筑网架高度进行了检测，检测结果如图 7.1 所示。检测结果表明，网格尺寸为 2.2 m×2.2 m，网架边跨处尺寸略有变化，为 2.2 m×1.25 m，网架矢高为 1.20 m；上屋面板为轻钢龙骨支撑彩钢板。网架上弦纵向（东西向）轴线号为轴 1～轴 14，横向（南北向）轴线号为轴 A～轴 K；网架下弦纵向（东西向）轴线号为轴 1～轴 13，横向（南北向）轴线号为轴 A～轴 J。

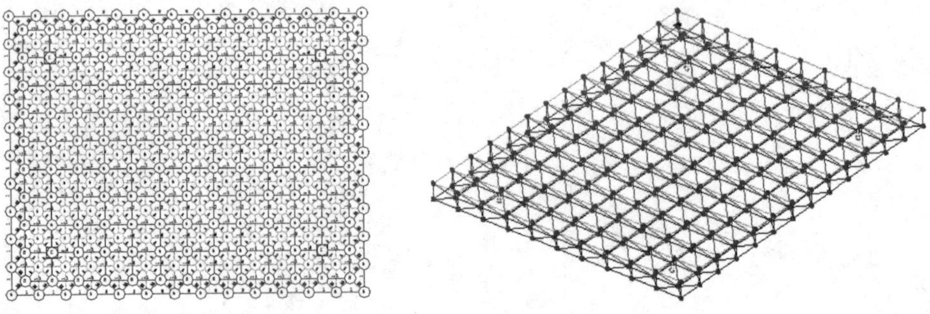

(a)　(b)

图 7.1　网架整体示意图

(a) 平面布置图；(b) 平面三维示意图

7.1.2.2　钢构件厚度检测

A　钢构件厚度检测机理

根据《钢结构现场检测技术标准》（GB/T 50621—2010）的规定，超声波测厚是利用超声波仪的探头的超声波脉冲通过耦合剂到达被测介质表面，一部分被物体前表面反射，其余部分通过物体从背表面反射回来，探头则接收下来成为背表面回波，计算前面反射脉冲与回波脉冲的时间间隔，以此计算厚度。

超声波仪为TT110型智能化超声波测厚仪，液晶数字显示，检测范围1.2~225.0 mm，最大误差0.1 mm。检测前应清除钢结构表面的油漆层、氧化皮、锈蚀等，并打磨至露出金属光泽。本次检测在构件3个不同部位进行测量，取3处测试值的平均值作为钢材厚度的代表值。

B　检测结果

现场采用卷尺、游标卡尺和超声测厚仪对网架钢结构构件厚度进行抽样检测，检测结果见表7.1。检测结果表明：本工程所测圆杆（腹杆）钢结构构件钢板厚度为3 mm，焊接球构件厚度为4 mm。钢构件承载力验算时，可按设计截面尺寸进行计算。

表7.1　网架腹杆厚度检测结果

构件位置	构件编号	位置	钢材厚度实测值/mm			钢材厚度平均值/mm
			测点1	测点2	测点3	
上弦	2~3/B圆杆	测区-01	3.1	3.8	3.5	3.5
		测区-02	3.7	3.8	3.2	3.5
上弦	3~4/B圆杆	测区-01	3.0	3.9	3.2	3.4
		测区-02	3.5	3.8	3.3	3.5
上弦	7~8/C圆杆	测区-01	3.2	3.5	3.1	3.3
		测区-02	3.5	3.1	3.9	3.5
上弦	8~9/C圆杆	测区-01	3.8	3.6	3.7	3.7
		测区-02	3.1	3.5	4.0	3.5
上弦	10~11/F圆杆	测区-01	3.6	3.5	4.0	3.7
		测区-02	3.1	3.5	3.2	3.3
上弦	10~11/D圆杆	测区-01	3.8	3.3	3.7	3.6
		测区-02	3.4	3.6	3.7	3.6
上弦	4~5/E圆杆	测区-01	4.0	3.9	3.7	3.9
		测区-02	3.6	3.7	3.1	3.5
上弦	5~6/E圆杆	测区-01	3.3	3.1	3.9	3.4
		测区-02	3.8	3.7	4.0	3.8

续表 7.1

构件位置	构件编号	位置	钢材厚度实测值/mm			钢材厚度平均值/mm
			测点 1	测点 2	测点 3	
上弦	B～C/4 圆杆	测区-01	3.4	3.3	3.7	3.5
		测区-02	3.3	3.8	3.4	3.5
上弦	B～C/5 圆杆	测区-01	3.1	3.6	3.0	3.2
		测区-02	3.3	3.3	3.7	3.4
上弦	F～G/9 圆杆	测区-01	3.2	3.3	3.7	3.4
		测区-02	3.7	3.4	3.7	3.6
上弦	F～G/12 圆杆	测区-01	3.5	4.0	3.6	3.7
		测区-02	3.6	3.6	3.2	3.5
上弦	J～K/12 圆杆	测区-01	3.2	3.0	3.9	3.3
		测区-02	3.5	4.0	3.1	3.5
下弦	3～4/F 圆杆	测区-01	3.6	3.9	3.1	3.6
		测区-02	3.2	3.1	3.5	3.3
下弦	C～D/4 圆杆	测区-01	3.3	3.1	4.0	3.5
		测区-02	3.0	3.8	3.1	3.3
下弦	E～F/5 圆杆	测区-01	3.5	3.1	3.3	3.3
		测区-02	3.6	3.0	3.7	3.4
下弦	E～F/6 圆杆	测区-01	3.5	3.7	3.9	3.7
		测区-02	3.2	3.5	3.2	3.3
下弦	7～8/G 圆杆	测区-01	3.5	3.6	3.8	3.6
		测区-02	3.4	3.9	3.7	3.6
下弦	8～9/G 圆杆	测区-01	3.3	3.8	3.7	3.6
		测区-02	3.7	3.3	3.9	3.7
下弦	B～C/3 圆杆	测区-01	3.3	3.5	3.3	3.4
		测区-02	3.8	3.7	3.6	3.7
下弦	H～I/8 圆杆	测区-01	3.3	3.3	3.3	3.3
		测区-02	3.2	3.3	3.7	3.4
下弦	8～9/I 圆杆	测区-01	3.5	3.2	3.6	3.4
		测区-02	3.9	3.9	3.4	3.7
下弦	H～G/12 圆杆	测区-01	3.4	3.1	4.0	3.5
		测区-02	3.1	3.0	3.5	3.2
下弦	12/E～F 圆杆	测区-01	3.4	3.4	4.0	3.6
		测区-02	3.9	3.8	3.2	3.6

续表 7.1

构件位置	构件编号	位置	钢材厚度实测值/mm			钢材厚度平均值/mm
			测点 1	测点 2	测点 3	
下弦	11/E~F 圆杆	测区-01	3.2	3.9	3.3	3.4
		测区-02	4.0	3.1	3.6	3.5
下弦	10/E~F 圆杆	测区-01	3.6	3.7	3.8	3.7
		测区-02	3.8	3.7	3.2	3.6
上弦	4/B 球	测区-01	4.5	4.5	4.0	4.3
		测区-02	4.5	4.2	4.0	4.3
上弦	8/D 球	测区-01	4.9	4.6	4.7	4.7
		测区-02	4.6	5.0	4.7	4.7
上弦	3/F 球	测区-01	4.4	4.5	4.0	4.3
		测区-02	4.2	4.5	4.4	4.3
上弦	4/F 球	测区-01	4.8	4.9	4.4	4.7
		测区-02	4.5	4.3	4.6	4.4
上弦	10/H 球	测区-01	4.1	4.3	4.4	4.3
		测区-02	4.5	4.9	4.1	4.5
下弦	3/A 球	测区-01	4.4	4.9	4.5	4.6
		测区-02	4.6	4.9	4.1	4.6
下弦	10/E 球	测区-01	4.9	4.6	4.7	4.7
		测区-02	4.5	4.4	4.8	4.6
下弦	11/E 球	测区-01	4.8	4.0	4.4	4.4
		测区-02	4.3	4.7	5.0	4.7
下弦	8/G 球	测区-01	4.7	4.3	4.8	4.6
		测区-02	5.0	4.4	5.0	4.8
下弦	8/B 球	测区-01	4.3	4.9	4.2	4.5
		测区-02	4.7	4.6	4.5	4.6

7.1.2.3 钢构件强度检测

A 表面硬度法强度检测机理

采用表面硬度法对钢材强度进行检测，它的基本原理是金属硬度与强度之间存在着相关关系。具有一定质量的冲击体在一定的试验力作用下冲击试样表面，测量冲击体试样表面 1 mm 处的冲击速度与回跳速度，利用电磁原理，感应出与速度成正比的电压，较硬的材料产生的反弹速度大于较软者。然后通过有关公式计算钢材的实际强度。对于里氏硬度，其计算公式如下：

$$HL = 1000v_R / v_A$$

式中，HL 为里氏硬度；v_R 为冲击体回弹速度；v_A 为冲击体冲击速度。

本次检测仪器采用时代公司的数显智能 HLN-11A 型硬度计。相对误差 0.8%（HLD = 800 时），工作温度 0～40 ℃，工作电压 4.7～6.0 V。该仪器内部设置有里氏硬度（HL）和布氏硬度（HB）的换算关系，测试时可以直接选定布氏硬度的数字显示。

采用表面硬度法对钢材强度进行检测，即直接测试钢材上的布氏硬度，然后通过有关公式或《黑色金属硬度及强度换算值》（GB/T 1172—1999），计算钢材的实际强度。钢材的极限强度与其布氏硬度间存在以下关系：

低碳钢：　　　　　$\delta_b = 3.6HB$

高碳钢：　　　　　$\delta_b = 3.4HB$

调制合金钢：　　　$\delta_b = 3.25HB$

式中，δ_b 为钢材极限强度；HB 为布氏硬度，直接从钢材测得。

当 δ_b 确定后，可根据同种材料的屈强比计算钢材的屈服强度或条件屈服强度，确定钢材的强度。

由于经验公式过于简单，准确性较差，本次检测采用《黑色金属硬度及强度换算值》（GB/T 1172—1999）进行强度推定。其中，Q235：$375 < \sigma_b < 460$；Q345：$470 < \sigma_b < 630$。

B　主要影响因素分析

（1）表面粗糙度对里氏硬度测试值的影响：测试前管道外壁的覆层被剔除掉并经打磨处理，表面粗糙度对里氏硬度测试的影响有限。

（2）被测构件的质量对里氏硬度测试值的影响：该钢梁和钢管的质量较大，不会在冲击瞬间发生刚体位移，因此不会消耗冲击能。

（3）钢梁和钢柱的厚度对里氏硬度测试值的影响：构件较薄部分在冲头冲击时会产生不同程度的位移和颤动，直接影响到冲头回弹速度，从而使里氏硬度值偏低，并使数据的分散明显变大。

（4）冲击方向对里氏硬度测试值的影响：该仪器在测试时已考虑了冲击方向的影响，在杆件上确定测点时角度的偏差对里氏硬度测试值的影响有限。

C　检测结果

现场采用里氏硬度计对该网架工程主要结构构件进行钢材力学性能抽样检测，检测结果见表 7.2。通过检测数据分析，可推定该网架焊接球、圆杆钢构件采用牌号为 Q235 的钢材，其力学性能可按 Q235 考虑。

表 7.2 钢构件钢材抗拉强度检测表

构件编号	抗拉强度 σ_b 实测值/MPa			里氏硬度平均值（HL）	换算抗拉强度最小值 $\sigma_{b,min}$/MPa	推定钢材材质
	测区 1	测区 2	测区 3			
上弦 B/4~5 圆杆	400	380	402	400	378	Q235
	411	438	392			
	412	382	378			
上弦 4~5/A 圆杆	436	379	391	416	379	Q235
	403	431	415			
	421	432	436			
上弦 9~10/F 圆杆	430	408	378	407	378	Q235
	379	429	427			
	379	428	408			
上弦 11~12/F 圆杆	377	426	406	411	377	Q235
	404	420	382			
	411	433	436			
上弦 7~8/D 圆杆	428	397	385	412	375	Q235
	423	407	417			
	435	443	375			
上弦 9~10/E 圆杆	386	389	395	399	379	Q235
	422	379	394			
	400	441	380			
上弦 9~10/G 圆杆	383	379	415	399	377	Q235
	387	400	443			
	425	377	381			
上弦 3~4/H 圆杆	427	415	430	424	381	Q235
	441	419	431			
	443	431	381			
下弦 10~11/E 圆杆	439	418	376	413	376	Q235
	444	397	440			
	398	400	405			
下弦 11~12/E 圆杆	415	407	415	405	388	Q235
	428	388	395			
	389	404	401			

续表 7.2

构件编号	抗拉强度 σ_b 实测值/MPa			里氏硬度平均值（HL）	换算抗拉强度最小值 $\sigma_{b,min}$/MPa	推定钢材材质
	测区 1	测区 2	测区 3			
下弦 11~12/F 圆杆	394	412	425	403	379	Q235
	379	414	409			
	388	402	403			
下弦 6~7/H 圆杆	417	379	402	410	379	Q235
	393	412	408			
	420	420	439			
下弦 5~6/H 圆杆	430	377	394	404	377	Q235
	384	388	390			
	413	417	443			
下弦 3~4/B 圆杆	419	394	419	415	394	Q235
	402	442	421			
	420	399	416			
下弦 8~9/C 圆杆	375	422	382	406	375	Q235
	416	413	422			
	433	397	393			
下弦 11~12/J 圆杆	410	382	415	417	382	Q235
	409	425	421			
	427	423	444			
上弦 B/8 球	441	397	429	410	376	Q235
	386	411	431			
	382	376	440			
上弦 B/7 球	430	377	394	404	377	Q235
	384	388	390			
	413	417	443			
上弦 C/5 球	379	428	383	412	379	Q235
	430	401	429			
	414	436	403			
上弦 E/10 球	396	403	415	414	385	Q235
	412	385	431			
	416	423	444			

续表 7.2

构件编号	抗拉强度 σ_b 实测值/MPa			里氏硬度平均值（HL）	换算抗拉强度最小值 $\sigma_{b,min}$/MPa	推定钢材材质
	测区 1	测区 2	测区 3			
上弦 F/8 球	396	434	398	411	382	Q235
	435	382	420			
	406	432	397			
上弦 H/4 球	383	418	427	410	378	Q235
	378	424	417			
	413	386	441			
下弦 C/9 球	388	377	395	397	377	Q235
	386	435	397			
	384	378	427			
下弦 C/10 球	408	386	434	415	386	Q235
	405	432	406			
	434	406	419			
下弦 F/7 球	436	423	433	425	375	Q235
	440	375	428			
	429	432	426			
下弦 G/4 球	424	439	411	421	376	Q235
	376	429	398			
	443	430	440			
下弦 D/10 球	400	415	442	408	378	Q235
	393	378	433			
	428	382	403			

7.1.2.4 钢构件防腐涂层厚度检测

采用涂层测厚仪检测钢构件防腐涂层厚度，防腐涂层厚度检测应在涂层干燥后进行，检测前应清除测试点表面的防火涂层、灰尘、油污等。本次检测在同一构件上检测 5 处，每处检测 3 个相距 50 mm 的检测点。采用的涂层测厚仪最大量程不小于 1200 μm，最小分辨率为 1 μm。钢构件防腐涂层厚度具体检测结果详见表 7.3。

表 7.3 钢构件防腐涂层厚度检测结果汇总

构件编号	测点厚度/μm					平均值/μm
	1	2	3	4	5	
上弦 B/4~5 圆杆	74	79	91	66	119	86
	122	157	118	130	143	134
	145	110	95	97	95	108

续表 7.3

构件编号	测点厚度/μm					平均值/μm
	1	2	3	4	5	
上弦 4~5/A 圆杆	64	122	139	71	115	102
	127	62	114	75	142	104
	89	136	65	75	77	88
上弦 9~10/F 圆杆	123	86	140	137	110	119
	148	79	131	131	80	114
	136	135	138	69	76	111
上弦 11~12/F 圆杆	90	124	119	109	66	102
	121	117	139	90	116	117
	78	117	107	98	113	103
上弦 7~8/D 圆杆	158	116	66	87	149	116
	149	90	143	99	127	122
	133	98	111	74	79	99
上弦 9~10/E 圆杆	145	117	115	74	120	114
	139	150	88	114	120	122
	154	102	63	145	81	109
上弦 9~10/G 圆杆	94	104	107	96	135	107
	94	136	82	94	105	102
	62	96	112	135	113	104
上弦 3~4/H 圆杆	68	77	92	157	115	102
	70	81	96	119	87	91
	123	131	156	62	119	118
下弦 10~11/E 圆杆	136	159	65	78	68	101
	132	92	89	73	121	101
	86	112	71	112	154	107
下弦 11~12/E 圆杆	131	68	134	130	117	116
	120	96	89	140	142	117
	153	121	152	83	126	127
下弦 11~12/F 圆杆	154	136	61	159	118	126
	136	82	125	94	106	109
	120	64	71	98	148	100

续表 7.3

构件编号	测点厚度/μm					平均值/μm
	1	2	3	4	5	
下弦 6~7/H 圆杆	114	108	116	110	146	119
	123	146	67	147	122	121
	130	79	103	93	69	95
下弦 5~6/H 圆杆	88	111	123	158	89	114
	92	102	158	134	92	116
	71	99	61	107	121	92
下弦 3~4/B 圆杆	76	85	90	107	140	99
	159	145	154	146	92	139
	111	152	99	118	146	125
下弦 8~9/C 圆杆	65	91	132	63	118	94
	158	123	112	61	80	107
	90	98	103	134	105	106
下弦 11~12/J 圆杆	144	72	85	61	126	98
	133	74	60	137	87	98
	73	119	74	105	109	96
上弦 B/8 球	82	78	106	105	113	97
	63	142	114	130	137	117
	68	106	108	156	135	115
上弦 B/7 球	151	138	146	96	158	138
	129	146	80	100	65	104
	137	156	113	99	61	113
上弦 C/5 球	122	66	124	132	143	118
	62	107	75	150	104	99
	71	132	145	141	92	116
上弦 E/10 球	66	103	115	138	141	113
	88	110	73	106	136	103
	103	116	63	153	123	112
上弦 F/8 球	111	113	106	110	124	113
	108	80	85	124	134	106
	158	90	115	134	96	119

续表 7. 3

构件编号	测点厚度/μm					平均值/μm
	1	2	3	4	5	
上弦 H/4 球	131	88	133	159	147	132
	127	120	109	118	136	122
	84	119	156	145	111	123
下弦 C/9 球	133	68	67	93	133	99
	95	130	97	159	86	113
	134	154	107	140	121	131
下弦 C/10 球	83	115	99	66	86	90
	147	92	155	68	109	114
	92	126	85	147	144	119
下弦 F/7 球	60	140	131	99	108	108
	91	100	109	138	141	116
	98	152	103	98	102	111
下弦 G/4 球	84	68	61	75	128	83
	142	61	63	84	121	94
	125	89	122	87	154	115
下弦 D/10 球	145	128	103	115	97	118
	96	125	67	123	149	112
	97	152	75	81	65	94

根据《钢结构工程施工质量验收规范》（GB 50205—2001）和《钢结构现场检测技术标准》（GB/T 50621—2010）规定，每处 3 个测点的涂层厚度平均值不应小于设计厚度的 85%，同一构件上 15 个测点的涂层厚度平均值不应小于设计厚度，因此所抽检的钢构件防腐涂层厚度不符合规范要求。

7. 1. 2. 5 支撑柱垂直度检测

测试仪器为钢卷尺、全站仪等。经多年使用和车辆撞击后，网架支撑柱存在一定的偏斜，倾斜值将高于吊装安装差。对网架支撑柱进行垂直度检测，本次检测抽选 3 根格构柱进行检测。支撑格构柱垂直度检测结果见表 7. 4。

表 7. 4 格构柱垂直度检测结果

测量位置	偏移方向	偏移距离/mm
B/3 柱	西	24
B/11 柱	东	17

续表 7.4

测量位置	偏移方向	偏移距离/mm
H/11 柱	东	28
H/3 柱	已倒塌，尚未拆除	

7.1.3 现场检查结果

7.1.3.1　网架现状检查

网架结构整体为规则矩形平面顶棚，正方四角锥焊接球节点网架结构，网格尺寸为 2.2 m×2.2 m，网架边跨处尺寸略有变化，为 2.2 m×1.25 m，网架矢高为 1.20 m；上弦、下弦及腹杆直径为 68 mm，上弦、下弦焊接球直径为 160 mm，支座处焊接球直径为 200 mm，支座处钢垫板厚度为 20 mm。经现场检查发现，因受外力冲撞损伤，网架杆件出现一定损坏，应采取修复措施，具体见表 7.5。

表 7.5　现阶段网架损伤统计

构件位置	描述	图　片
下弦 6~7/J 圆杆	沿焊缝开裂	
下弦杆 1/E~F 圆杆	沿焊缝完全开裂	
下弦杆 3/B~C 圆杆	弯曲变形	

续表 7.5

构件位置	描述	图　片
下弦杆 3~4/J	变形明显	
下弦杆 1/I~J 圆杆	变形弯曲， 与焊接球 脱开	
下弦杆 2/E~F 圆杆	沿焊缝 完全开裂	
下弦支座 3/B	变形	
斜腹杆	变形明显	

网架杆件、焊接球普遍出现锈蚀现象，涂层表面存在脱皮、泛锈、龟裂和起

泡等缺陷，应在适当的时候进行修复，如图 7.2 和图 7.3 所示。网架支座存在支座锈蚀、支座变形等问题。现场检查发现，支撑柱为由角钢焊接，对称截面的格构柱。现场仅剩的三个格构柱均存在不同程度的倾斜。

图 7.2 焊接球锈蚀严重

图 7.3 防腐涂层受潮、起皮

屋面系统由龙骨、彩钢板组成，屋面材质为彩钢板。屋面角钢龙骨存在不同程度的锈蚀，钢结构构件现状良好。经现场检查，该建筑屋面系统、围护系统整体使用性能良好，无明显安全隐患等缺陷，具体情况如图 7.4~图 7.7 所示。

图 7.4 格构柱已坍塌损坏、失去承载能力

图 7.5 屋面龙骨已锈蚀

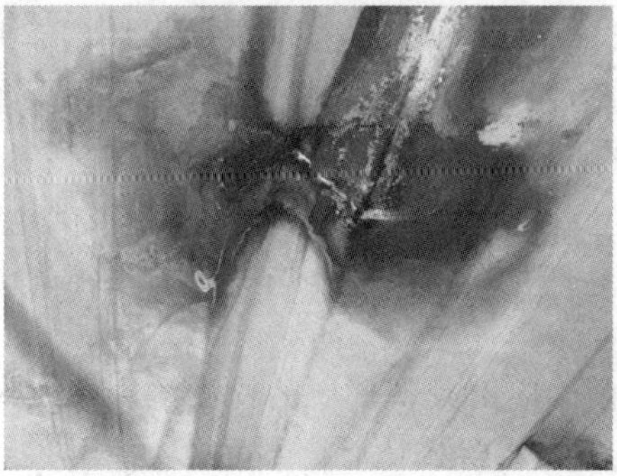

图 7.6 彩钢板受潮、破损

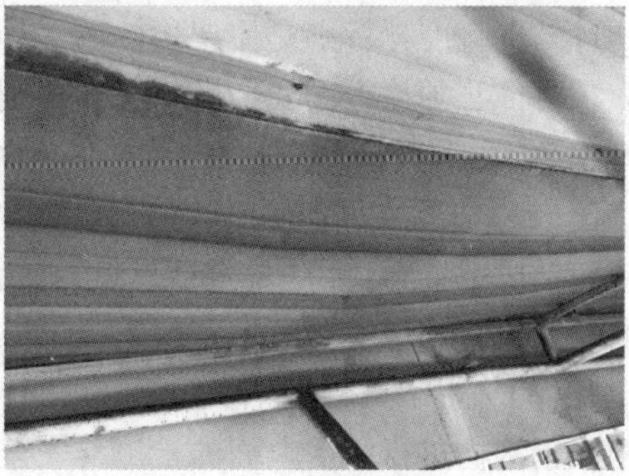

图 7.7 彩钢板变形

7.1.3.2 结构布置检查

某加油站钢结构采用焊接球网架作为主要承载构件，结构上属于网架结构，结构平面布置合理，传力路径明确，符合国家现行标准规范规定。

7.1.4 结构检测与安全鉴定

（1）网架承重构件已经出现不同程度的锈蚀，涂层脱皮、破损现象严重，应进行修复处理。

（2）所抽检钢构件可推定采用牌号为 Q235B 的钢材。

（3）所抽检的钢构件防腐涂层厚度不符合规范要求。

（4）网架钢结构受冲撞后，部分构件出现不同程度的损伤，如焊缝脱开、杆件变形等，应进行修复或更换处理；被车辆冲撞的格构柱损害严重，应拆除后重新施作。现阶段网架钢结构不具备继续使用的条件，安全性无法满足规范及正常使用功能的要求，综合考虑加固效益比，建议在条件具备的情况下重建。

7.1.5 处理及维护意见

（1）对于网架焊接球和圆杆的涂层破损部位，应立即进行表面锈蚀清除，并刷防锈漆和防火涂层。并根据网架后续使用情况，每 2~4 年根据实际情况在下列情况下进行重刷：

1）油漆表面失去光泽达 90%；

2）油漆表面粗糙，风解，开裂达 25%；

3）油漆起泡，构件轻微锈蚀达 40%。

（2）格构柱脚是网架钢结构内部经常发生损坏的部位之一。为了从根源上解决问题，需要规范生产管理，定期进行清理，保持格构柱脚的干燥和清洁。

（3）对受冲撞后存在变形的杆件进行更换处理；对存在缺陷的焊缝进行补焊处理。

（4）在对网架屋盖结构进行定期观测和日常检查时，应注意结构的总状态、构件的平直度，特别是屋架构件的平均挠度，肉眼可见的挠度和局部损坏。降雪太多时，必须检查网架挠度状况，特别是积雪处和沿天窗区段。大风后，屋架龙骨、弦干可能弯曲。屋盖结构构件必须定期清灰，特别是当其可能受潮时。

（5）应建立网架钢结构的技术档案，尤其是在原结构图纸缺失的情况下，应包括以下资料：1）日常性点检检查记录；2）维修保养记录；3）特定情况下的专业检查记录、检测鉴定报告。

（6）在网架钢结构修复后，重新使用前，应由具备资质的检测鉴定单位对网架钢结构进行一次全面的检测与安全隐患排查。经确认后，方可投入使用。

7.2 某均和池及调节池安全性检测鉴定

7.2.1 工程概况

某均和池经过近 10 年的使用，出现了池壁渗漏、钢筋锈胀、混凝土裂缝等病害，给结构安全和生产安全造成了一定的隐患。该调节池用于钢铁生产过程中产生的腐蚀性液体的混合搅拌，水位时有升降，对钢筋混凝土结构有一定腐蚀作用。为了解该工程的病害分布情况和病害程度，为下一步处理措施提供支持，对该工程进行结构检测，根据检测结果，对均和池的安全性状态进行评价。均和池外观如图 7.8 所示。

图 7.8 重钢新区炼铁厂焦化工序 1 号、2 号均和池

7.2.2 现场调查结果

本工程底板标高-3.000 m，厚度 400 mm，地面处标高 0.000 m，池壁顶端标高 4.500 m，典型厚度 350 mm。

材料：柱下采用 C25 钢筋混凝土柱下独立基础，水池阀板采用 C30 混凝土，筏板与水池墙体抗渗等级为 S6。

钢筋：HRB335 级，$f_y = 300\ N/mm^2$；HPB235 级，$f_y = 210\ N/mm^2$。

保护层厚度：独立基础 40 mm（基础下均做 100 mm 厚素混凝土垫层），筏板上部 30 mm，筏板下部 40 mm。

荷载：按国家现行规范规程施工。

7.2.3 结构现状检查

7.2.3.1 地基基础检查

本次检测未发现均和池及调节池的地基基础有明显沉降变化，四周地面均未发现明显开裂现象，未见因地基沉降等引起上部结构倾斜变形等缺陷，也未发现因地基基础不均匀沉降造成的结构构件开裂和倾斜。

7.2.3.2 池壁结构检查

经现场检查发现，均和池及调节池池壁外部渗漏痕迹较为严重，出现多处竖向裂缝；池壁内部上部钢筋锈胀严重，局部混凝土剥落。现场缺陷及判定统计见表7.6，部分病害情况如图7.9~图7.38所示。表7.6中的构件位置，指3~4/J混凝土池壁按扶臂柱均分7份，从3轴至4轴依次编号，其他同样。

表7.6 均和池及调节池池壁混凝土强度检查结果汇总

构件位置	缺陷类型	缺陷描述
3~4/J (1/7段)	裂缝、渗漏、水渍	墙体2条竖向裂缝，长约3.0 m和2.0 m，裂缝宽度大于2.0 mm，渗漏、水渍约0.5 m^2，局部混凝土粉化
3~4/J (2/7段)	裂缝、渗漏、水渍	墙体1条竖向裂缝，长约2.0 m，裂缝宽度约0.5 mm，渗漏、水渍约0.5 m^2，局部混凝土粉化
3~4/J (4/7段)	裂缝、渗漏、水渍	墙体1条竖向裂缝，长约3.5 m，裂缝宽度约0.4 mm，渗漏、水渍约3.0 m^2，抹灰层剥落、露筋
3~4/J (5/7段)	裂缝、渗漏、水渍	墙体1条竖向裂缝，长约4.5 m，裂缝宽度约1.0 mm，渗漏、水渍约1.2 m^2，局部抹灰层剥落
3~4/J (6/7段)	裂缝、渗漏、水渍	墙体1条竖向裂缝，长约4.0 m，裂缝宽度约1.0 mm，渗漏、水渍约2.0 m^2，大面积抹灰层剥落
3~4/J (7/7段)	裂缝、渗漏、水渍	墙体3条竖向裂缝，分别长约4.0 m、3.5 m和4.0 m，裂缝宽度约2.0 mm，渗漏、水渍约2.0 m^2，部分抹灰层剥落
4/D~G	锈胀、剥落	池壁内侧上沿1.0 m范围普遍墙体钢筋锈胀、混凝土剥落
4/D~G	锈胀、剥落	池壁内侧上沿1.0 m范围普遍扶臂柱顶钢筋严重锈胀、混凝土开裂、剥落
3/D~G	锈胀、剥落	墙体未发现无渗漏裂缝，池壁内侧上沿1.0 m范围钢筋锈胀、混凝土剥落
4/D~G	锈胀、剥落	池壁内侧未发现渗漏裂缝，上沿1.0 m范围普遍钢筋锈胀、混凝土开裂剥落
4/D~G	锈胀、剥落	池壁内侧上沿1.0 m范围普遍钢筋锈胀、混凝土开裂剥落
3~4/G（1/7段）	裂缝、渗漏	池壁内侧2条竖向贯穿裂缝，长约3.0 m
3~4/G（2/7段）	裂缝、渗漏	池壁内侧2条竖向贯穿裂缝，长约3.5 m
3~4/G（3/7段）	裂缝、渗漏	池壁内侧2条竖向贯穿裂缝，长约5.0 m
3~4/G（4/7段）	裂缝、渗漏	池壁内侧3条竖向贯穿裂缝，长约6.0 m
3~4/G（5/7段）	裂缝、渗漏	池壁内侧2条竖向贯穿裂缝，长约5.5 m
3~4/G（6/7段）	裂缝、渗漏	池壁内侧3条竖向贯穿裂缝，长约5.0 m
3~4/G（7/7段）	裂缝、渗漏	池壁内侧2条竖向贯穿裂缝，长约3.0 m
3~4/G	裂缝、渗漏	池壁内侧现状全貌（方向：北向）

续表 7.6

构件位置	缺陷类型	缺 陷 描 述
3~4/D（1/7 段）	裂缝、渗漏	池壁内侧 1 条竖向贯穿裂缝，长约 3.5 m
3~4/D（2/7 段）	裂缝、渗漏	池壁内侧 2 条竖向贯穿裂缝，长约 5.5 m
3~4/D（3/7 段）	裂缝、渗漏	池壁内侧 3 条竖向贯穿裂缝，最长约 5.5 m
3~4/D（4/7 段）	裂缝、渗漏	池壁内侧 2 条竖向贯穿裂缝，最长约 4.5 m
3~4/D（5/7 段）	裂缝、渗漏	池壁内侧 4 条竖向贯穿裂缝，最长约 5.5 m
3~4/D（6/7 段）	裂缝、渗漏	池壁内侧未发现明显贯穿裂缝，上品轻微锈胀
3~4/G	裂缝、渗漏	池壁内侧 2 条竖向贯穿裂缝，最长约 4.5 m
4/A~D	裂缝、渗漏	池壁内侧现状全貌（方向：东向）
4/A~D	裂缝、渗漏、剥落	池壁墙体 1 条竖向裂缝，长约 3.0 m，裂缝宽度大于 1.0 mm，渗漏、水渍约 1.5 m^2，局部抹灰层剥落（1/4 段）
4/A~D	裂缝、渗漏、剥落	池壁墙体 2 条竖向裂缝，长约 2.0 m，裂缝宽度大于 0.5 mm，渗漏、水渍约 2.5 m^2，局部抹灰层剥落（4/4 段）
4/ D~G	裂缝、渗漏、剥落	池壁墙体 1 条竖向裂缝，长 4.0 m，渗漏、水渍约 0.5 m^2，抹灰层剥落（1/3 段）
4/ D~G	裂缝、渗漏、剥落	池壁墙体 1 条竖向裂缝，长约 3.0 m，渗漏、水渍 1.0 m^2，悬挑板开裂（2/3 段）
4/ G~J	裂缝、渗漏、剥落	池壁墙体 1 条竖向裂缝，长 4.0 m，满布渗漏、水渍，悬挑板开裂（1/3 段）
4/ G~J	裂缝、渗漏、剥落	池壁墙体 1 条竖向裂缝，长 4.5 m，满布水渍，悬挑板开裂（2/3 段）
3~4/A	裂缝、渗漏、剥落	池壁外侧现状全貌（方向：东）
3~4/A	裂缝、渗漏、剥落	2 条竖向裂缝，长约 2.5 m 和 3.8 m，大面积渗漏痕迹，抹灰层剥落（1/7 段）
3~4/A	裂缝、渗漏、剥落	2 条竖向裂缝，长 3.0 m，大面积渗漏、抹灰层剥落（2/7 段两侧扶壁柱处）
3~4/A	裂缝、渗漏、剥落	2 条竖向裂缝，长约 3.0 m、1.5 m，大面积渗漏、抹灰粉化剥落痕迹（3/7 段）
3~4/A	裂缝、渗漏、剥落	多条竖向裂缝，最长约 3.0 m，大面积渗漏、抹灰粉化剥落痕迹（4/7 段）
3~4/A	裂缝、渗漏、剥落	4 条竖向裂缝，最长约 3.0 m，大面积渗漏、抹灰粉化剥落痕迹（5/7 段）
3~4/A	裂缝、渗漏、剥落	3 条竖向裂缝，最长约 3.0 m，大面积渗漏、抹灰粉化剥落痕迹（6/7 段）

续表 7.6

构件位置	缺陷类型	缺陷描述
3~4/A	裂缝、渗漏、剥落	1条竖向裂缝，最长约4.0 m，大面积渗漏、抹灰粉化剥落痕迹（7/7段）
普遍现象	锈胀、剥落	各池壁内侧上沿1.0 m范围内墙体和扶壁柱普遍钢筋锈胀、混凝土剥落

图7.9 3~4/J墙体竖向裂缝、大面积渗漏、水渍，混凝土剥落（1/7段）

图7.10 3~4/J墙体竖向裂缝、大面积渗漏、水渍，墙皮剥落（2/7段）

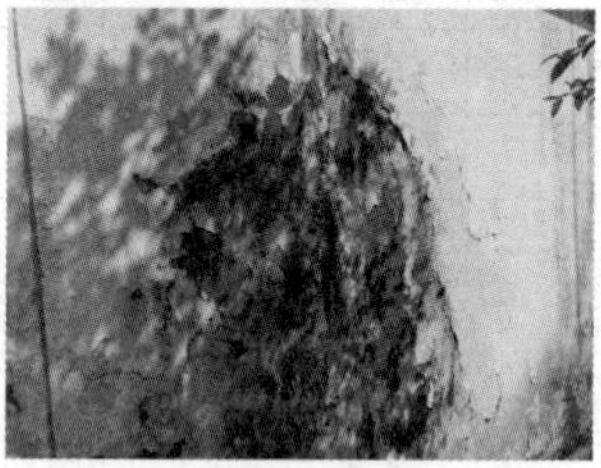

图7.11 3~4/J竖向裂缝、大面积渗漏、水渍，抹灰层剥落、露筋（3/7段）

图7.12 3~4/J墙体竖向裂缝、大面积渗漏、水渍，抹灰层剥落（5/7段）

图7.13 3~4/J墙体渗漏、水渍、裂缝，抹灰层剥落（7/7段）

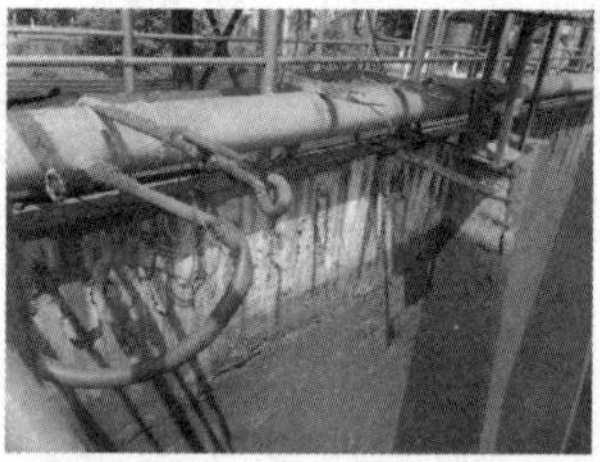

图7.14 4/D~G池壁内侧上沿1.0 m范围普遍墙体钢筋锈胀、混凝土剥落

图7.15 4/D~G池壁内侧上沿1.0 m范围普遍扶臂柱顶钢筋严重锈胀、混凝土开裂、剥落

图7.16 3/D~G墙体未发现无渗漏裂缝，池壁内侧上沿1.0 m范围钢筋锈胀、混凝土剥落

图7.17 4/D~G池壁内侧未发现渗漏裂缝，上沿1.0 m范围普遍钢筋锈胀、混凝土开裂剥落

图 7.18 3～4/G 池壁内侧 2 条竖向贯穿裂缝，长约 3.0 m（1/7 段）

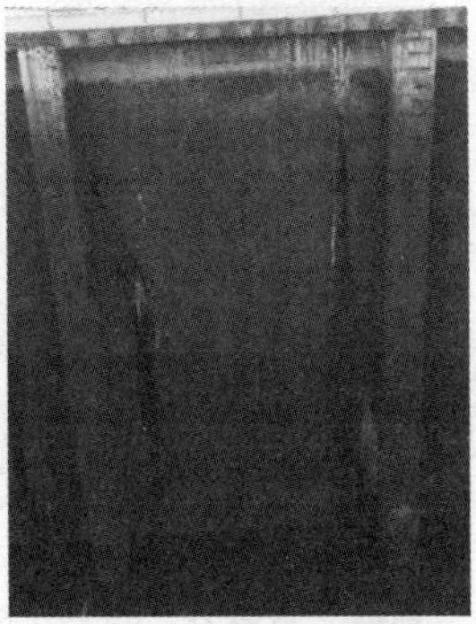

图 7.19 3～4/G 池壁内侧 2 条竖向贯穿裂缝，长约 3.5 m（2/7 段）

图 7.20 3～4/G 池壁内侧 2 条竖向贯穿裂缝，长约 5.5 m（5/7 段）

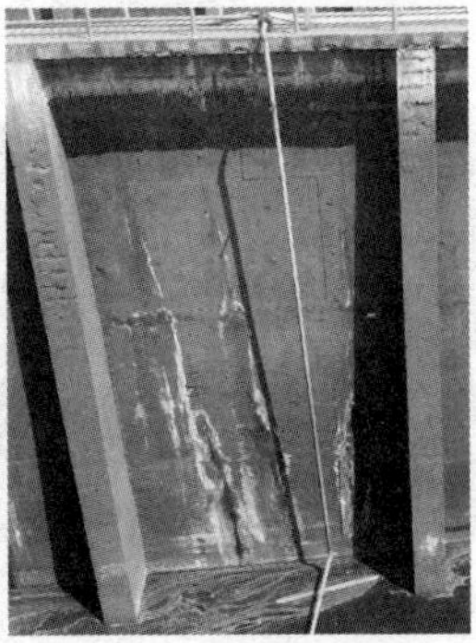

图 7.21 3～4/D 池壁内侧 3 条竖向贯穿裂缝，最长约 5.5 m（3/7 段）

图 7.22 3～4/D 池壁内侧 4 条竖向贯穿裂缝，最长约 5.5 m（5/7 段）

图 7.23 3～4/D 池壁内侧未发现明显贯穿裂缝，上品轻微锈胀（6/7 段）

图 7.24 4/A～D 池壁墙体 2 条竖向裂缝，长约 2.0 m，裂缝宽度大于 0.5 mm，渗漏、水渍约 2.5 m^2，局部抹灰层剥落（4/4 段）

图 7.25 4/ D～G 池壁墙体 1 条竖向裂缝，长 4.0 m，渗漏、水渍约 0.5 m^2，抹灰层剥落（1/3 段）

图 7.26 4/ G～J 池壁墙体 1 条竖向裂缝，长 4.5 m，满布水渍，悬挑板开裂（2/3 段）

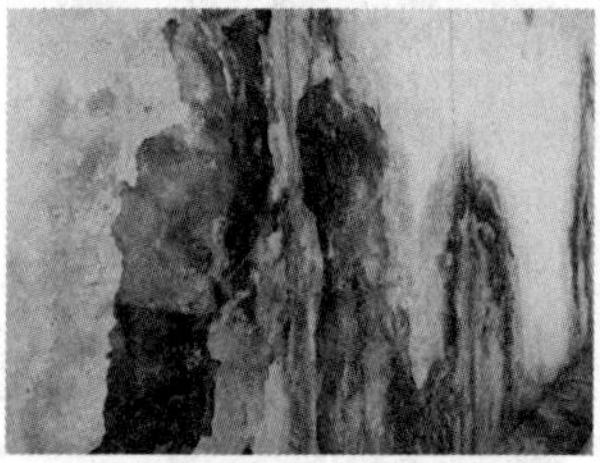

图 7.27　3~4/A 2 条竖向裂缝，长约 3.0 m、1.5 m，大面积渗漏、抹灰粉化剥落痕迹（3/7 段）

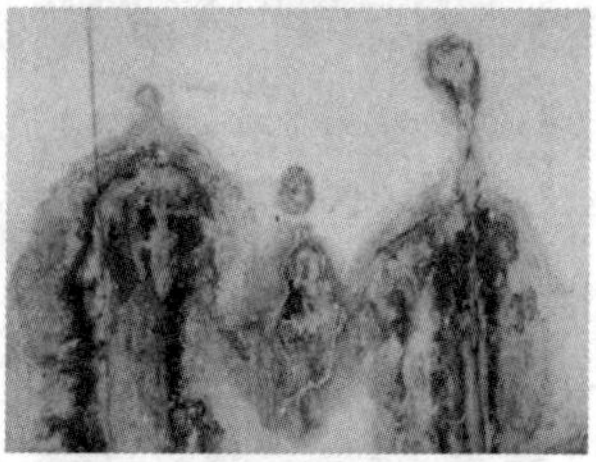

图 7.28　3~4/A 4 条竖向裂缝，最长约 3.0 m，大面积渗漏、抹灰粉化剥落痕迹（5/7 段）

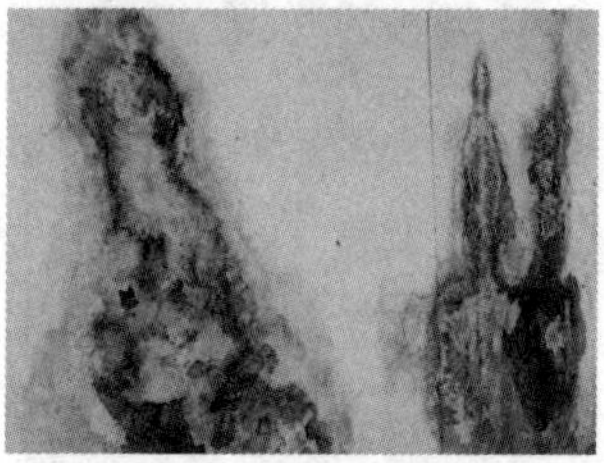

图 7.29　3~4/A 3 条竖向裂缝，最长约 3.0 m，大面积渗漏、抹灰粉化剥落痕迹（6/7 段）

图 7.30　各池壁内侧上沿 1.0 m 范围内墙体和扶壁柱普遍钢筋锈胀、混凝土剥落（1）

图 7.31　各池壁内侧上沿 1.0 m 范围内墙体和扶壁柱普遍钢筋锈胀、混凝土剥落（2）

图 7.32　各池壁内侧上沿 1.0 m 范围内墙体和扶壁柱普遍钢筋锈胀、混凝土剥落（3）

图 7.33　各池壁内侧上沿 1.0 m 范围内墙体和扶壁柱普遍钢筋锈胀、混凝土剥落（4）

图 7.34　各池壁内侧上沿 1.0 m 范围内墙体和扶壁柱普遍钢筋锈胀、混凝土剥落（5）

图 7.35　各池壁内侧上沿 1.0 m 范围内墙体和扶壁柱普遍钢筋锈胀、混凝土剥落（6）

图 7.36　各池壁内侧上沿 1.0 m 范围内墙体和扶壁柱普遍钢筋锈胀、混凝土剥落（7）

图 7.37　各池壁内侧上沿 1.0 m 范围内墙体和扶壁柱普遍钢筋锈胀、混凝土剥落（8）

图 7.38　各池壁内侧上沿 1.0 m 范围内墙体和扶壁柱普遍钢筋锈胀、混凝土剥落（9）

7.2.3.3　检查结果

A　地基基础

本次检测未见因地基沉降等引起上部结构倾斜变形，同时也没有发现因地基基础不均匀沉降造成的结构构件开裂等问题。

B　池壁结构

经现场检查发现，均和池及调节池最典型的缺陷与病害为池壁开裂渗漏、钢筋锈胀，混凝土风化、剥落。池壁外部渗漏痕迹较为严重，出现多处竖向裂缝；池壁内部上部钢筋锈胀严重，局部混凝土剥落。长期这样会影响结构的安全性及耐久性。具体来说：

（1）3~4/A、3~4/J 轴水池池壁剪力墙普遍出现多条裂缝，出现较大面积因渗漏引起水渍，局部抹灰层粉化、剥落现象，局部出现钢筋锈胀现象。

（2）3~4/G 轴水池池壁剪力墙普遍出现多条竖向裂缝，出现较大面积因渗漏引起水渍，局部出现钢筋锈胀现象。

（3）4/A~J 轴水池池壁剪力墙普遍出现多条裂缝，出现较大面积因渗漏引起水渍，局部抹灰层粉化、剥落现象，上部悬臂板出现多条裂缝。

（4）各池壁内侧上沿 1.0 m 范围内墙体和扶壁柱普遍钢筋锈胀、混凝土剥落。

7.2.4　现场检测结果

7.2.4.1　钢筋配置检测

对该工程水池墙体部位进行配筋间距、保护层厚度随机抽样检测，具体检测结果见表 7.7 和表 7.8。由检测结果可知，1 号、2 号均和池及调节池池壁外层水平钢筋和竖向钢筋间距基本满足设计和规范要求，最外侧钢筋的混凝土保护层厚度普遍较大。

表7.7 1号、2号均和池及调节池池壁钢筋间距检测

位置	钢筋类别		设计值/mm	实测平均值/mm	是否符合设计
3~4/J	横向	加密区	150	157	是
		非加密区	200	202	是
	纵向		150	149	是
4/G~D	横向	加密区	150	144	是
		非加密区	200	202	是
	纵向		150	149	是
3~4/A	横向	加密区	150	155	是
		非加密区	200	202	是
	纵向		150	152	是

表7.8 1号、2号均和池及调节池池壁外层钢筋混凝土保护层厚度检测

位置	类别	检测值/mm							平均值/mm	设计值/mm	是否符合设计
3~4/J	外层	34	34	41	38	41	37	45	39	30	偏大
4/G~D	外层	43	38	38	35	36	41	35	38	30	偏大
3~4/A	外层	35	33	35	39	36	45	41	38	30	偏大

7.2.4.2 混凝土强度检测

对1号、2号均和池及调节池池壁混凝土强度和碳化深度进行了随机抽样检测，检测结果见表7.9。1号、2号均和池及调节池混凝土设计强度等级为C30，根据现场抽检结果，按批量强度推定处理，满足设计要求。

表7.9 均和池及调节池池壁混凝土强度检测结果

位置	碳化深度平均值/mm	混凝土抗压强度换算值/MPa			按批量推定强度值/MPa	设计强度等级	是否符合设计
		平均值	标准差	最小值			
3~4/J	5.0	35.2	1.98	31.3	$f_{cu,e}=31.8$ $m_{f_{cu}^{c}}=35.2$ $s_{f_{cu}^{c}}=2.15$	C30	符合
4/G~D	5.0	34.3	1.99	30.7			
3~4/A	5.0	35.4	2.01	32.9			
4/A~D	5.0	35.8	2.13	31.7			
4/G~J	5.0	35.3	2.35	31.6			

7.2.4.3 构件尺寸检测

依据《建筑结构检测技术标准》（GB/T 50344—2004）的规定，混凝土结构构件应以设计图纸规定的尺寸为基准确定尺寸，尺寸的检测方法和尺寸偏差的允许值应按《混凝土结构工程施工质量验收规范》（GB 50204—2015）确定，结果见表 7.10。检测结果表明混凝土构件截面尺寸满足设计要求。

表 7.10　均和池及调节池扶壁柱尺寸检测表

位置	构件名称	检测值/mm		设计值/mm		检测结论
		B 侧	H 侧	B 侧	H 侧	
混凝土柱	1/A	402	401	400	400	合格
	1/B	403	402	400	400	合格
	1/C	401	403	400	400	合格
	1/F	402	402	400	400	合格
	1/H	401	401	400	400	合格
	1/J	402	404	400	400	合格

7.2.5　检验结论

对 1 号、2 号均和池及调节池现场检查、检测及分析，得出检测结论如下。

7.2.5.1　现场检测结果

（1）由检测结果可知，1 号、2 号均和池及调节池池壁外层水平钢筋和竖向钢筋间距基本满足设计和规范要求，外侧钢筋的混凝土保护层厚度较大，而内侧不足。

（2）重钢新区炼铁厂焦化工序 1 号、2 号均和池及调节池混凝土满足 C30 的设计强度等级要求。

（3）构件尺寸满足设计要求。

7.2.5.2　检验结论

1 号、2 号均合池及调节池大面积的竖向裂缝，多数已贯通、透水、钢筋锈蚀，严重危及结构安全，建议全面裂缝注浆、加固，以保证 1 号、2 号均合池及调节池安全使用。

7.3　某蓄水沉淀池工程检测鉴定

7.3.1　工程概况

某蓄水沉淀池工程堤坝支护后使用时间较长，欲对蓄水沉淀池进行改造，增加封闭罩棚，为了掌握堤坝的稳定性，保证后期罩棚结构施工的安全，并确保对周边环境无不利影响，对边坡的稳定性进行检测和评估。

7.3.2 外观质量检验

对某蓄水沉淀池东侧外堤坝、导流堤坝现场进行外观质量检查，检查结果表明，现场现状如图 7.39~图 7.44 所示。

（1）现场对该既有堤坝体进行外观质量检验，混凝土外观质量较差，坡面平整偏差大，局部混凝土存在松散、冻胀剥落现象。

（2）发现堤坝坡面发生变形、位移、开裂等现象，严重影响堤坝安全承载及整体稳定性。

（3）堤坝坡面混凝土内部钢筋已经发生不同程度锈蚀。

图 7.39 堤坝混凝土剥落、开裂（1）

图 7.40 堤坝混凝土剥落、开裂（2）

图 7.41 堤坝混凝土剥落、开裂（3）

图 7.42 堤坝混凝土剥落、开裂（4）

图 7.43 堤坝混凝土剥落、开裂（5）

图 7.44 堤坝混凝土剥落、开裂（6）

7.3.3 混凝土钢筋配置检测

对某蓄水沉淀池东侧外堤坝、导流堤坝坡面混凝土钢筋配置进行检测，具体内容见表 7.11。根据检测结果，判定该蓄水沉淀池东侧外堤坝、导流堤坝坡面钢筋间距存在偏差。

表 7.11 堤坝钢筋配置检测汇总

检测位置	检测项目		
	钢筋间距平均值/mm		检测根数
	水平向	垂直向	
蓄水沉淀池东侧外堤坝	222	231	7
	213	218	7
	235	222	7
	215	224	7
蓄水沉淀池导流堤坝	220	216	7
	222	208	7
	219	225	7
	212	221	7

7.3.4 混凝土强度检测

对某蓄水沉淀池东侧外堤坝、导流堤坝混凝土强度进行抽样检测，考虑龄期修正后的混凝土强度值结果见表 7.12。根据混凝土强度检测结果，判定该蓄水沉淀池东侧外堤坝、导流堤坝混凝土强度较低。

表 7.12 某蓄水沉淀池东侧外堤坝、导流堤坝混凝土强度检测结果

构件类型	混凝土抗压强度换算值/MPa		构件强度推定值/MPa
	平均值	标准差	
蓄水沉淀池东侧外堤坝	15.5	0.99	13.9
	16.0	0.93	14.5
	16.2	1.13	14.3
	15.9	1.21	13.9
蓄水沉淀池导流堤坝	16.5	0.99	14.9
	16.1	0.92	14.6
	15.9	0.98	14.3
	15.6	1.08	13.8

7.3.5 某蓄水沉淀池东侧外堤坝、导流堤坝坡面混凝土厚度检测

对某蓄水沉淀池东侧外堤坝、导流堤坝坡面混凝土厚度进行抽样检测，检测结果见表 7.13。检测结果表明，本工程所抽检堤坝坡面混凝土厚度部分位置不满足设计厚度要求。

表 7.13 本工程所检堤坝网喷混凝土厚度检测结果

检测位置	测点编号	实测厚度/mm	设计厚度/mm
蓄水沉淀池东侧外堤坝	测点 1	178	200
	测点 2	175	200
	测点 3	168	200
	测点 4	196	200
	测点 5	185	200
蓄水沉淀池导流堤坝	测点 6	172	200
	测点 7	186	200
	测点 8	197	200
	测点 9	183	200
	测点 10	192	200

7.3.6 钢筋锈蚀检测

本次检测过程中，对某蓄水沉淀池东侧外堤坝、导流堤坝坡面钢筋混凝土面层进行电位梯度法钢筋锈蚀抽样无损检测，检测结果见表 7.14~表 7.19。

表 7.14 导流堤坝面层钢筋锈蚀电位测试结果(一)

<table>
<tr><td colspan="2">列间距</td><td>20 cm</td><td colspan="2">行间距</td><td>20 cm</td><td>单位</td><td>mV</td></tr>
<tr><td rowspan="6">行号</td><td rowspan="2">位置</td><td colspan="4">列 号</td><td colspan="2">腐蚀情况示意图</td></tr>
<tr><td>1</td><td>2</td><td>3</td><td>4</td><td colspan="2" rowspan="5"></td></tr>
<tr><td>A</td><td>-166</td><td>-164</td><td>-164</td><td>-164</td></tr>
<tr><td>B</td><td>-260</td><td>-260</td><td>-261</td><td>-261</td></tr>
<tr><td>C</td><td>-269</td><td>-267</td><td>-266</td><td>-266</td></tr>
<tr><td>D</td><td>-142</td><td>-347</td><td>-348</td><td>-344</td></tr>
</table>

表 7.15 导流堤坝面层钢筋锈蚀电位测试结果(二)

<table>
<tr><td colspan="2">列间距</td><td>20 cm</td><td colspan="2">行间距</td><td>20 cm</td><td>单位</td><td>mV</td></tr>
<tr><td rowspan="6">行号</td><td rowspan="2">位置</td><td colspan="4">列 号</td><td colspan="2">腐蚀情况示意图</td></tr>
<tr><td>1</td><td>2</td><td>3</td><td>4</td><td colspan="2" rowspan="5"></td></tr>
<tr><td>A</td><td>-196</td><td>-108</td><td>-316</td><td>-420</td></tr>
<tr><td>B</td><td>-238</td><td>-247</td><td>-268</td><td>-367</td></tr>
<tr><td>C</td><td>-234</td><td>-231</td><td>-229</td><td>-226</td></tr>
<tr><td>D</td><td>-287</td><td>-411</td><td>-416</td><td>-417</td></tr>
</table>

表 7.16 导流堤坝面层钢筋锈蚀电位测试结果(三)

列间距		20 cm		行间距	20 cm	单位	mV
行号	位置	列号				腐蚀情况示意图	
		1	2	3	4	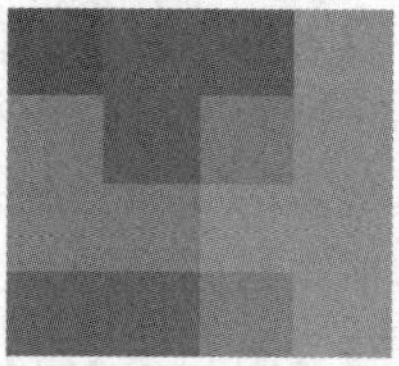	
	A	-365	-232	-245	-121		
	B	-175	-234	-179	-98		
	C	-174	-186	-89	-105		
	D	-275	-281	-165	-87		

表 7.17 东侧外堤坝面层钢筋锈蚀电位测试结果(一)

列间距		20 cm		行间距	20 cm	单位	mV
行号	位置	列号				腐蚀情况示意图	
		1	2	3	4	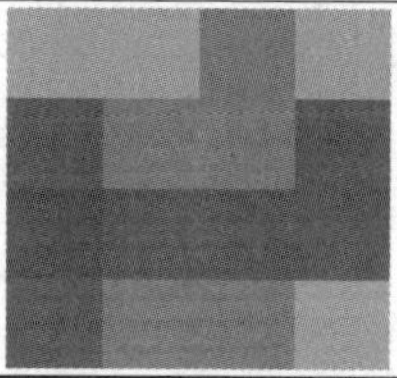	
	A	-102	-98	-169	-99		
	B	-248	-178	-182	-254		
	C	-365	-245	-223	-215		
	D	-265	-178	-168	-113		

表 7.18 东侧外堤坝面层钢筋锈蚀电位测试结果(二)

列间距		20 cm		行间距	20 cm	单位	mV
行号	位置	列号				腐蚀情况示意图	
	A	1	2	3	4	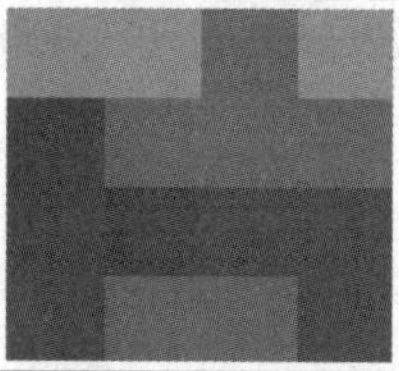	
	B	-95	-104	-173	-102		
	C	-235	-189	-178	-176		
	D	-237	-362	-248	-242		
		-253	-181	-182	-235		

表 7.19 东侧外堤坝面层钢筋锈蚀电位测试结果(三)

列间距		20 cm		行间距	20 cm	单位	mV
行号	位置	列号				腐蚀情况示意图	
		1	2	3	4	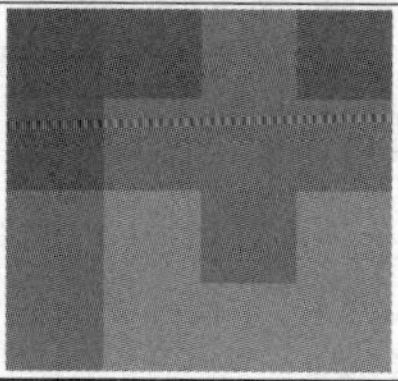	
	A	-358	-241	-172	-239		
	B	-251	-185	-181	-175		
	C	-183	-103	-182	-105		
	D	-179	-112	-103	-96		

根据混凝土现状检查和电位梯度法钢筋锈蚀抽样无损检测，判定该蓄水沉淀池东侧外堤坝、导流堤坝坡面混凝土内部钢筋存在锈蚀现象，对堤坝的正常使用性及耐久性有一定影响。

7.3.7 某蓄水沉淀池堤坝土体密实度检测

7.3.7.1 检测概述

为了解某蓄水沉淀池东侧外堤坝底部土体和导流堤坝土体密实情况，对该区域土体密实度进行雷达探测。通过雷达探测土体中是否存在脱空、疏松，及时发现不密实区域或空洞，以防发生坍塌、滑坡、不均匀沉降等事故。

本次检测范围为某蓄水沉淀池东侧外堤坝底部土体和导流堤坝土体密实度，测线布置图如图7.45所示，测线统计表见表7.20。

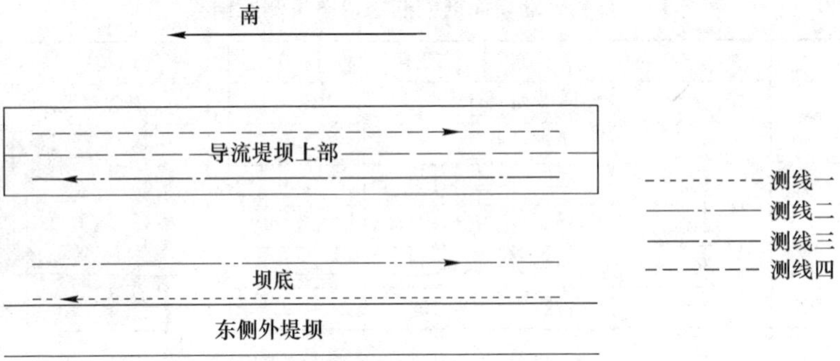

图7.45 测线布置图

表7.20 测线布置统计

名　称	测线方向	测线长度
测线一	由北向南	东侧外堤坝底部约70 m
测线二	由南向北	东侧外堤坝底部约70 m
测线三	由北向南	导流堤坝上部约80 m
测线四	由南向北	导流堤坝上部约80 m

7.3.7.2 现场检测结果及结论

某蓄水池东侧外堤坝底部测线探测范围内未出现明显异常信号，未发现明显较大空洞区域，未发现地基土体不密实情况，土层稳定性良好。导流堤坝探测范围内未见到明显的脱空、空洞问题，但堤坝土体中存在不密实区域，会对坝体整体稳定性和承载力产生不良影响。测线检测结果见表7.21。

表7.21 测线检测结果汇总

测　线	测线方向	测线实测长度	是否存在脱空、不密实
测线一	由北向南	东侧外堤坝底部约70 m	否
测线二	由南向北	东侧外堤坝底部约70 m	否

续表 7.21

测　线	测线方向	测线实测长度	是否存在脱空、不密实
测线三	由北向南	导流堤坝上部约 80 m	是
测线四	由南向北	导流堤坝上部约 80 m	是

7.3.7.3　雷达处理结果

测线一至侧线四的雷达处理结果如图 7.46 所示。

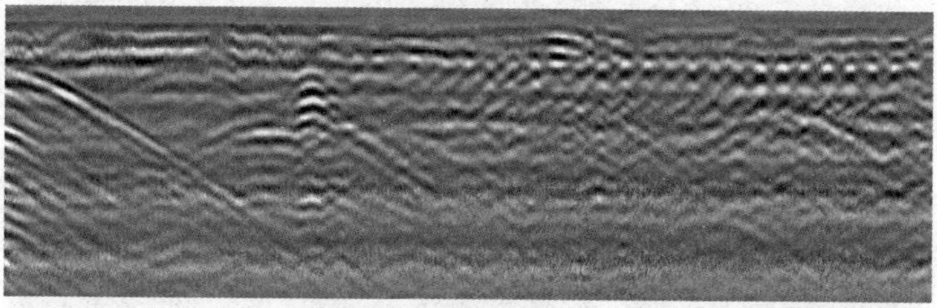

(a)

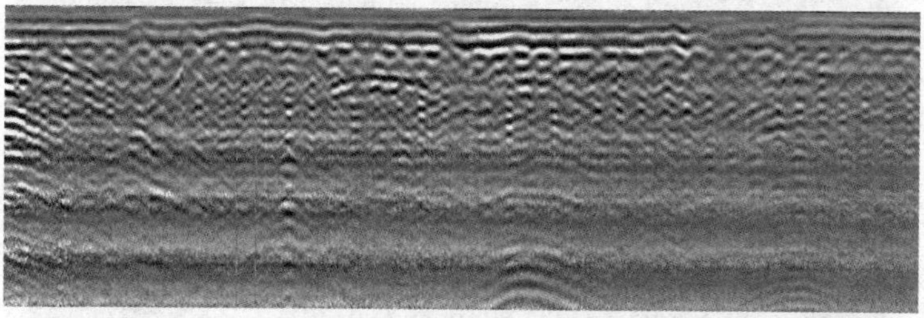

(b)

(c)

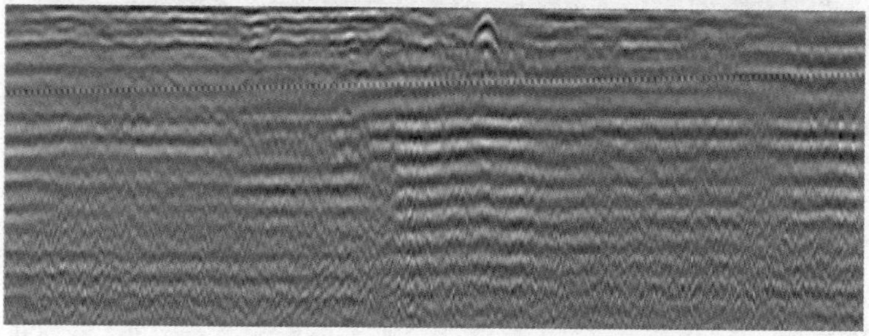

(d)

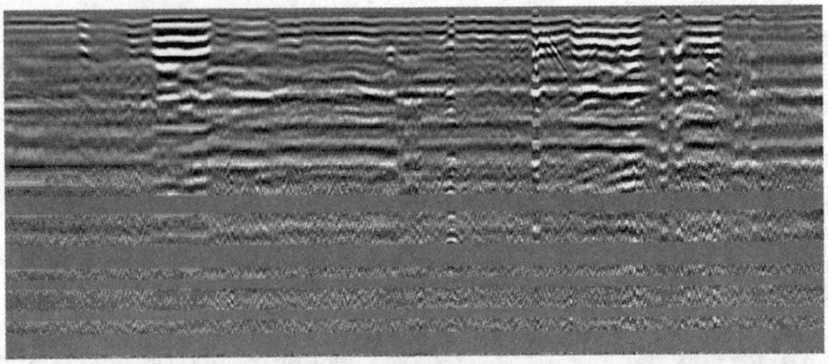

(e)

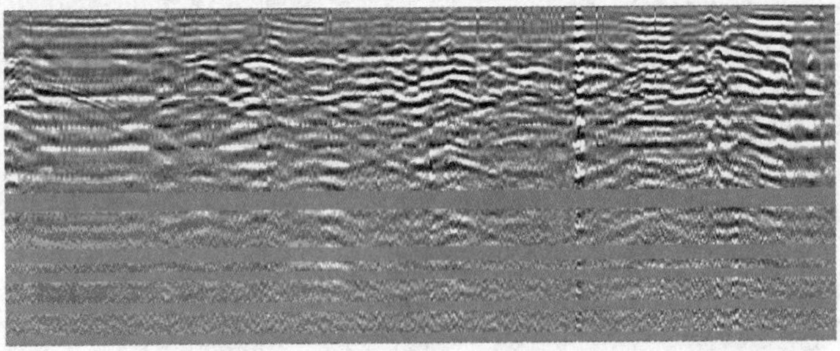

(f)

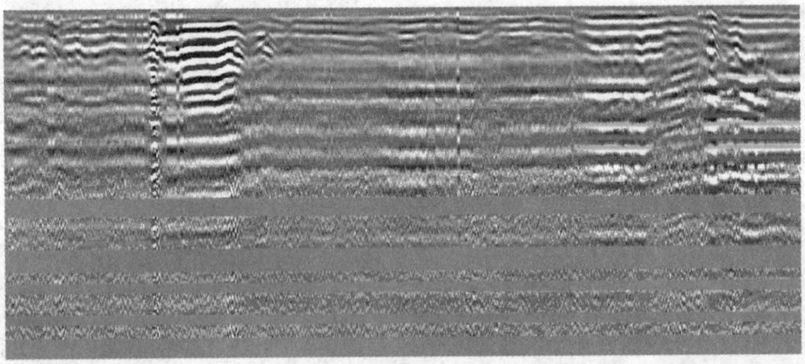

(g)

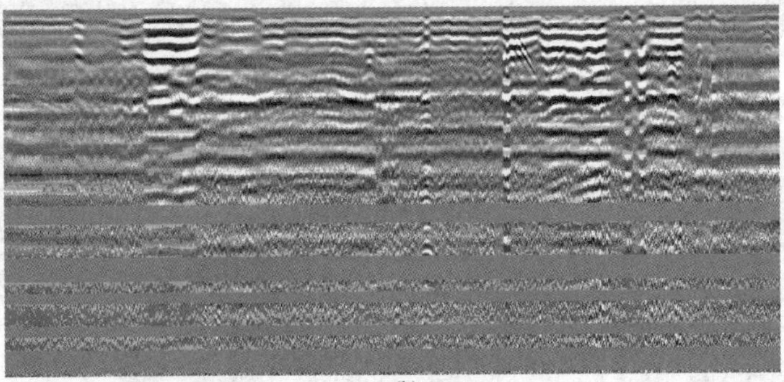

(h)

图 7.46　雷达处理结果

(a) 测线一（一）；(b) 测线一（二）；(c) 测线二（一）；(d) 测线二（二）；
(e) 测线三（一）；(f) 测线三（二）；(g) 测线四（一）；(h) 测线四（二）

7.3.8 某蓄水沉淀池堤坝稳定性计算

对某蓄水沉淀池东侧外堤坝、导流堤坝稳定性进行计算分析。池体上方罩棚总质量约为150 t（包含密封材料、钢结构），新增罩棚荷载作用于堤坝体上，导流堤坝稳定性安全系数计算剖面图如图 7.47 所示。

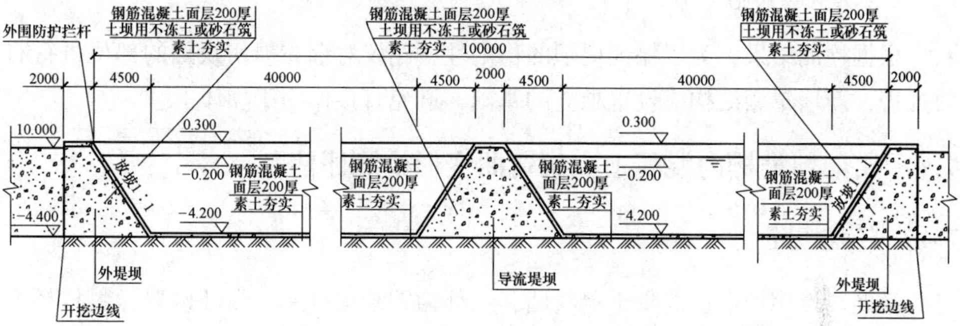

图 7.47 导流堤坝稳定性安全系数计算剖面图

导流堤坝稳定性安全系数分析结果见表 7.22。

表 7.22 导流堤坝稳定性安全系数分析结果

分 析 工 况	稳定性安全系数
蓄水沉淀池导流堤坝	2.15
现状蓄水沉淀池导流堤坝	0.87

依据现场实测数据，进行稳定性计算分析，现状蓄水沉淀池导流堤坝在堤坝顶新增罩棚荷载状况下，边坡稳定性安全系数小于1.0，不满足后续使用稳定性要求。为了保证堤坝的稳定性，建议新增罩棚结构设置独立的基础，避免直接作用于坝体上。

7.3.9 检测鉴定结论及处理意见

7.3.9.1 检测鉴定结论

经对某蓄水沉淀池东侧外堤坝、导流堤坝现场检查、检测、计算及分析，检测鉴定结论如下：

（1）东侧外堤坝底部测线探测范围内未出现明显异常信号，未发现明显较大空洞区域，未发现地基土体不密实情况，土层稳定性良好。

（2）导流堤坝探测范围内未见到明显的脱空、空洞问题，但堤坝土体中存在不密实区域，会对坝体整体稳定性和承载力产生不良影响。

(3) 坝体混凝土外观存在开裂、剥落、位移及变形损伤，混凝土强度较低，钢筋间距安装偏差较大，钢筋存在不同程度锈蚀。

(4) 在堤坝顶新增罩棚荷载状况下，边坡稳定性安全系数小于1.0，不满足后续使用稳定性要求。

7.3.9.2 处理意见

根据检测结果，为了保证堤坝的稳定性，建议对存在损伤缺陷的部位进行有效处理；新增罩棚结构应设置独立的基础，避免直接作用于坝体上。

7.4 某熟料堆棚内混凝土支架弯曲变形检测评估

7.4.1 工程概况

某熟料堆棚周边设混凝土挡料墙，上部为钢结构网架，内部设置送料栈桥及钢筋混凝土支架。该建筑物挡料墙及网架进行过加固处理，原挡料墙及室内混凝土支架于2012年底完工。该建筑物建筑面积为28000 m^2。为确保该熟料堆棚内部混凝土支架结构能够正常、安全使用，对该建筑物内支架柱结构进行检测和分析，并根据检测评估结果提出堆棚后续使用的处理建议。

7.4.2 结构检查与检测

7.4.2.1 现场检查结果

对某熟料堆棚内混凝土支架进行检查，检查结果表明：混凝土支架1~4层梁梁端出现了不同程度的斜裂缝，部分梁中部出现了竖向裂缝；梁端梁顶破损严重，部分梁出现露筋现象；加固斜撑箍板出现明显拱起现象。以上结构缺陷从现场情况分析，有很大部分为结构加固后新增缺陷，部分缺陷情况如图7.48~图7.89所示。

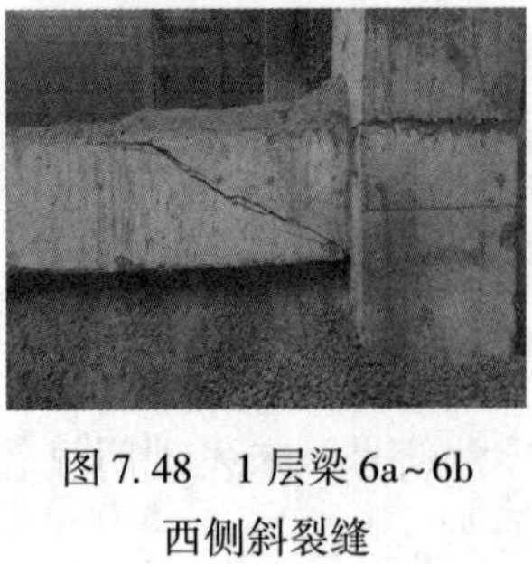

图7.48 1层梁6a~6b 西侧斜裂缝

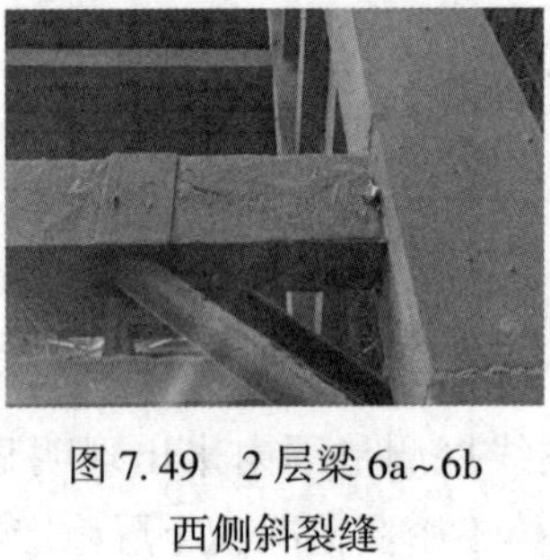

图7.49 2层梁6a~6b 西侧斜裂缝

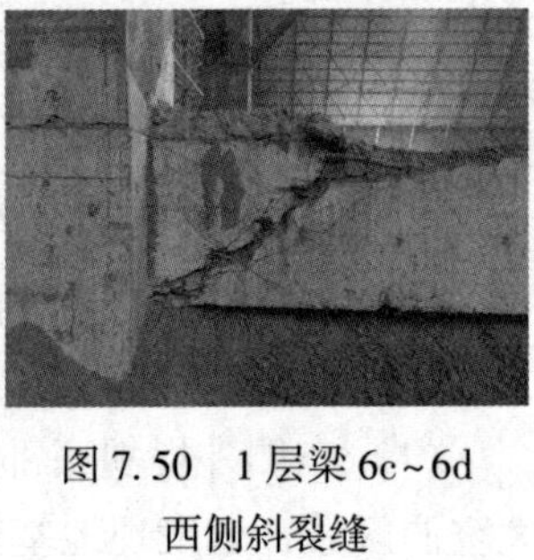

图7.50 1层梁6c~6d 西侧斜裂缝

图 7.51　2 层梁 7a~7b 西侧多条斜裂缝

图 7.52　3 层梁 7a~7b 西侧斜裂缝

图 7.53　2 层梁 7c~7d 西侧斜裂缝

图 7.54　3 层梁 7c~7d 西侧斜裂缝

图 7.55　1 层梁 8b~8c 南侧斜裂缝

图 7.56　1 层梁 4c~4d 南侧多条微斜裂缝

图 7.57　2~4 层柱 4c 东侧箍板明显拱起（一）

图 7.58　2~4 层柱 4c 东侧箍板明显拱起（二）

图 7.59　2~4 层柱 4b 南侧箍板明显拱起

图 7.60　1 层梁 5d~5a 北侧多条微斜裂缝

图 7.61　1 层梁 3c~3d 西侧多条微斜裂缝

图 7.62　1 层梁 3c~3d 东侧多条微斜裂缝

图7.63 1层梁3d~3a 南侧斜裂缝

图7.64 1~4层梁3d~3a 南侧斜裂缝

图7.65 1层梁3d~3a 北侧斜裂缝

图7.66 1层梁2b~2c 北侧斜裂缝

图7.67 1层梁2b~2c中部 竖向裂缝

图7.68 1层梁2b~2c 南侧斜裂缝

图7.69 1层梁2d~2a 南侧斜裂缝

图7.70 1层梁2d~2a 中部斜裂缝

图7.71 1层梁2d~2a 北侧斜裂缝

图7.72 2层梁2c~2d 东侧多条斜裂缝

图7.73 1层梁10b~10c 中部多条竖向裂缝

图7.74 1层梁10b~10c 南侧多条斜裂缝

图 7.75　1 层柱 10c 出现竖向裂缝

图 7.76　2 层梁 10b~10c 南侧出现斜裂缝

图 7.77　1 层梁 10c~10d 西侧出现斜裂缝

图 7.78　1 层梁 10c~10d 梁顶破损严重

图 7.79　1 层梁 10d~10a 中部梁出现多条竖向裂缝

图 7.80　1 层梁 10d~10a 北侧梁出现多条斜裂缝

图 7.81　1 层梁 10a~10b 西侧梁出现多条斜裂缝

图 7.82　1 层梁 11a~11b 东侧出现斜裂缝

图 7.83　1 层梁 11b~11c 中部出现竖向裂缝

图 7.84　2~4 层柱西侧箍板拱起

图 7.85　1 层梁 11d~11a 中部出现竖向裂缝

图 7.86　1 层梁 11d~11a 北侧出现斜裂缝

图 7.87 1 层梁 11c~11d 东侧出现斜裂缝

图 7.88 1 层梁 11d~11a 南侧出现斜裂缝

图 7.89 1 层梁 11b~11c 南侧出现斜裂缝

7.4.2.2 现场检测结果

A 混凝土支架柱变形检测结果

对具备检测条件的混凝土支架柱进行变形观测，检测结果表明：混凝土支架柱变形较大，东西方向变形量为 1.1~267.7 mm，南北方向变形量为 0.6~404.8 mm。变形最严重的混凝土支架柱为 5 号和 8 号，其中 5 号混凝土支架柱东西方向最大变形量为−257.1 mm，南北方向最大变形量为 194.8 mm；8 号混凝土支架柱东西方向最大变形量为−44.4 mm，南北方向最大变形量为−404.8 mm。其中变形量较大部位皆发生在混凝土支架柱的第 5~7 层梁上，如图 7.90 所示。

(a) (b)

图 7.90 混凝土支架柱倾斜变形现状

(a) 倾斜变形（一）；(b) 倾斜变形（二）

B 混凝土支架柱变形发展变化

将 2014 年观测到的混凝土支架柱变形量与本次检测变形量进行对比，结果表明：现阶段混凝土支架柱变形量普遍有所增加，增加最大的是柱 8b，增加量为 129.8 mm。

C 变形观测数据

由于 2014 年检测变形与本次检测参照点略有不同，在比较过程中，已将两次检测结果按标高进行了转换。本次混凝土支架柱变形检测点皆为梁柱交接节点，其参考点为第 1 层梁或第 2 层梁的梁中，检测结果东、北为正值，西、南为负值。具体检测结果见表 7.23~表 7.41。

表 7.23 1 号混凝土支架柱变形 2014 年检测结果

构件/测点	柱 1a		柱 1b		柱 1c		柱 1d	
	东西方向/mm	南北方向/mm	东西方向/mm	南北方向/mm	东西方向/mm	南北方向/mm	东西方向/mm	南北方向/mm
1	0	—	0	—	—	—	—	—
2	20.0	—	0	—	—	—	—	—
3	31.0	—	0	—	—	—	—	—
4	38.0	—	5.0	—	—	—	—	—
5	54.0	—	10.0	—	—	—	—	—
6	43.0	—	15.0	—	—	—	—	—
7	21.0	—	12.0	—	—	—	—	—
8	19.0	—	6.0	—	—	—	—	—
9	17.0	—	0	—	—	—	—	—
10	11.0	—	0	—	—	—	—	—

表 7.24 1 号混凝土支架柱变形本次检测结果

构件/测点	柱 1a		柱 1b		柱 1c		柱 1d	
	东西方向/mm	南北方向/mm	东西方向/mm	南北方向/mm	东西方向/mm	南北方向/mm	东西方向/mm	南北方向/mm
1	—	—	0	—	0	—	—	—
2	—	0	6.4	0	-4.6	—	—	—
3	—	-0.6	2	0.8	-12	—	—	—
4	—	3.9	-1.1	1.3	32.4	—	—	—
5	—	-1.8	-9.8	-25.5	-14.6	—	—	—
6	—	-38.7	1.4	-30.7	-34.6	—	—	—
7	—	-34.9	-0.3	-18.5	-45.8	—	—	—
8	—	-45.9	-17.1	-34.3	-40.6	—	—	—
9	—	-59.4	-4.4	-24.9	-37.1	—	—	—
10	—	99.4	-32.7	1	-71.4	—	—	—

表 7.25　2 号混凝土支架柱变形 2014 年检测结果

测点＼构件	柱 2a		柱 2b		柱 2c		柱 2d	
	东西方向 /mm	南北方向 /mm	东西方向 /mm	南北方向 /mm	东西方向 /mm	南北方向 /mm	东西方向 /mm	南北方向 /mm
1	0	0.0	0	—	—	—	—	—
2	10.0	30.0	4.0	—	—	—	—	—
3	48.0	48.0	10.0	—	—	—	—	—
4	66.0	66.0	16.0	—	—	—	—	—
5	89.0	89.0	30.0	—	—	—	—	—
6	61.0	61.0	39.0	—	—	—	—	—
7	50.0	50.0	45.0	—	—	—	—	—
8	39.0	39.0	11.0	—	—	—	—	—
9	34.0	26.0	-53.0	—	—	—	—	—
10	-30.0	6.0	-100.0	—	—	—	—	—

表 7.26　2 号混凝土支架柱变形本次检测结果

测点＼构件	柱 2a		柱 2b		柱 2c		柱 2d	
	东西方向 /mm	南北方向 /mm	东西方向 /mm	南北方向 /mm	东西方向 /mm	南北方向 /mm	东西方向 /mm	南北方向 /mm
1	0	0.0	0	0.0	0	0.0	0	0.0
2	23.6	22.1	6.6	38.1	20.0	5.4	22.3	15.8
3	44.0	47.4	40.9	47.8	66.7	15.8	66	15.6
4	75.8	74.1	61.3	78.9	47.9	14.9	104.4	46.9
5	84.2	74.4	62.7	58.4	170.1	12.2	103.7	44.1
6	79.8	50.6	48.0	48.8	147.0	14.1	80.8	46.8
7	62.8	30.6	66.1	62.1	141.8	21.8	73.1	44.1
8	16.0	27.2	11.7	50.6	204.6	20.9	37.3	45.1
9	-13.1	0.6	-44.3	15.5	170.5	-1.0	11.7	3.9
10	-40.5	19.1	-98.7	26.9	90.1	-28.7	-31.6	5.6

表 7.27　3 号混凝土支架柱变形本次检测结果

测点＼构件	柱 3a		柱 3b		柱 3c		柱 3d	
	东西方向 /mm	南北方向 /mm	东西方向 /mm	南北方向 /mm	东西方向 /mm	南北方向 /mm	东西方向 /mm	南北方向 /mm
1	0.0	0.0	0.0	0.0	0.0	0.0	0.0	0.0
2	8.7	27.3	-0.9	24.5	-11.7	1.5	3.5	17.5
3	30.6	67.7	-22.5	82.5	2.3	-10.9	30.2	31.1
4	57.9	128.6	5.4	114.4	18.2	37.3	56.1	53.6

续表 7.27

测点＼构件	柱 3a		柱 3b		柱 3c		柱 3d	
	东西方向/mm	南北方向/mm	东西方向/mm	南北方向/mm	东西方向/mm	南北方向/mm	东西方向/mm	南北方向/mm
5	53.9	131.0	29.7	104.1	48.8	76.9	46.9	92.8
6	39.2	150.0	6.8	107.5	46.7	99.4	42.0	122.8
7	25.4	160.5	-41.7	116.2	9.7	94.1	16.2	128.3
8	7.0	96.0	-33.1	94.3	-3.4	71.7	-28.4	95.9
9	-10.6	102.5	-28.8	61.6	-40.8	34.3	-4.9	35.2
10	23.6	61.9	-15.8	65.4	-49.3	-8.5	-16.3	3.8

表 7.28 4 号混凝土支架柱变形 2014 年检测结果

测点＼构件	柱 4a		柱 4b		柱 4c		柱 4d	
	东西方向/mm	南北方向/mm	东西方向/mm	南北方向/mm	东西方向/mm	南北方向/mm	东西方向/mm	南北方向/mm
1	—	—	0.0	0.0	—	0.0	—	—
2	—	—	-20.0	10.0	—	17.0	—	—
3	—	—	-77.0	27.0	—	31.0	—	—
4	—	—	-128.0	51.0	—	46.0	—	—
5	—	—	-171.0	64.0	—	78.0	—	—
6	—	—	-176.0	69.0	—	94.0	—	—
7	—	—	-152.0	70.0	—	85.0	—	—
8	—	—	-80.0	42.0	—	42.0	—	—
9	—	—	-8.0	21.0	—	28.0	—	—
10	—	—	36.0	12.0	—	8.0	—	—

表 7.29 4 号混凝土支架柱变形本次检测结果

测点＼构件	柱 4a		柱 4b		柱 4c		柱 4d	
	东西方向/mm	南北方向/mm	东西方向/mm	南北方向/mm	东西方向/mm	南北方向/mm	东西方向/mm	南北方向/mm
1	0.0	0.0	0.0	0.0	0.0	0.0	0.0	0.0
2	7.9	14.3	-9.8	29.9	-8.0	-9.4	4.3	14.0
3	4.3	59.2	-18.8	44.4	-8.7	19.1	-10.4	21.3
4	-46.0	85.5	-41.3	61.6	-32.0	40.1	-43.1	57.3
5	-91.1	107.5	-66.6	73.9	-79.0	52.0	-81.7	78.3
6	-69.8	85.7	-58.7	78.6	-86.4	58.7	-101.9	90.4

续表 7.29

测点 \ 构件	柱 4a		柱 4b		柱 4c		柱 4d	
	东西方向 /mm	南北方向 /mm	东西方向 /mm	南北方向 /mm	东西方向 /mm	南北方向 /mm	东西方向 /mm	南北方向 /mm
7	-75.6	98.9	-69.6	76.5	-96.3	61.0	-112.4	84.7
8	-60.7	86.1	-53.9	62.8	-105.1	59.3	-91.4	62.7
9	-31.0	71.3	-46.6	22.0	-76.9	21.4	-34.6	55.2
10	-8.3	97.1	-43.1	16.6	-64.9	9.7	-24.3	35.9

表 7.30　5 号混凝土支架柱变形 2014 年检测结果

测点 \ 构件	柱 5a		柱 5b		柱 5c		柱 5d	
	东西方向 /mm	南北方向 /mm	东西方向 /mm	南北方向 /mm	东西方向 /mm	南北方向 /mm	东西方向 /mm	南北方向 /mm
1	0.0	0.0	0.0	0.0	0.0	0.0	0.0	0.0
2	-32.0	25.0	-28.0	9.0	-44.0	36.0	-25.0	33.0
3	-90.0	50.0	-60.0	16.0	-91.0	44.0	-38.0	64.0
4	-162.0	88.0	-130.0	34.0	-143.0	65.0	-157.0	107.0
5	-193.0	98.0	-210.0	55.0	-198.0	78.0	-220.0	110.0
6	-250.0	106.0	-241.0	58.0	-260.0	99.0	-220.0	78.0
7	-205.0	101.0	-245.0	60.0	-240.0	105.0	-226.0	82.0
8	-160.0	66.0	-205.0	35.0	-163.0	70.0	-173.0	52.0
9	-84.0	26.0	-153.0	18.0	-127.0	53.0	-151.0	34.0
10	-26.0	14.0	0	12.0	-55.0	22.0	14.0	12.0

表 7.31　5 号混凝土支架柱变形本次检测结果

测点 \ 构件	柱 5a		柱 5b		柱 5c		柱 5d	
	东西方向 /mm	南北方向 /mm	东西方向 /mm	南北方向 /mm	东西方向 /mm	南北方向 /mm	东西方向 /mm	南北方向 /mm
1	0.0	0.0	0.0	0.0	0.0	0.0	0.0	0.0
2	-35.6	43.8	-33.2	46.2	-55.0	30.7	-48.8	32.8
3	-98.5	110.7	-101.0	86.4	-112.5	73.5	-93.3	57.8
4	-170.4	161.0	-179.0	139.9	-177.8	99.1	-158.1	106.9
5	-212.3	177.3	-217.2	173.6	-228.9	137.8	-220.7	141.9
6	-215.9	153.2	-237.4	194.8	-267.7	159.7	-242.0	146.9
7	-217.5	135.7	-237.4	169.2	-257.1	139.6	-229.6	109.2
8	-167.0	103.7	-169.4	112.9	-186.1	89.9	-166.4	69.4

续表 7.31

测点＼构件	柱 5a		柱 5b		柱 5c		柱 5d	
	东西方向/mm	南北方向/mm	东西方向/mm	南北方向/mm	东西方向/mm	南北方向/mm	东西方向/mm	南北方向/mm
9	-42.5	71.6	-85.1	46.7	-93.7	26.1	-55.6	4.1
10	-14.7	-7.6	-22.5	19.1	-44.9	-36.1	-1.4	-71.5

表 7.32　6 号混凝土支架柱变形 2014 年检测结果

测点＼构件	柱 6a		柱 6b		柱 6c		柱 6d	
	东西方向/mm	南北方向/mm	东西方向/mm	南北方向/mm	东西方向/mm	南北方向/mm	东西方向/mm	南北方向/mm
1	0	0	0	—	—	—	0.0	0.0
2	0	8.0	5.0	—	—	—	-70.0	8.0
3	0	12.0	13.0	—	—	—	-78.0	13.0
4	7.0	18.0	20.0	—	—	—	-38.0	15.0
5	10.0	30.0	27.0	—	—	—	-35.0	18.0
6	18.0	20.0	32.0	—	—	—	-28.0	20.0
7	30.0	18.0	25.0	—	—	—	-13.0	36.0
8	21.0	9.0	22.0	—	—	—	-10.0	17.0
9	15.0	5.0	17.0	—	—	—	-5.0	15.0
10	10.0	0	13.0	—	—	—	-5.0	5.0

表 7.33　6 号混凝土支架柱变形本次检测结果

测点＼构件	柱 6a		柱 6b		柱 6c		柱 6d	
	东西方向/mm	南北方向/mm	东西方向/mm	南北方向/mm	东西方向/mm	南北方向/mm	东西方向/mm	南北方向/mm
1	0.0	0.0	—	0.0	—	0.0	0.0	0.0
2	23.2	34.4	—	23.1	—	6.0	-41.6	35.2
3	-19.0	52.4	—	25.0	—	3.1	-39.2	50.9
4	-4.0	53.7	—	36.6	—	5.9	-32.5	67.7
5	7.4	33.5	—	44.8	—	15.8	-24.0	36.2
6	8.0	14.5	—	31.5	—	37.2	-23.3	34.0
7	14.0	20.2	—	23.2	—	29.8	-6.2	32.4
8	16.3	32.1	—	29.9	—	54.0	-8.7	25.1
9	24.6	40.9	—	11.6	—	7.2	24.7	30.2
10	53.8	45.7	—	20.4	—	6.8	63.8	-16.3

表 7.34 7 号混凝土支架柱变形本次检测结果

构件 测点	柱 7a		柱 7b		柱 7c		柱 7d	
	东西方向/mm	南北方向/mm	东西方向/mm	南北方向/mm	东西方向/mm	南北方向/mm	东西方向/mm	南北方向/mm
1	0.0	0.0	—	0.0	—	0.0	0.0	0.0
2	-77.4	-19.7	—	-18.3	—	2.5	-59.8	-1.1
3	-124.7	-22.8	—	-1.8	—	-22.2	-112.7	-36.1
4	-136.1	-3.0	—	5.3	—	-33.2	-115.5	-19.4
5	-142.3	-11.5	—	-8.7	—	-19.5	-129.4	-5.4
6	-119.2	-21.1	—	0.6	—	-2.8	-113.0	14.0
7	-93.3	-50.9	—	3.5	—	-21.6	-87.1	-22.6
8	-40.9	-20.2	—	-19.5	—	-21.1	-29.2	-7.8
9	38.3	-7.8	—	7.0	—	-1.7	33.0	-9.5
10	28.7	0.0	—	18.9	—	-9.9	38.0	-11.9

表 7.35 8 号混凝土支架柱变形 2014 年检测结果

构件 测点	柱 8a		柱 8b		柱 8c		柱 8d	
	东西方向/mm	南北方向/mm	东西方向/mm	南北方向/mm	东西方向/mm	南北方向/mm	东西方向/mm	南北方向/mm
1	0.0	0.0	0.0	0.0	0.0	—	0.0	—
2	-20.0	-43.0	-26.0	-36.0	-5.0	0.0	-10.0	0.0
3	-23.0	-119.0	-32.0	-123.0	-10.0	-91.0	-26.0	-11.0
4	-23.0	-196.0	-40.0	-200.0	-20.0	-189.0	-48.0	-183.0
5	-25.0	-274.0	-45.0	-230.0	-25.0	-202.0	-52.0	-248.0
6	-24.0	-303.0	-52.0	-275.0	-39.0	-226.0	-67.0	-250.0
7	-25.0	-289.0	-50.0	-285.0	-26.0	-199.0	-25.0	-243.0
8	-17.0	-215.0	-43.0	-194.0	-24.0	-138.0	0	-148.0
9	7.0	-182.0	-20.0	-190.0	-18.0	-54.0	0	-55.0
10	10.0	-176.0	25.0	-186.0	-20.0	58.0	20.0	37.0

表 7.36 8 号混凝土支架柱变形本次检测结果

构件 测点	柱 8a		柱 8b		柱 8c		柱 8d	
	东西方向/mm	南北方向/mm	东西方向/mm	南北方向/mm	东西方向/mm	南北方向/mm	东西方向/mm	南北方向/mm
1	0.0	0.0	0.0	0.0	0.0	—	0.0	—
2	-4.1	-57.7	-39.5	-58.4	-6.7	0.0	-5.7	0.0
3	-2.2	-144.9	-44.4	-152.7	-1.2	-113.1	7.3	-101.6

续表 7.36

测点＼构件	柱 8a		柱 8b		柱 8c		柱 8d	
	东西方向 /mm	南北方向 /mm	东西方向 /mm	南北方向 /mm	东西方向 /mm	南北方向 /mm	东西方向 /mm	南北方向 /mm
4	8.5	-229.8	-44.1	-248.6	16.5	-239.1	26.4	-200.6
5	-1.0	-316.6	-12.2	-342.0	25.3	-290.4	6.1	-263.5
6	23.0	-349.7	-17.1	-404.8	28.0	-295.6	27.6	-280.5
7	11.2	-315.0	0.1	-377.9	31.5	-279.4	27.4	-215.0
8	6.0	-226.7	8.0	-275.7	9.2	-205.9	21.1	-175.0
9	26.6	-75.5	17.0	-134.0	0.8	-68.2	12.8	-48.9
10	22.5	13.6	-4.8	-17.2	-8.8	32.2	8.9	28.1

表 7.37　9 号混凝土支架柱变形 2014 年检测结果

测点＼构件	柱 9a		柱 9b		柱 9c		柱 9d	
	东西方向 /mm	南北方向 /mm	东西方向 /mm	南北方向 /mm	东西方向 /mm	南北方向 /mm	东西方向 /mm	南北方向 /mm
1	—	—	—	0	0	0	—	—
2	—	—	—	-16.0	0	-40.0	—	—
3	—	—	—	-75.0	0	-100.0	—	—
4	—	—	—	-110.0	-5.0	-151.0	—	—
5	—	—	—	-172.0	-8.0	-172.0	—	—
6	—	—	—	-211.0	-10.0	-181.0	—	—
7	—	—	—	-171.0	-16.0	-135.0	—	—
8	—	—	—	-96.0	-12.0	-116.0	—	—
9	—	—	—	-68.0	-9.0	-58.0	—	—
10	—	—	—	-10	-8.0	0	—	—

表 7.38　9 号混凝土支架柱变形本次检测结果

测点＼构件	柱 9a		柱 9b		柱 9c		柱 9d	
	东西方向 /mm	南北方向 /mm	东西方向 /mm	南北方向 /mm	东西方向 /mm	南北方向 /mm	东西方向 /mm	南北方向 /mm
1	0.0	0.0	0.0	0.0	0.0	0.0	0.0	0.0
2	45.2	0.0	-4.2	0.0	-0.1	-39.8	31.0	-59.7
3	37.6	-64.0	18.9	-57.4	23.1	-129.7	53.1	-119.0
4	59.5	-73.9	37.2	-95.2	76.8	-153.5	45.0	-166.9
5	58.0	-95.0	73.8	-145.8	68.3	-172.4	35.6	-175.4

续表 7.38

构件 测点	柱 9a		柱 9b		柱 9c		柱 9d	
	东西方向 /mm	南北方向 /mm	东西方向 /mm	南北方向 /mm	东西方向 /mm	南北方向 /mm	东西方向 /mm	南北方向 /mm
6	41.8	-117.5	73.3	-173.3	50.9	-168.4	25.6	-177.5
7	27.6	-81.9	48.9	-136.4	31.6	-149.3	21.1	-164.9
8	24.6	13.0	38.6	-80.9	144.0	-143.6	9.8	-119.5
9	-6.1	-21.5	11.6	-13.7	9.3	-38.8	-15.7	-77.9
10	-5.8	47.9	-13.1	21.6	-16.7	-16.1	-10.3	-36.3

表 7.39 10 号混凝土支架柱变形本次检测结果

构件 测点	柱 10a		柱 10b		柱 10c		柱 10d	
	东西方向 /mm	南北方向 /mm	东西方向 /mm	南北方向 /mm	东西方向 /mm	南北方向 /mm	东西方向 /mm	南北方向 /mm
1	0.0	0.0	0.0	0.0	0.0	0.0	0.0	0.0
2	-35.8	-49.0	-63.3	-47.5	-36.5	-60.0	-28.2	-58.2
3	-68.0	-104.7	-75.4	-84.0	-65.2	-102.3	-65.3	-124.2
4	-83.9	-128.8	-90.3	-121.4	-93.2	-131.1	-94.2	-169.7
5	-90.9	-163.8	-97.5	-143.2	-80.7	-155.0	-86.1	-165.4
6	-81.5	-135.8	-84.3	-140.6	-65.4	-148.6	-66.5	-152.8
7	-50.8	-42.4	-66.5	-107.1	-76.1	-133.1	-50.3	-143.3
8	-40.5	-85.9	-44.4	-78.5	-46.6	-86.4	-55.0	-108.0
9	5.3	-48.6	-21.7	-42.8	-22.9	-62.6	-7.9	-81.8
10	-22.3	-31.1	-34.4	3.2	-39.1	-31.3	-8.7	-62.9

表 7.40 11 号混凝土支架柱变形检测结果

构件 测点	柱 11a		柱 11b		柱 11c		柱 11d	
	东西方向 /mm	南北方向 /mm	东西方向 /mm	南北方向 /mm	东西方向 /mm	南北方向 /mm	东西方向 /mm	南北方向 /mm
1	0.0	0.0	0.0	0.0	0.0	0.0	0.0	—
2	59.8	-12.6	84.5	-2.8	28.9	-41.2	-26.6	0.0
3	122.2	-26.9	141.9	-26.3	92.7	-83.6	-86.3	-13.1
4	150.2	-47.8	160.7	-46.6	108.4	-126.2	-163.4	-16.9
5	138.6	-105.0	160.7	-72.8	160.0	-99.0	-167.7	-20.8

续表 7.40

测点＼构件	柱 11a		柱 11b		柱 11c		柱 11d	
	东西方向/mm	南北方向/mm	东西方向/mm	南北方向/mm	东西方向/mm	南北方向/mm	东西方向/mm	南北方向/mm
6	129.0	-109.1	154.2	-70.1	156.4	-95.7	-156.5	-3.3
7	94.9	-99.6	111.2	-66.8	126.8	-94.5	-112.4	-19.4
8	53.3	-77.0	59.3	-34.9	63.7	-72.5	-77.3	-30.5
9	13.2	-64.2	10.6	-10.9	2.0	-47.1	-52.5	-43.1
10	13.6	-51.2	-2.2	-5.8	-20.6	-64.8	-40.7	5.6

表 7.41　12 号混凝土支架柱变形检测结果

测点＼构件	柱 12a		柱 12b		柱 12c		柱 12d	
	东西方向/mm	南北方向/mm	东西方向/mm	南北方向/mm	东西方向/mm	南北方向/mm	东西方向/mm	南北方向/mm
1	—	—	—	—	—	—	—	—
2	—	—	0.0	0.0	—	0.0	—	—
3	—	—	-13.1	-1.9	—	-1.9	—	—
4	—	—	-16.9	-4.9	—	-4.9	—	—
5	—	—	-20.8	-6.9	—	-6.9	—	—
6	—	—	-3.3	-3.6	—	-3.6	—	—
7	—	—	-19.4	4.3	—	4.3	—	—
8	—	—	-30.5	-17.4	—	-17.4	—	—
9	—	—	-43.1	-28.8	—	-28.8	—	—
10	—	—	5.6	-35.9	—	-35.9	—	—

7.4.3　混凝土支架柱计算分析

7.4.3.1　计算参数

（1）支架柱顶网架反力。该建筑网壳结构通过角锥与支架柱顶支座相连，网架支座反力设计值直接通过设计图纸网架部分查询选取。网架支座反力计算图如图 7.91 所示。

（2）梁竖向荷载。梁竖向荷载主要是由横梁上的堆料造成的，因此堆料在梁上产生的竖向荷载 $q = (4.7 - 0.9) \times 0.35 \times 1.0 \times 16 = 21.3$ kN/m，近似按均布荷载 21.0 kN/m 计算，该荷载沿假设堆料标高以下所有梁均考虑。

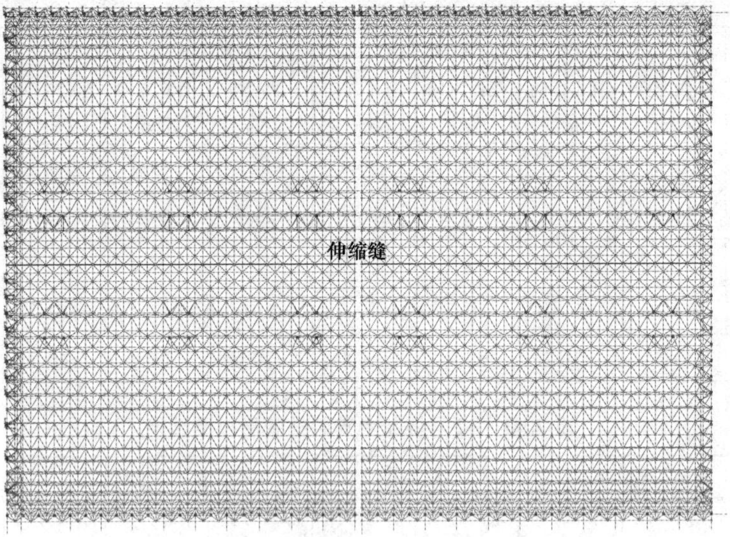

图 7.91　设计图纸中网架支座反力计算图

(3) 梁水平荷载。堆料在有料差的范围内，梁受到堆料的水平推力，在柱弯曲的方向对梁施加水平荷载，该水平荷载按主动土压力的方式计算，$q = 16 \times 0.7 \times 0.295 \times 1.0 = 3.3$ kN/m，近似按均布荷载 3.0 kN/m 考虑。

(4) 柱水平荷载。堆料在有料差的范围内，柱受到堆料的水平推力作用，当该料差荷载作用方向与柱弯曲方向一致时，为结构承载最不利状态。依据现场实际情况，假定作业限定最大料差高度为 9.4m。料差水平荷载按主动土压力的方式计算，$q = 16 \times 9.4 \times 0.295 \times 0.9 = 39.9$ kN/m，近似按 40.0 kN/m 考虑。

(5) 温度荷载。混凝土支架柱所处环境温度差近似取 50 ℃。

7.4.3.2　混凝土支架柱弯曲原因分析

A　混凝土支架柱模拟计算

以破坏较严重的 3 号支架为例计算。混凝土支架柱弯曲分析计算过程中，主要通过改变柱、梁水平荷载作用高度，即堆料在什么高度上会产生料差，模拟计算出支架柱位移量最大部位位于第 5~7 层（梁）高度范围的荷载施加高度。通过计算，当模拟计算变形量最大部位位于第 5~7 层（梁）高度范围时，水平荷载施加高度也处在第 5~7 层（梁）高度范围，与客观实际相符。当水平荷载施加在第 5~7 层（梁）高度范围时，混凝土支架柱 x、y 向位移最大为−35.2 mm、36.8 mm，剪力出现在柱顶，最大剪力为 937.7 kN。第 1~4 层梁上最大剪力位于第 3 层 c~d 梁端，最大剪力为 279.5 kN，最大弯矩位于第 3 层梁 b~c 梁端，最大弯矩为 564.3 kN · m。具体计算结果如图 7.92~图 7.98 所示。

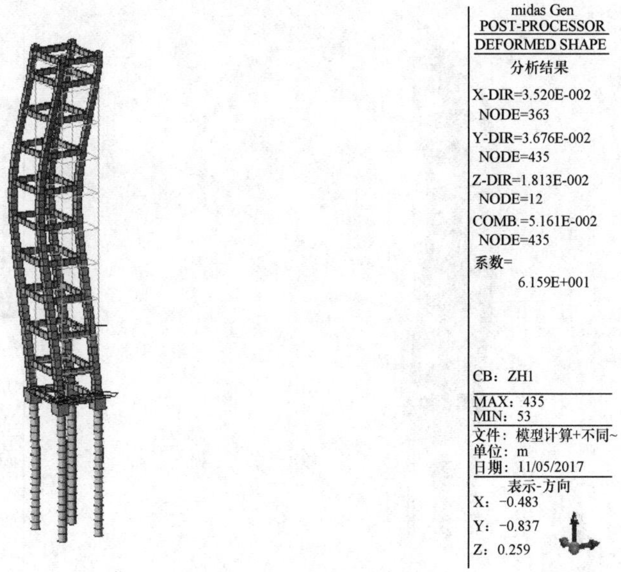

图 7.92　荷载作用下混凝土支架位移图

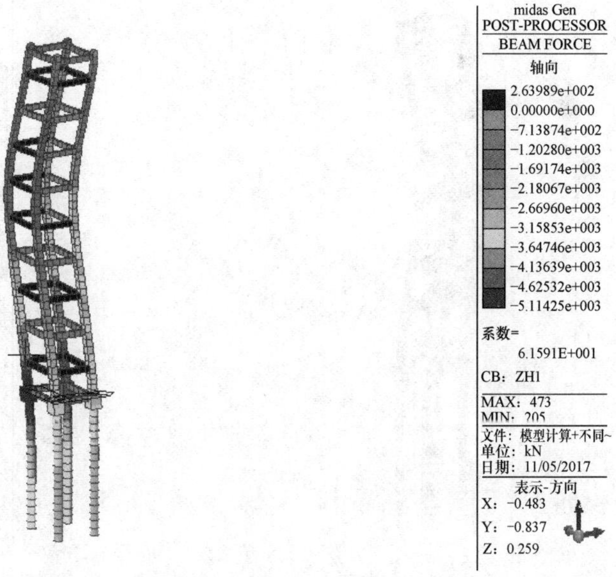

图 7.93　荷载作用下混凝土支架轴向压力图

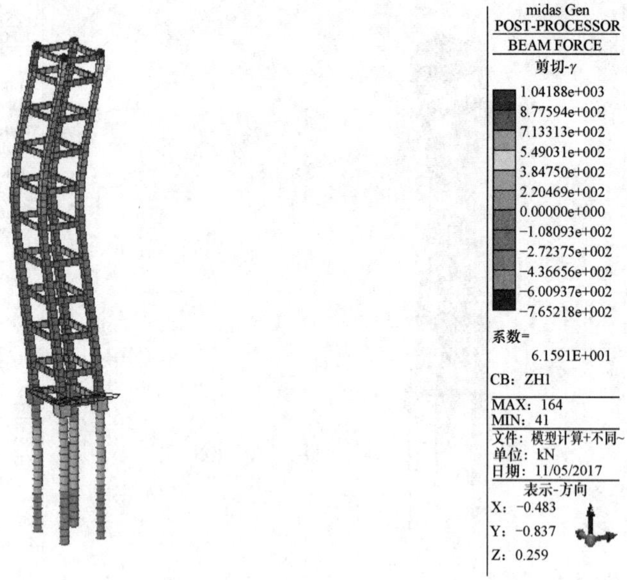

图 7.94 荷载作用下混凝土支架 y 向剪力图

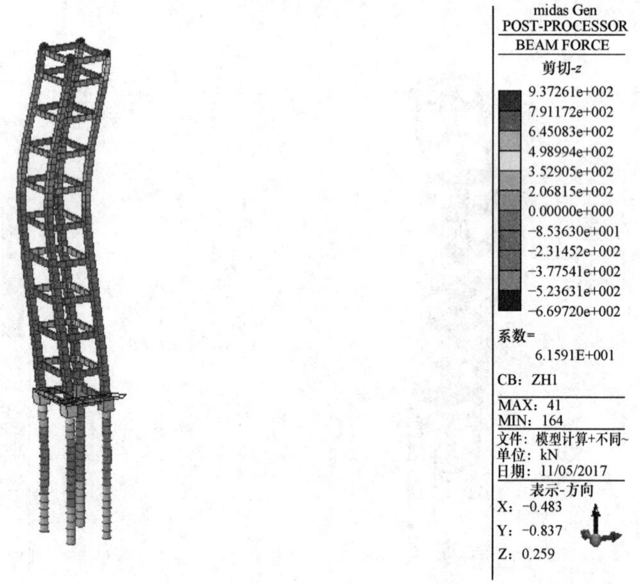

图 7.95 荷载作用下混凝土支架 z 向剪力图

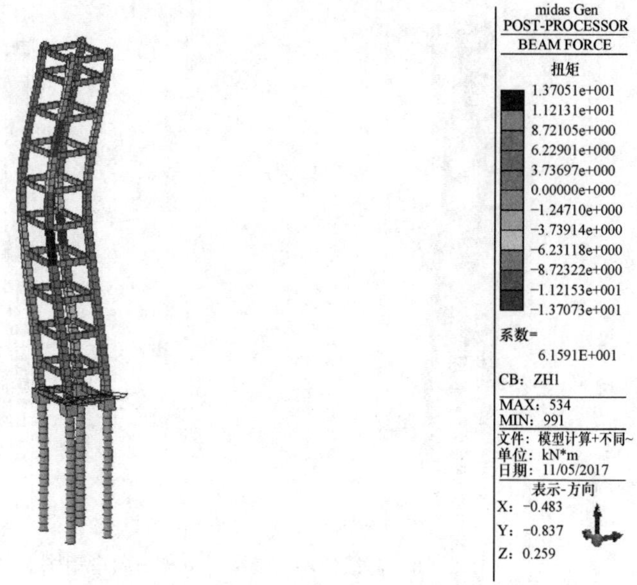

图 7.96　荷载作用下混凝土支架扭矩图

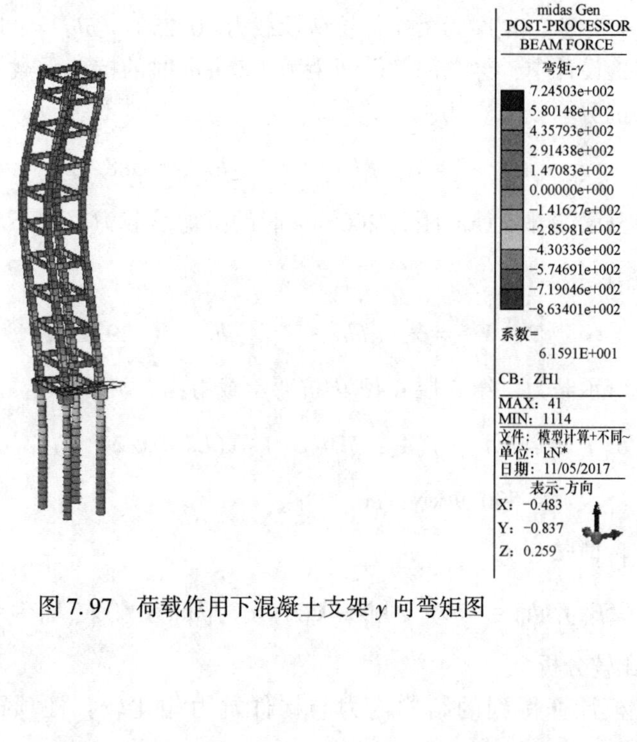

图 7.97　荷载作用下混凝土支架 y 向弯矩图

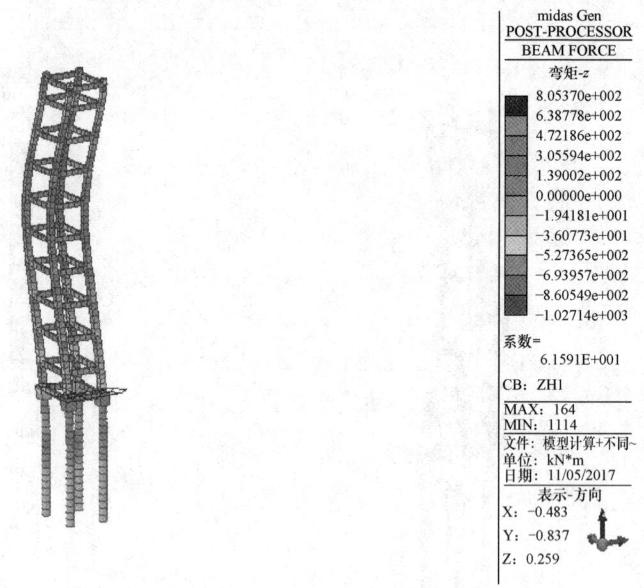

图 7.98 荷载作用下混凝土支架 z 向弯矩图

B 混凝土支架柱弯曲原因分析

a 混凝土支架柱结构构件承载力计算

3 号支架第 1~4 层梁梁端部抗剪承载力：$0.25\beta_c f_c b h_0 = 954.1$ kN。

原结构设计中，梁端部箍筋间距为 100 mm 时的抗剪承载力（以下称为：梁端部最大抗剪承载力）为：

$$V_{cs} = \alpha_{cv} f_t b h_0 + f_{yv} A_{sv} h_0 / s = 588.7\text{kN}$$

现部分梁端部箍筋间距为 200 mm 时的抗剪承载力（以下称为：梁端部最小抗剪承载力）为：

$$V_{cs} = \alpha_{cv} f_t b h_0 + f_{yv} A_{sv} h_0 / s = 429.9\ \text{kN}$$

梁抗弯承载力，第 3 层 c~d 梁抗弯承载力：

$$\alpha_1 f_c b x = f_y A_s - f'_y A'_s;\ M = \alpha_1 f_c b x (h_0 - x/2) + f'_y A'_s (h_0 - a'_s)$$

$$= 536.9\ \text{kN} \cdot \text{m}$$

柱顶抗剪承载力：

$$0.25\beta_c f_c b h_0 = 1657.9\ \text{kN};\ V_{cs} = \alpha_{cv} f_t b h_0 + f_{yv} A_{sv} h_0 / s = 743.6\ \text{kN}$$

b 比较分析

将建模计算得到的结构内力与构件抗力相比较：柱顶最大剪力为 937.7

kN，大于柱顶最大抗剪承载力 743.6 kN；梁最大弯矩为 564.3 kN · m，大于梁最大抗弯承载力 536.9 kN · m，梁上最大剪力为 279.5kN，小于梁最大抗剪承载力 588.7 kN。综上可知：柱顶抗剪承载力不足导致柱顶混凝土出现了开裂；梁的抗弯承载力不足，梁在弯矩及剪力的作用下导致梁端、跨中出现开裂或破坏。

7.4.3.3　现有混凝土支架安全性评估

以变形较严重的 5 号以及破坏较严重的 3 号支架为例计算。其中，5 号支架在计算过程中，将现有的变形作为初始位移，计算此位移下混凝土支架内力；3 号支架在计算过程中，将破坏的梁的作用变为失效，计算此状态下混凝土支架的位移及内力。

A　5 号支架计算结果

将 5 号支架变形量作为初始位移计算，计算结果表明：第 1~4 层梁端剪力最大为 1469 kN，最大弯矩为 3784.0 kN · m，皆大于梁的抗剪、抗弯承载力。5 号支架计算分析图如图 7.99~图 7.101 所示。

B　3 号支架计算结果

将 3 号支架中破损的支架梁变为失效后计算，计算结果表明：支架柱 x、y 向最大变形量为 45.5 mm、46.5 mm，梁端剪力最大为 348.5 kN，梁最大弯矩为 805.3 kN · m，大于梁的抗弯承载力。3 号支架计算分析图如图 7.102~图 7.104 所示。

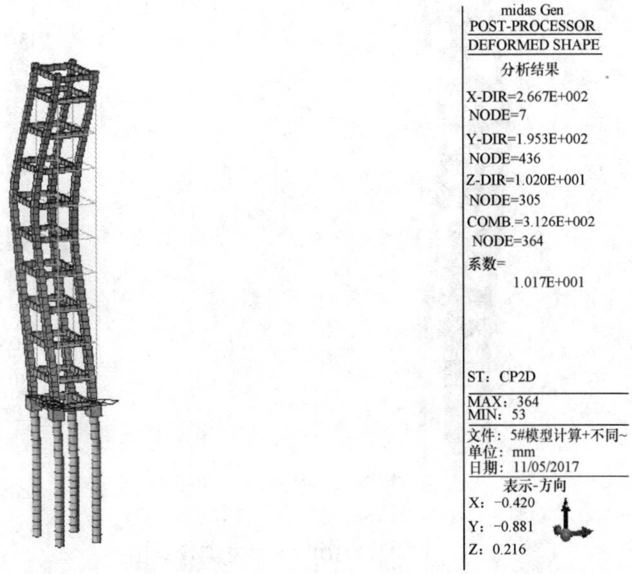

图 7.99　5 号支架变形图

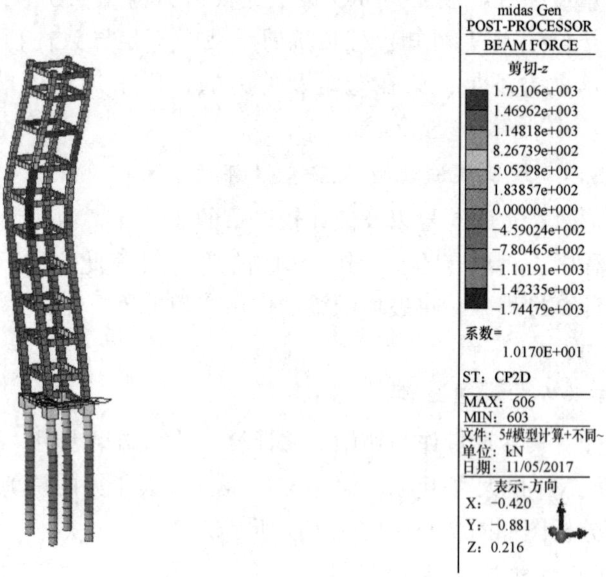

图7.100　5号支架z向剪力图

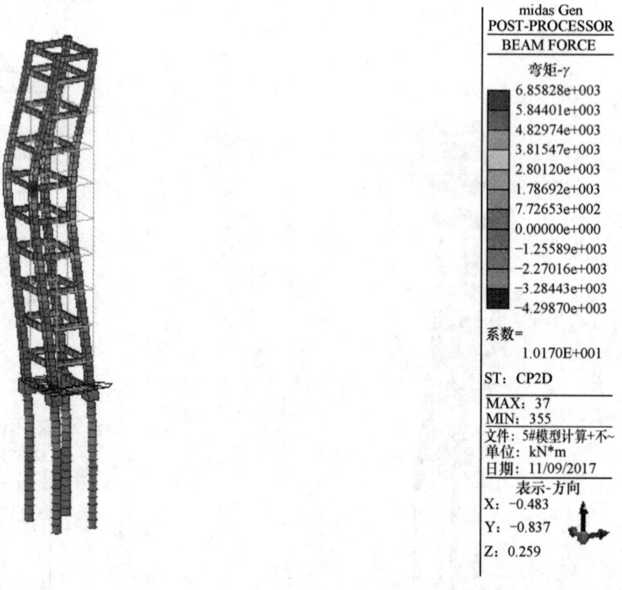

图7.101　5号支架弯矩图

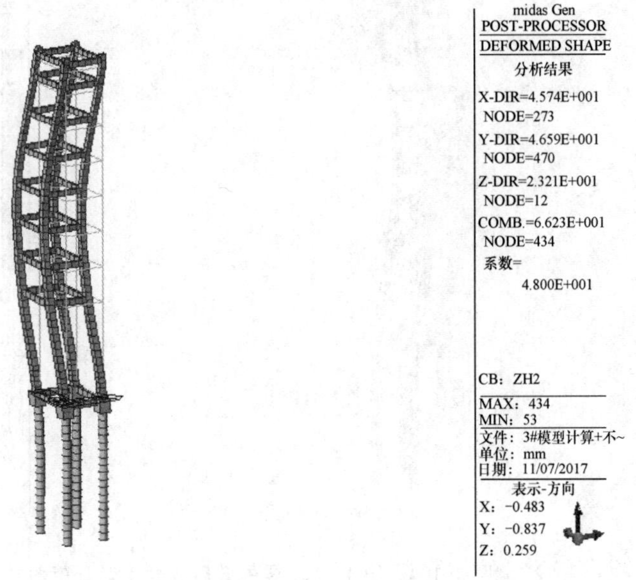

图 7.102　第 1~2 层梁失效后 3 号支架变形图

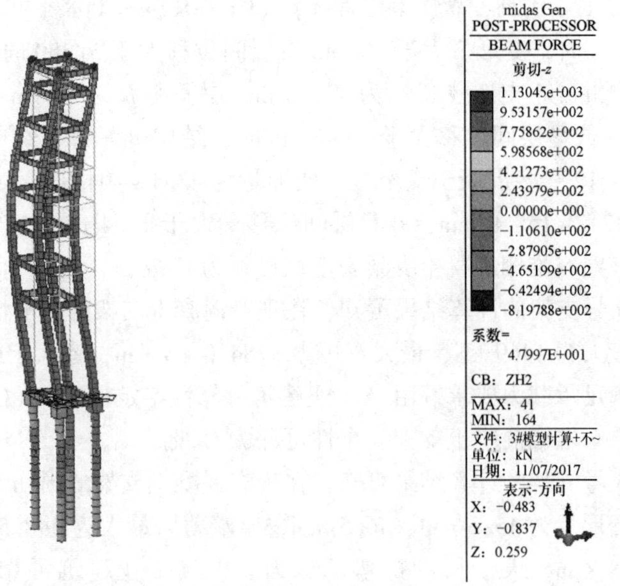

图 7.103　第 1~2 层梁失效后 3 号支架 z 向剪力图

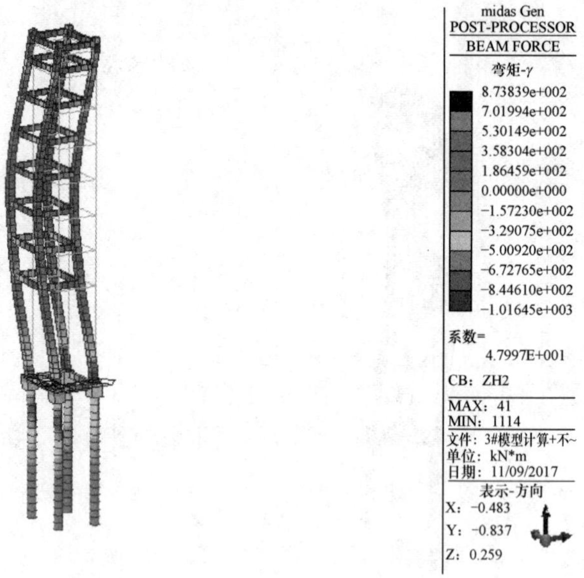

图 7.104 第 1~2 层梁失效后 3 号支架弯矩图

C 现混凝土支架安全性鉴定

由《工业建筑可靠性鉴定标准》（GB 50144—2008）可知，混凝土结构多层柱 $H>10$ m 时，变形量大于 40 mm 或层间位移大于 $h/350$ 时，结构可评为 C 级。本工程中混凝土支架柱高 H 为 43.13 m，层间距 h 为 4.7 m，则当整体变形量大于 40 mm 或是层间位移大于 13.4 mm 时，结构可评为 C 级。通过现场检测结果可知，1~12 号各混凝土支架最大变形量为 43.1~404.8 mm，各混凝土层间最大位移为 42.2~158.8 mm，并且层间位移量大于 13.4 mm 的含量大于 20%。由此可知，该熟料堆棚混凝土支架安全性可评为 C 级。

由 5 号支架的计算结果可知，在现有混凝土支架的变形情况下，第 1~4 层梁端剪力最大为 1469 kN，最大弯矩为 3784.0 kN · m，皆大于梁的抗剪、抗弯承载力，不满足承载力要求。由《工业建筑可靠性鉴定标准》（GB 50144—2008）可知，该熟料堆棚混凝土支架安全性可评为 C 级。

由 3 号支架的计算结果可知，在现有混凝土支架的损伤情况下，支架柱 x、y 向最大变形量为 45.5 mm、46.5 mm，梁端剪力最大为 348.5 kN，梁最大弯矩为 805.3 kN · m，大于梁的抗弯承载力。由《工业建筑可靠性鉴定标准》（GB 50144—2008）可知，该熟料堆棚混凝土支架安全性可评为 C 级。

综上所述，某熟料堆棚混凝土支架结构安全性可评为 C 级，不符合国家现行标准规范的安全性要求，影响整体安全，应采取措施。

7.4.4 加固处理建议

通过检测及计算分析结果可知，该熟料堆棚内混凝土支架主要存在的缺陷：(1) 混凝土支架柱弯曲变形较大；(2) 柱顶抗剪承载能力存在不足；(3) 混凝土支架梁存在弯剪破损的现象；(4) 部分混凝土支架梁端箍筋间距偏大。

根据以上混凝土支架损伤及存在的问题，应采取必要的针对性处理措施。

(1) 首先应对破损的混凝土支架柱、梁进行修复加固。加固方法可选择外包型钢的方法，使其恢复混凝土构件的整体性。并对外露钢筋的混凝土支架柱、梁进行表面覆盖，以防影响混凝土构件的耐久性。

(2) 针对混凝土支架柱弯曲变形较大的情况，可对混凝土支架柱全长进行加固处理，增加其刚度。处理方法可选用增加截面，操作方法如下：

1) 新加混凝土强度等级比原混凝土强度等级提高一级；

2) 新加混凝土厚度不应小于 300 mm；

3) 柱纵向受力筋直径不应小于 20 mm，箍筋直径不应小于 8 mm；

4) 为了保证力的可靠传递，柱纵向受力钢筋下端应深入基础；

5) 混凝土柱表面应凿毛，打成麻坑或沟槽，使新旧混凝土更好的结合。

(3) 针对混凝土支架梁存在弯剪破坏现象以及部分支架梁存在梁端箍筋间距较大的情况，应采取加固措施提高支架梁的抗弯及抗剪承载力。加固方法可选用增加截面法。加固范围为支架所有梁，加固长度为全长。增加截面法操作如下：

1) 新加混凝土强度等级比原混凝土强度等级提高一级；

2) 新加混凝土厚度不应小于 60 mm；

3) 梁纵向受力筋直径不应小于 14 mm，箍筋直径不应小于 8 mm；

4) 混凝土支架柱表面应凿毛，打成麻坑或沟槽，使新旧混凝土更好地结合。

7.4.5 修复后熟料堆棚安全评估

7.4.5.1 加固后计算参数选取

(1) 支架柱顶网架反力。该建筑网壳结构通过角锥与支架柱顶支座相连，网架支座反力设计值直接通过设计图纸网架部分查询选取，与前文中图 7.91 选取的图纸一致。

(2) 梁竖向荷载。梁竖向荷载主要由横梁上的堆料造成的，因此堆料在梁上产生的竖向荷载 $q=(4.7-1.0)\times 0.5\times 1.0\times 16=29.6$ kN/m，近似按均布荷载 29.0 kN/m 计算，该荷载沿假设堆料标高以下所有梁均考虑。

(3) 梁水平荷载。堆料在有料差的范围内，梁受到堆料的水平推力，在柱弯曲的方向对梁施加水平荷载，该水平荷载按主动土压力的方式计算，$q=16\times$

1.0 × 0.295 × 1.0 = 4.7 kN/m，近似按均布荷载 4.5 kN/m 考虑。

（4）柱水平荷载。堆料在有料差的范围内，柱受到堆料的水平推力作用，当该料差荷载作用方向与柱弯曲方向一致时，为结构承载最不利状态。依据现场实际情况，假定作业限定最大料差高度为 9.4m。料差水平荷载按主动土压力的方式计算，$q = 16 \times 9.4 \times 0.295 \times 1.5 = 66.5$ kN/m，近似按 67.0 kN/m 考虑。

（5）温度荷载。混凝土支架柱所处环境温度差近似取 50 ℃。

7.4.5.2 修复后混凝土支架安全评估结果

混凝土支架柱修复加固后支架位移变形及内力满足承载要求。具体计算如图 7.105~图 7.111 所示。

7.4.6 评估结论及加固建议

7.4.6.1 评估结论

（1）混凝土支架受损原因分析。现场进料、卸料过程中，都会产生明显的料差，此料差会对梁、柱产生水平作用力。混凝土支架在网架支座反力、梁柱堆料及料差荷载、温度荷载以及铲车不间断撞击力等综合因素的作用下，梁端产生弯剪破坏，继而梁对柱的约束减弱，支架整体协调作用降低，进而支架柱产生较大的弯曲变形。因此，进卸料时的料差是造成柱子弯曲的主要原因，铲车不间断

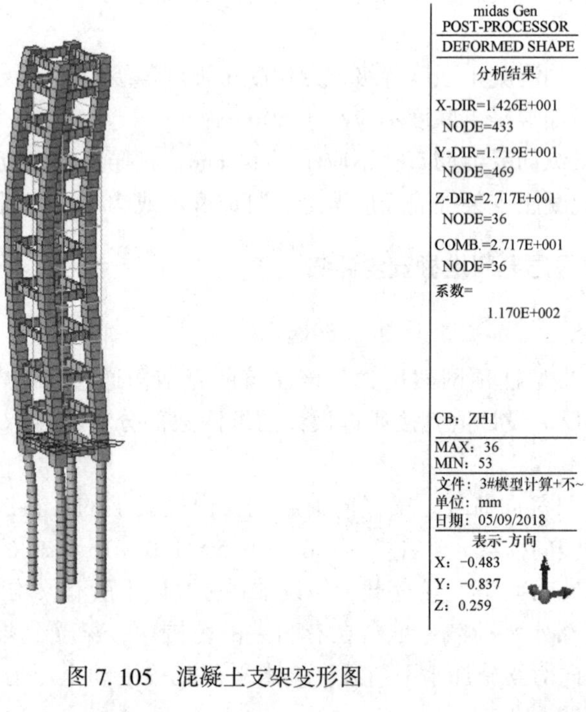

图 7.105 混凝土支架变形图

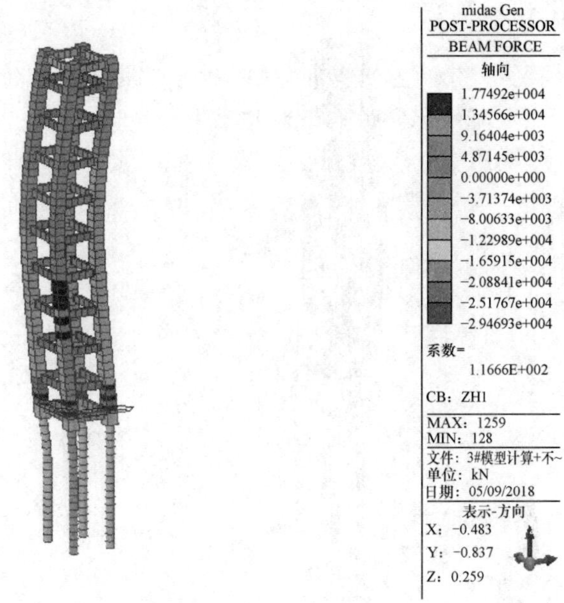

图 7.106　混凝土支架轴向压力图

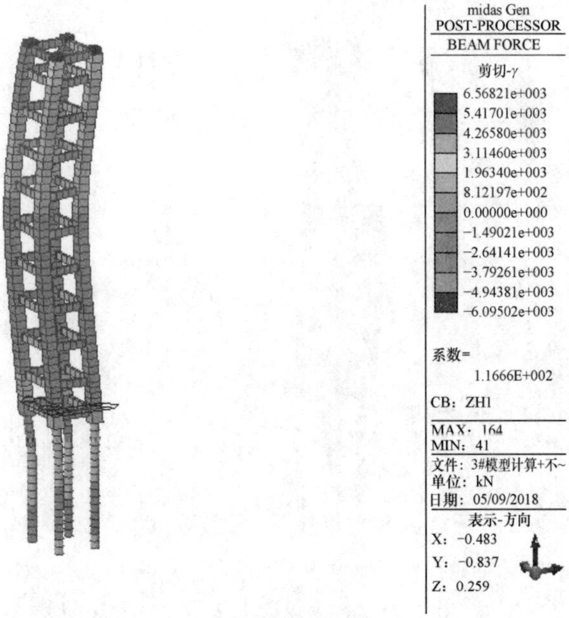

图 7.107　混凝土支架 y 向剪力图

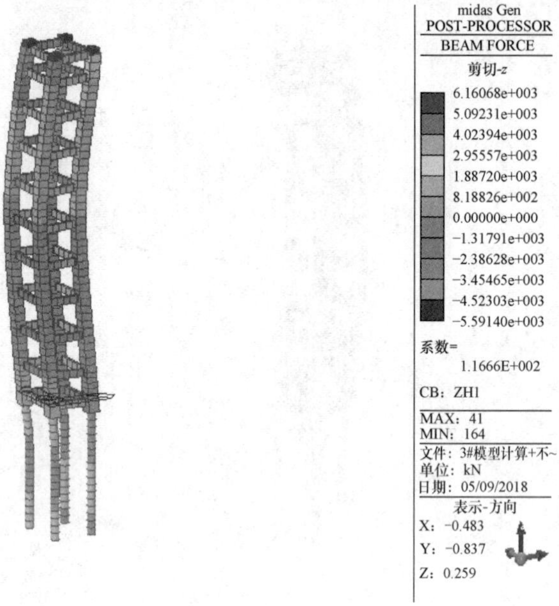

图 7.108 混凝土支架 z 向剪力图

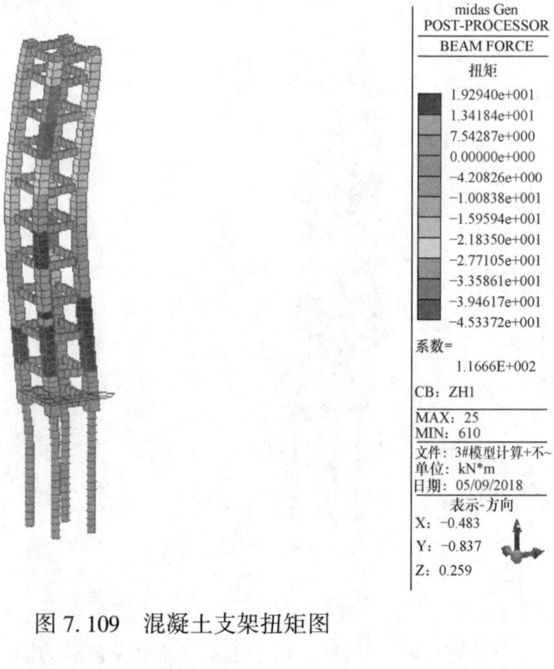

图 7.109 混凝土支架扭矩图

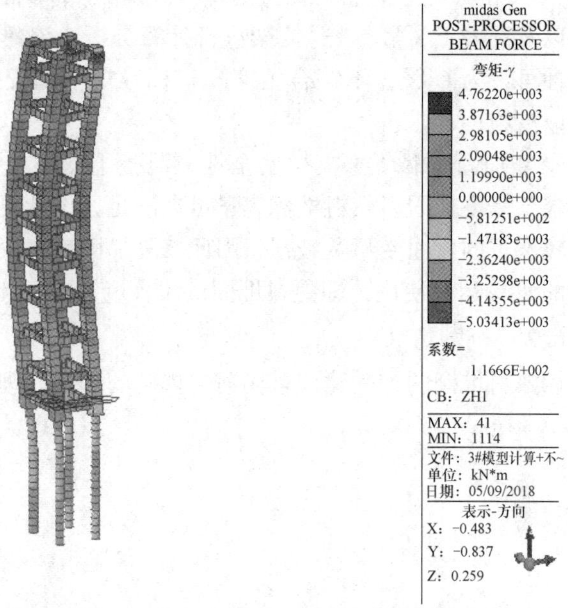

图 7.110　混凝土支架 y 向弯矩图

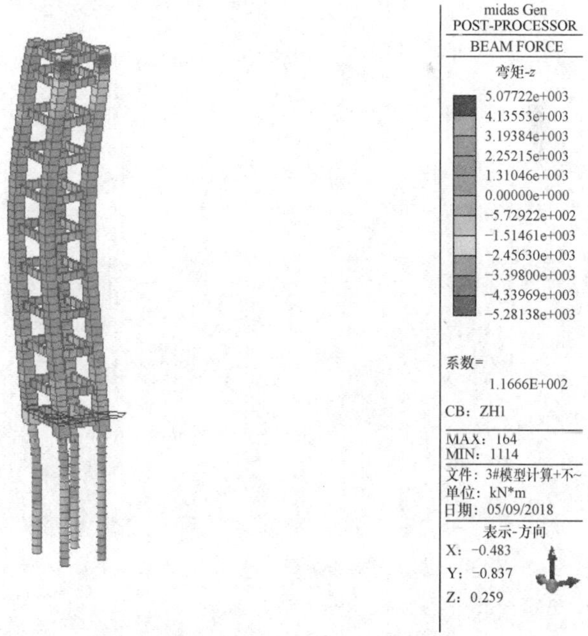

图 7.111　混凝土支架 z 向弯矩图

撞击为次要原因。

(2) 现状下混凝土支架系统安全性。经对某熟料堆棚内混凝土支架结构变形的检测以及混凝土5号、3号支架进行计算分析，该熟料堆棚混凝土支架系统结构安全性可评为C级，不符合国家现行标准规范的安全性要求，影响整体安全，应采取措施。

(3) 修复加固后混凝土支架安全性。混凝土支架在修复加固后，安全性满足规范要求。修复加固后熟料堆棚容量可以满足原设计要求，但由于原混凝土支架已出现较严重的弯曲变形及破损，因此修复加固后建议熟料堆棚最大容量按原设计容量的80%运行使用，即熟料堆棚最大容量为64万吨。

7.4.6.2 加固建议

修复后熟料堆棚的加固建议遵循前文提到的加固处理建议。

参考文献

[1] 周乐. 土木工程检测与加固技术 [M]. 北京: 化学工业出版社, 2014.

[2] 李慧民. 土木工程安全检测与鉴定 [M]. 北京: 冶金工业出版社, 2014.

[3] 贾彬, 黄辉. 建筑结构检测鉴定与加固改造 [M]. 北京: 中国建筑工业出版社, 2020.

[4] 刘水, 李艳梅, 冯克清. 常见建筑结构加固与技术创新 [M]. 昆明: 云南科技出版社, 2020.

[5] 王云江, 张德伟, 泮兴全, 等. 建筑结构加固实用技术 [M]. 北京: 中国建材工业出版社, 2016.

[6] 孙立军. ANSYS Fluent 流体计算工程案例详解 (2022 版) [M]. 北京: 机械工业出版社, 2023.

[7] 李慧民, 周崇刚, 裴兴旺. 特种筒仓结构施工关键技术及安全控制 [M]. 北京: 冶金工业出版社, 2018.

[8] 梁清香. 有限元与 MARC 实现 [M]. 2 版. 北京: 机械工业出版社, 2005.

[9] 龙连春. 数值模拟技术与分析软件 [M]. 北京: 科学出版社, 2012.

[10] 刘航. 建筑结构加固技术及工程应用 [M]. 北京: 中国建筑工业出版社, 2021.